U0192007

领略·气象智库丛书

政策研究与气象决策咨询

张洪广　李　栋　辛　源　等编著

气象出版社
China Meteorological Press

内容简介

近年来，原中国气象局发展研究中心围绕党和国家一系列重大战略部署，聚焦气象服务保障国家重大战略、全面深化气象改革、现代气象业务、气象科技创新、气象事业高质量发展、新时代气象现代化战略格局、智慧气象等中国气象局党组关心的重大问题，开展政策研究与决策咨询，形成了一批较高质量的政策研究报告，旨在洞察战略前沿、透析发展形势、探讨政策建议、支撑科学决策。本书对这些原创性研究成果进行了汇编，具有较强的指导性、针对性，对气象工作者以及从事综合性政策研究、关心中国气象事业发展的读者有较高参考价值。

图书在版编目（CIP）数据

政策研究与气象决策咨询/张洪广等编著．--北京：气象出版社，2020.8

ISBN 978-7-5029-7240-0

Ⅰ.①政…　Ⅱ.①张…　Ⅲ.①气象—工作—中国　Ⅳ.①P4

中国版本图书馆 CIP 数据核字（2020）第 131959 号

Zhengce Yanjiu yu Qixiang Juece Zixun

政策研究与气象决策咨询

出版发行：气象出版社
地　　址：北京市海淀区中关村南大街 46 号　　**邮政编码**：100081
电　　话：010-68407112（总编室）　010-68408042（发行部）
网　　址：http：//www. qxcbs. com　　**E-mail**：qxcbs@cma. gov. cn
责任编辑：宿晓凤　邵　华　　**终　　审**：吴晓鹏
责任校对：张硕杰　　**责任技编**：赵相宁
封面设计：博雅锦
印　　刷：中国电影出版社印刷厂
开　　本：710 mm×1000 mm　1/16　　**印　　张**：27
字　　数：400 千字
版　　次：2020 年 8 月第 1 版　　**印　　次**：2020 年 8 月第 1 次印刷
定　　价：120.00 元

《政策研究与气象决策咨询》研究组

组　　长： 张洪广

副组长： 李　栋　辛　源

研究组成员（按姓氏笔画排序）：

于　丹　王淞秋　王　喆　王　瑾　孔　锋
田　刚　布亚林　申丹娜　冯裕健　冯　磊
吕丽莉　朱玉洁　刘　冬　刘怀明　孙永刚
李　栋　李　博　李锡福　杨诗芳　肖　芳
吴乃庚　辛　源　沈文海　张玉兰　张平南
张　冰　张定媛　张洪广　张润嘉　张德卫
陈振林　陈葵阳　陈鹏飞　林　霖　周彦均
周　勇　郑治斌　赵文芳　胡爱军　施　舍
姜海如　贺洁颖　郭树军　唐　伟　黄　玮
戚玉梅　龚江丽　崔新强　梁亚春　董　昊
董国青　董　勤　谢丽萍　魏文华

统稿组成员：

张洪广　李　栋　姜海如　辛　源　林　霖

序

在庆祝新中国气象事业70周年之际，习近平总书记作出重要指示，充分肯定了气象事业70年发展取得的显著成就和做出的突出贡献，从战略和全局的高度，对新时代气象事业发展提出明确要求，指明了新时代气象事业发展的根本方向、战略定位、战略目标、战略重点、战略任务，是新时代推动气象事业发展的根本遵循。深入学习贯彻习近平总书记重要指示精神，是气象部门一项长期的政治任务。我们必须牢牢把握始终坚持党的领导、坚持服务国家服务人民的根本方向，牢牢把握气象工作关系生命安全、生产发展、生活富裕、生态良好的战略定位，牢牢把握推动气象事业高质量发展、加快建成气象强国的战略目标，牢牢把握发挥气象防灾减灾第一道防线作用的战略重点，牢牢把握加快科技创新、做到监测精密预报精准服务精细的战略任务。贯彻落实习近平总书记对气象工作的重要指示精神，不断提高气象服务保障能力，推动新时代现代化气象强国建设，努力为实现“两个一百年”奋斗目标、实现中华民族伟大复兴的中国梦做出新的更大的贡献，迫切需要我们面向国家重大战略、面向人民生产生活、面向世界科技前沿，加强事关全局、影响长远的气象发展战略研究工作。

发展战略研究是谋事之基、干事之需、成事之道。气象发展战略研究的视野和水平影响着气象事业发展的步伐和成效，加强发展战略和决策咨询研究，对提高决策的科学性、减少随意性、避免盲目性具有重要意义。中国气象局党组历来十分重视气象发展战略和决策咨询研究。党的十八大以来，中国气象局更加重视气象发展战略研究工作，专门下发了《关于加强气象发展战略研究工作的意见》，明确指出气象发展战略研究是把握气象事业发展方向、明确发展任务的有效途径，是制定战略规划、完善政策法规的重要支撑，是推动气象改革开放和科学决策的重要基础，必须关注国际科技发展前沿、把握国家经济社会发展大局、抓住事业发展重点和难点，加强战略规划研究和顶层设计，加强改革发展重大政策研究，加强气象与经济社会关系研究，为各项决策提供科学依据和坚实支撑。

按照中国气象局党组工作分工，我于2011年至2019年，分管发展战略研究工作，曾于2011年至2016年兼任中国气象局发展研究中心主任。多年来，气象发展战略研究紧紧围绕气象保障国家重大战略、气象综合防灾减灾、应对气候变化、生态文明建设气象保障、增强全球气象发展中国贡献、发展研究型气象业务、全面深化气象改革、气象信息化、智慧气象等重大问题，取得了一大批重要研究成果，为中国气象局党组谋划气象现代化、气象五年发展规划、区域气象发展、气象服务全球等重大战略和规划提供了有力支撑，为推动新时代气象事业高质量发展贡献了智慧和力量。

基于2015年至2019年的系列咨询报告编著而成的《政策研究与气象决策咨询》一书，不仅内容丰富，而且实用性、指导性强，是立足当前、展望未来、凝聚众多研究人员智慧和心血的研究成果。

系列咨询报告的出版，不是研究的终点，而是新的起点。希望持续深入开展气象发展战略和政策研究，研究成果能更广泛地为气象决策者、研究者、相关部门提供参考，为谋划新时代气象事业高质量发展、建设现代化气象强国发挥更大作用。

于新文

2020年7月

前　言

政策和策略是事业发展的生命。加强党和国家重大政策问题研究，加强涉及气象事业发展全局性、长远性、前瞻性和实用性的重大问题研究，是历届中国气象局党组高度重视的一项重要工作。

2008 年 7 月，为深入贯彻落实党的重大决策部署，提升气象科学管理能力与水平，理顺管理决策与政策研究的关系，中国气象局党组研究决定成立中国气象局发展研究中心。2013 年，中国气象局印发《关于加强气象发展战略研究工作的意见》，指出气象事业发展的历史证明，开展系统、全面的战略研究，对于认识事业发展规律、预测事业发展趋势、为重大决策提供科学依据具有重要意义；强调新形势下推进科学决策、把握改革方向、保障气象事业科学发展，要求更加重视气象发展战略研究工作。2019 年 10 月，为适应新时代气象事业发展要求，加强气象事业规划技术支撑能力建设，科学谋划气象事业高质量发展，中国气象局党组决定组建发展与规划研究机构，加快建立和完善中国气象局党组重大决策咨询体系，为中国气象局战略决策和顶层设计提供智力支持与科学依据。

气象发展政策问题研究事关全局、影响长远。近年来，原中国气象局发展研究中心聚焦国家治理体系和治理能力现代化、全面深化改革、自然灾害防治、科技创新、乡村振兴战略、精准扶贫、区域协调发展战略、美丽中国建设、军民融合发展、“一带一路”建设等一系列重大战略部署，聚焦气象服务保障国家重大战略、气象事业高质量发展、新时代气象现代化战略格局、气象改革、智慧气象、气象信息化、研究型业务、专业气象服务、气象服务社会化、全球气象业务服务等一系列事关气象事业发展的全局性、前瞻性、专业性重大问题和重点热点难点问题，开展政策研究与决策咨询，形成了一批高质量的政策研究报告，提出了具有很高价值的咨询建议，具有较强的指导性、针对性和可操作性，许多报告获中国气象局领导的重要批示，有的直接推动了工作开展，为中国气象局党组决策从理论到实践、从战略到政策、从决策到部署提供了有力支撑，为推动气象事业高质量发展贡献了智慧和力量。

为让已形成的政策研究和决策咨询报告得到更广泛应用并发挥最大效益，现将原中国气象局发展研究中心 2015 年至 2019 年的部分咨询报告汇集成册，以《政策研究与气象决策咨询》为题正式出版。本书对从事气象工作管理的实践者以及从事综合性政策研究、关心中国气象事业发展的读者有较高参考价值。

书中所收录的咨询报告为原中国气象局发展研究中心原创性政策研究成果。根据收录咨询报告所涉及的主题，分编为全球服务、国家战略、智慧气象、创新发展、气象改革和气象智库六大部分。除对个别标题、文字或可能涉及内部资料进行校改外，基本保留咨询报告的原貌。本书由张洪广、李栋、辛源等编著，由张洪广、李栋、姜海如、辛源、林霖统稿审选，所入选的咨询报告执笔人、支撑咨询报告的课题或调研参与人员均在相关部分列出，气象出版社做了大量的工作，在此一并表示诚挚感谢！

本书编著组

2019 年 12 月

目　录

第三部分　智慧气象

第四部分　创新发展

第五部分 气象改革

第六部分 气象智库

第一部分 全球服务

提供全球服务是一个国家气象科技综合实力强的重要标志。我国气象现代化经过70年的发展，气象领域已经完全具备全球服务能力。2017年，我国被世界气象组织（WMO）正式认定为世界气象中心，标志着我国气象现代化的整体水平迈入世界先进行列，世界气象中心（北京）门户网为世界各国用户实时提供多项气象预报、预测业务产品及支持。截至目前，我国风云系列气象卫星已向全球107个国家和地区提供卫星观测资料；亚洲区域多灾种预警系统实现与全球的60个世界气象组织会员预警信息互联互通；自主研发的“一带一路”沿线城市天气预报产品覆盖137个国家（地区），我国气象全球服务影响力日益扩大。持续发展全球气象业务，提升全球服务能力，是我国建成气象强国的战略抉择。本部分对涉及全球气候安全、气候治理、气象外交战略、“一带一路”及相邻区域性气象服务能力建设等研究基础上形成的咨询报告，进行了汇集。

气候安全内涵特征及建议

摘　要：习近平总书记提出了总体国家安全观，要求既重视传统安全，又重视非传统安全，构建国家安全体系。中国气象局主要领导于2014年首次系统阐述了气候安全的概念，并就气候安全纳入国家安全体系作了深入分析和宣讲，有关方面已逐步接受这一观点。气候安全作为一种全新的非传统安全，是我国诸多安全领域的重要基础和前提。气候安全具有独特的内涵特征，是指“气候系统能够满足国家生存与发展的需求，并相对处于没有危险和不受威胁的状态，以及保障其持续安全状态的能力”。科学认识和重视气候安全问题，将气候安全纳入国家安全体系，努力提高我国主动适应气候变化能力、应对极端天气气候事件能力、绿色低碳发展能力、参与全球气候治理能力，维护和保障气候安全，是我国经济社会可持续发展的客观需求，也是维护和保障国家安全的迫切要求。

全球气候正经历着以变暖为显著特征的变化，由此带来的气候安全问题严重影响自然生态系统和经济社会发展，严重威胁国家安全。习近平总书记明确提出：“应对气候变化，这不是别人要我们做，而是我们自己要做，是中国国内可持续发展的客观需要和内在要求，事关国家安全。”中国气象局高度重视气候安全问题，2014年就提出应把气候安全纳入国家安全体系。深入研究气候安全问题，凸显气候安全在国家安全体系中的重要地位和作用，对促进经济社会安全发展和可持续发展具有重大现实意义。

一、对气候安全内涵的理解和认识

气候系统是包括大气圈、水圈、岩石圈、冰雪圈和生物圈在内的综合系统，其提供的光、热、水、空气等是地球生态系统赖以生存和维持的基本条件，也是人类生存和发展的基本支撑。进入21世纪，全球气候变化不仅对人类生存与发展的影响日益凸显，还对国家主权、统一和领土完整、人民福祉、经济社会可持续发展和国家其他重大利益产生深远影响。很多国家视“气候安全”为国家安全战略的重要部分。

国家气候安全是指“气候系统能够满足国家生存与发展的需求，并相对处于没有危险和不受威胁的状态，以及保障其持续安全状态的能力”，包括以下四层含义：一是气候系统能满足国家生存与发展的需要；二是国家生存与发展不受气候系统变化威胁；三是国家具有保障气候系统稳定，并保证其可持续利用的能力；四是在当下及未来全球气候治理体系中，国家具有维持和保障其自身生存与发展的能力。

应该看到，国家气候安全不仅是外部安全，也是内部安全；不但涉及国土安全，还涉及国民生命财产安全；既包括传统安全，又包括非传统安全。在国家安全体系中具有基础性作用。

（一）气候安全是经济安全的基本保障

一个地区气候系统所能够承载的自然资源、人口规模和社会经济活动持续发展的能力是有限的。如果气候系统不稳定甚至发生改变，那么建立在原有气候系统之上的经济基础将会发生变化，直接冲击其最弱势的产业，如农业等，从而影响国家基础性经济安全。气候安全还表现在气候环境上，如果气候环境恶化，各种天气、气候灾害频发，社会生产秩序就会受到影响，经济发展成果也可能遭受重大损失。如1998年长江、嫩江流域特大洪涝等自然灾害造成的直接经济损失高达2978亿元，占当年国内生产总值（GDP）的3.53%，占当年新增

GDP的54.85%，当年国家用于救灾的经费达到20世纪最高值，大量工厂停工停产，大量人力投入抗灾救灾。此外，还会推升大宗商品价格、放大金融市场波动等。可以说，没有气候安全，就没有经济安全，也就没有经济的可持续发展。

（二）气候安全是生态安全的基本前提

水、湿、温、光、气等气候条件，是一个地区生态系统维持的基本前提，没有气候安全就没有生态安全。如果原有气候系统被打破，这些自然气候条件极有可能发生不可逆转的变化，不仅可能危及自然生态系统安全，还可能危及人类生命安全。研究表明，如果未来全球平均气温升高3 ℃以上，伴随着生态系统动态平衡被打破，生物多样性将会出现广泛丧失，会对陆地生态系统造成不可逆转的影响，也会对水生态、近海生态、林地生态和城乡人居生态环境产生显著影响。气候变暖导致的海平面上升，将淹没部分岛礁和填海造地工程，也会直接冲击国家领海安全。

（三）气候安全是资源安全的重要基础

降水是自然淡水资源的主要来源，我国降水资源客观上就存在年内和年际不规则变化的脆弱性特征。在气候变化背景下，我国降水资源时、空分布规律不断被打破，水资源脆弱性正在加剧，淡水资源短缺形势和供需矛盾日益突出，直接威胁我国的水资源安全。此外，我国水电、风电、太阳能发电在能源结构中已占相当大比重，它们均来自稳定的气候系统，如果气候安全受到破坏，水电、风电、太阳能发电均会受到严重影响。如2008年南方发生大范围低温雨雪冰冻灾害，寒冷天气造成用电量猛增，部分地区大面积停电，城市生命线受到波及。气候变暖还导致冻土逐步消融，西气东输工程和中俄石油天然气管道都经过大面积的冻土地带，其运行的安全风险相应增加。

（四）气候安全是国家粮食安全的本底条件

我国粮食安全正面临日益严峻的气候危机挑战。相关研究认为，气温升高、农业用水减少和耕地地力下降，将使我国2050年的粮食总生产水平比2005年下降14%～23%。同时，温度升高将加剧我国北方地区水资源短缺，特别是北方干旱和半干旱地区情况更为严重，干旱使得农作物的生长缓慢甚至停止，造成歉收或绝收。气温升高也会对害虫的繁殖、越冬、迁飞等习性产生明显影响，加剧病虫害的流行和杂草蔓延。没有气候安全，粮食安全就失去了可靠的前提和保障。

（五）气候安全是社会安全稳定的重要条件

风调雨顺，气候规律正常，人们正常的经济社会生产和生活就不会受到气候的侵扰。气候不安全，气候规律失常，极端气候事件频发多发，就可能引发疾病，危及国民健康。受影响区域所有的经济社会生产和生活秩序会被打破，一些潜在的“冲突群”逐步升级为暴力事件，甚至造成大量人员伤亡；引发资源争夺，甚至出现局部社会混乱和动荡，还可能进一步演变成政治安全问题。我国一直把应对气候变化问题视为重大国家政治予以高度重视。气候安全不是单纯的自然灾害问题，必须提高到政治高度，时刻警醒。

（六）气候安全是全球气候治理的共同目标

在全球化深入发展的今天，各国利益深度交融，越来越成为你中有我、我中有你的命运共同体。通过国际合作应对全球挑战，已经成为各国的共识。开展全球气候治理，应对气候变化风险，保障气候安全是典型的全球性议题，在国际议程中地位突出。2015年12月12日，联合国气候变化巴黎大会成功通过《巴黎协定》，表明国际合作应对全球性挑战不仅必要，而且可行，开启了全球气候治理的新阶段。《巴黎协定》提出2100年前将全球平均气温升幅控制在低于2.0 ℃的水平，并向1.5 ℃温控目标努力。这一气候目标是降低气候变化风险，保障气候安全的全球共同目标，向着《联合国气候变化框架公约》所设定的“将大气中温室气体的浓度稳定在防止气候系统受到危险的人为干扰的水平上”的最终目标迈进了一大步。

二、构建国家气候安全战略的建议

气候安全涉及多重安全隐患与风险，给人类解决自身安全问题的能力带来了巨大挑战。维护气候安全，要求国家在可持续发展和安全预防的全球治理框架内，通过既定战略安排对气候安全进行思考，积极实施气候安全综合战略。

（一）正视国家气候安全

国家气候安全应当在已存在的社会、政治和环境状态背景下进行理解。由过去从可持续发展的视角看气候，转向既关注发展又关注安全，既重视自身安全，又重视共同安全，打造人类命运共同体。丰富国家气候安全的内涵与外延，从国家层面上分析气候安全隐患，树立与国家气候安全相适应的原则，在自然资源的可持续范围内满足当前和未来国民经济和社会制度需求，增进社会福祉和适应能力。

（二）构建实施国家气候安全战略

气候安全是国家安全的重要组成部分，应从维护国家安全的高度看待气候安全。科学把握气候规律，在加强气候变化研究的基础上，确定中长期气候安全战略目标，构建实施应对气候安全问题的能力建设战略、保障气候安全的绿色低碳发展战略、维护气候安全的全球治理体系构建战略，着力减轻气候变化对粮食生产、水资源、生态、能源、城镇化建设和人民生命财产的威胁，保障我国经济社会可持续发展和国家安全。

（三）积极推进国家气候安全法治建设

依法进行气候治理，科学应对气候变化带来的气候安全问题，是中国不可或缺的重大举措，也是国际上的成功经验。气候安全是其他众多安全领域的前提和基础，但也具有其他安全领域所不具备的重要特性。我国应该加快应对气候变化立法进程，尽早出台《应对气候变化法》，并在《中华人民共和国国家安全法》中明确将维护气候安全作为维护国家安全的重要内容。

（四）加强国家气候安全保障能力建设

其一，强化适应气候变化体系和能力建设。在生产力布局、基础设施、重大项目规划设计和建设中，充分考虑气候变化因素。提高农业、林业、水资源、防灾减灾、气象等重点领域和沿海、生态脆弱地区适应气候变化能力。强化科技支撑，推进科技开发与关键科学问题研究，构建有序适应气候变化的安全保障体系。

其二，提高应对极端天气、气候事件能力建设。加强监测预警和应对防范，建立并完善集气象灾害监测、风险识别、风险评估及灾害风险处置于一体的气象灾害风险管理体系。重点关注与极端气候事件和灾害相关的农业、水资源、生态、公共卫生安全风险加剧等问题的应对。

（五）有效减缓气候变暖趋势

绿色、循环、低碳发展是减缓气候变暖、降低气候风险、保障气候安全的重要途径。构建绿色低碳能源体系，大力发展绿色低碳循环经济，形成可持续且低碳排放的新能源系统转型需要新的融资工具和监管方案。努力增加陆地与海洋碳汇，升级生态系统抵御气候安全的适应能力，强化其对人类社会的服务效能。倡导绿色低碳生活方式和消费方式，探索中国特色的绿色城市、海绵城市、低碳城市、安全城市发展道路。

（六）提高全民抗御气候安全风险能力

城乡建设规划中应充分考虑气候安全影响，推进城镇化进程的同时要注重提升城市基础设施应对气候安全风险能力，强化农村地区的适应能力。提升气候安全预警和应对能力，加强气候安全风险临界点研究，完善社会维持气候安全能力。建设应对气候安全冲突的发展和协调机制以及管理灾害的能力，包括应急预案和清晰的决策结构和程序。

（七）积极参与全球气候治理

维护气候安全，要求人们在囊括了规则、监督系统和运作机制的全球治理框架内，通过既定的政策对全球气候变化进行治理。气候挑战具有长期性和高度不确定性，治理方式应尽量对因果链上从气候变化到社会失稳的每一部分都发挥影响，避免连锁效应导致自然和社会系统崩溃。要从中国国情出发，主动探索创新发展路径，将国际承诺与国内发展战略统一起来，积极引领国际气候治理制度设计，构建公平合理、合作共赢的全球气候治理体制，担当起国家之间、南北之间、贫富之间、代际气候变化责任公平分配与气候正义应有的大国责任与义务。

（来源：《咨询报告》2016 年第 5 期）

报告执笔人：黄　玮

课题组成员：张洪广　姜海如　黄　玮　林　霖　张润嘉　王凇秋

中国应当而且能够成为全球气候治理引领者

摘　要：气候变化《巴黎协定》的正式生效，标志着新的全球气候治理体系正在逐步形成，全球气候治理将成为中国争取国际话语权的最重要平台之一。在政治、经济等领域的全球治理中，规则由西方国家主导制定，中国作为后来的参与者，几乎难以掌握合作与竞争的主导权，话语权也远远不够。而气候变化作为全球热点问题，国家之间的利益，代际的责任都十分复杂，涉及政治、经济、文化、生态等各个方面。中国成为全球气候治理的引领者有利于从整体上提升中国的国际话语权，有利于更好地保障国家安全，有利于经济社会可持续发展，有利于打造人类命运共同体，实现公平正义、合作共赢的未来。中国应对气候变化取得的显著成效，以及大国担当姿态推动《巴黎协定》签署和生效的努力，为中国成为全球气候治理引领者打下了良好的基础。中国成为全球气候治理引领者应坚持“六度”思维：坚定全球气候治理的中国态度、引领构建全球气候治理的新制度、加大中国气候治理的力度、推动全球气候治理的深度、拓宽全球气候治理的广度、把握好引领全球气候治理的尺度。

2016年4月22日，170多个国家的领导人或代表在纽约联合国总部签署了气候变化《巴黎协定》。2016年11月4日，《巴黎协定》正式生效。《巴黎协定》是人类社会就气候变化问题形成的对全体缔约方具有法律约束力的协定，不仅仅表明全球各国对于气候治理的最大决心，更标志着“合作共赢、公正合理”的全球气候治理体系正在逐步形成，全球气候治理正式进入“后巴黎时代”。《巴黎协定》正式生效后，中国应当争取成为能够长期、持续地对全球气候治理的方向、议程和规则等具有举足轻重影响力的引领者，为推动建立公平有效的全球应对气候变化机制、实现更高水平全球可持续发展、构建合作共赢的国际关系、打造全球命运共同体做出贡献，将2020年后全球应对气候变化、实现绿色低碳发展的蓝图化为行动，愿景变为现实。

一、中国成为全球气候治理引领者的大环境

（一）全球气候治理已成为争取国际话语权的最重要平台之一

中国在2010年超过日本成为世界第二大经济体，2013年超过美国成为世界第一大货物贸易国，是世界上最大的发展中国家，应当在全球治理中拥有与大国地位相适应的国际规则制定话语权与影响力。在当今全球治理中，几乎所有重要领域的规则和制度都是由西方国家主导制定，中国作为后来的参与者，几乎无法掌握合作与竞争的主导权，话语权也远远不够。西方大国是现有全球治理体系的主要受益者，他们缺乏变革全球治理体系的动力，而气候变化作为全球热点问题，国家之间的利益、代际的责任都十分复杂，其应对涉及政治、经济、文化等各个方面。全球气候治理尚处于规则和制度的形成过程中，中国如能及时主动提出自己的理念和方案，就意味着中国有机会在全球气候治理中掌握更多的话语权和彰显更大的影响力。尤其是《巴黎协定》生效后，全球应对气候变化行动揭开了新的篇章，这为未来数十年中国在其中发挥引领作用提供了极为广阔的空间。中国成为全球气候治理引领者，在全球气候治理中为人类命运共同体做出努力与贡献，将有利于提升中国的国际声望，彰显中国负责任、有担当、建设性大国形象，有利于从整体上提升中国的国际话语权。

（二）引领全球气候治理有利于更好地保障国家安全

中国是受气候变化不利影响最显著的国家之一。近百年来我国地

表平均温度上升了0.9～1.5 ℃，最近60年平均每10年升高0.21～0.25 ℃，几乎是全球的两倍。气候变暖造成我国极端天气、气候事件多发重发，因极端天气、气候事件引发的气象灾害对经济社会影响严重，其造成的直接经济损失大约相当于国内生产总值的1%，是同期全球平均水平的8倍。我国科学家预测，未来我国地表平均气温将继续上升，且升温幅度比全球平均水平更大。在气候继续变暖背景下，我国面临的高温、洪涝和干旱风险将加剧，且随着时间的推移风险将会逐渐加大，气象灾害带来的风险将更大，由此带来的经济安全、粮食安全、水资源安全、生态安全、环境安全、能源安全、公共卫生安全以及重大工程安全等传统与非传统安全问题也将凸显，国家安全面临的挑战将更加严峻。因此，引领全球气候治理，动员和团结国际社会成员更积极地应对气候变化，以减缓与适应气候变化，既有利于保障全球气候安全，也有利于保障国家安全。

（三）引领全球气候治理是中国经济社会长期可持续发展的客观需要

多年经济高速增长已使中国成为世界第二大经济体，同时也积累了一系列深层次矛盾和问题。其中一个突出矛盾和问题是：资源环境承载力逼近极限，高投入、高能耗、高污染的传统发展方式已难以持续。积极引领和推动全球气候治理有利于进一步激发国内绿色发展的潜力和积极性，促进可持续发展。与此同时，在全球气候治理中发挥示范和引领作用，还可以更好地利用国际资源促进国内低碳发展和增强气候变化适应能力，这符合中国经济社会长期可持续发展的理念。

（四）引领全球气候治理有利于打造全球命运共同体，实现公平正义、合作共赢的未来

党的十八大以来，中国提出了许多全球新理念，尤其是人类命运共同体和新型国际关系，这完全适用于全球气候治理。气候治理作为全球治理的一个重要领域，是全球努力的一面镜子，给我们思考和探索未来全球治理模式、推动建设人类命运共同体带来宝贵启示。《巴黎协定》是新一轮全球气候治理的起点，《巴黎协定》生效后，气候治理需要形成很多新的规则、制度、政策与措施。中国成为全球气候治理引领者，有利于以各尽所能、合作共赢、奉行法治、公平正义、包容互鉴、共同发展为核心价值理念的“中国方案”在其中发挥更大作用，有利于共同但有区别的责任原则、公平原则和各自能力原则得到更好的遵守与落实，有利于全球气候治理实现互惠共赢。

二、中国成为全球气候治理引领者具备良好的基础

（一）中国坚持积极的应对气候变化政策和绿色发展理念，为全球发展做出了表率和示范

党的十七大首次提出生态文明概念，十八大以后提出了绿色发展理念，转变经济发展方式，实施绿色低碳循环发展战略，有效控制了温室气体排放。2015 年 6 月，中国向联合国提交了应对气候变化国家自主贡献文件（INDC），首次公布了中国应对气候变化的 2030 年行动目标：到 2030 年前后二氧化碳排放达到峰值，并争取尽早达到峰值，而且峰值的人均排放水平要低于欧盟和美国历史水平。为了实现应对气候变化自主行动目标，中国承诺将在已经采取的行动基础上，在国家战略、区域战略、能源体系、产业体系、建筑交通、森林碳汇、生活方式、适应能力、低碳发展模式、科技支撑、资金政策支持、碳交易市场、统计核算体系、社会参与、国际合作 15 个方面采取强化政策和措施，持续不断地为气候治理做出努力，这为全球发展做出了表率和示范，为提升中国在全球气候治理中的话语权和影响力奠定了基础。

（二）中国节能减排、绿色低碳发展取得显著成效，为更好地开展气候治理进行了成功探索和实践

“十二五”期间，中国通过加快推进产业结构调整、节能与提高能效、优化能源结构、增加碳汇等工作，应对气候变化取得显著成效。“十二五”期间，中国能源活动单位国内生产总值二氧化碳排放量下降

20%，超额完成下降17%的约束性目标；非化石能源占一次能源消费的比重达到11.2%，比2005年提高了4.4个百分点；2014年，中国森林蓄积量比2005年增加了21.88亿立方米，水电装机比2005年增加2.57倍，并网风电装机达到2005年的90倍，光伏装机达到2005年的400倍，核电装机达到2005年的2.9倍。中国可再生能源的发展速度也非常快，近20年累计节能量占全球的52%，最近5年全球可再生能源的总装机容量中国占了25%，2013、2014年的全球增量中国分别占了37%和40%。中国围绕积极应对气候变化、绿色低碳发展所采取的一系列行动，为引领全球气候治理打下了坚实基础。

（三）中国以大国担当姿态推动《巴黎协定》签署和生效，赢得国际社会高度评价

2014年11月签署的《中美气候变化联合声明》提出，中美将努力促进在巴黎气候大会上形成具有法律效力的国际文件。2015年11月，习近平主席亲自出席气候变化巴黎大会，系统提出应对气候变化、推进全球气候治理的中国主张，以最积极的姿态推动巴黎气候协定达成，体现了大国担当。中国为推动《巴黎协定》通过所做的积极努力赢得了国际社会的高度评价，有效提升了中国的国际形象与国际声望。在中国于2016年初宣布将签署《巴黎协定》后，英国《卫报》于同年4月18日发表了题为《美国与中国领导推动巴黎气候协定早日生效》的评论文章，指出中国、美国、加拿大等国家已经承诺签署《巴黎协定》，这就给全世界人民带来了希望。2016年6月，美国国务院官方网站发表评论文章认为，如果没有美国和中国的领导，国际社会不可能形成并通过《巴黎协定》。甚至一些长期以来对中国持消极与负面态度的国际气候谈判核心人物，也在中国的务实行动前改变了态度。美国气候变化特使托德·斯特恩曾在哥本哈根气候变化大会后对中国予以非常不切实际的负面评价，但是他在2015年12月15日的一次讲话中也认为，中国与美国签订的双边协定是一种催化事件，该事件为巴黎气候大会奠定了基础，并承认中国的努力“改变了一切”。

（四）中国应对气候变化国际合作成绩显著，为全球共同应对气候变化做出了重大贡献

中国早已不把气候变化单纯视为发达国家与发展中国家发展权利的斗争，而是更多从全球视角出发，寻求中国在引领全球气候变化问题中发挥作用。2014年以来，中国在气候变化的国际舞台上通过二十国集团（G20）、金砖国家、亚太经济合作组织（APEC）、中美、中欧、中法对话等平台，以更加积极开放的姿态开始与其他发达国家合作，《中美气候变化联合声明》《中欧气候变化联合声明》《中法元首气候变化联合声明》等一系列成果文件为应对气候变化领域的全球合作注入积极因素，显示出中国在气候外交上更加灵活务实的风格。同时，中国以身作则，自信地承担起负责任大国应尽的国际义务，加大对较不发达国家和小岛国的资金与技术输出力度，在气候变化谈判的资金援助框架外，设立200亿元人民币的“中国气候变化南南合作基金”，帮助发展中国家提升应对气候变化的能力，包括增强其使用绿色气候基金资金的能力。中国还提出了对发展中国家给予“10＋100＋1000”援助计划，即在发展中国家开展10个低碳示范区，100个减缓和适应气候变化项目及1000个应对气候变化培训名额的合作项目。近年来，中国在气候变化国际合作舞台上的表现证明了中国已具备成为全球气候治理引领者的条件，只要今后继续采取正确的政策与策略，完全有可能超越其他国际行为体，成为在全球气候治理中具有影响力的引领者。

三、中国成为全球气候治理引领者的“六度”思维

（一）坚定全球气候治理的中国态度：在全球气候治理中坚持应有的话语权，更多地反映公平正义的利益与诉求

在传统的全球治理主体中，西方发达国家及其利益集团一直占主

导地位，受这种思想支配，他们希望继续垄断包括气候治理在内的全球治理话语权。中国作为全球第二大经济体，也是最大的发展中国家，应当与新兴国家站在一起，积极参与全球治理，推动在全球气候治理领域改变主体结构，扩大发展中国家的话语权，并作为主体参与全球气候治理规则制定。为了体现引领作用，中国在全球气候治理领域应主动发声，提出制定规则的主张，并在规划中更多地反映广大后发国家特别是发展中国家主权、安全和发展利益等公平正义的诉求。

（二）引领构建全球气候治理的新制度：构建合作共赢、公平合理的全球气候治理制度

《巴黎协定》通过后，全球气候盘点行动即将展开，这将促使各缔约国围绕如何实现《巴黎协定》目标，在减缓、适应、资金和技术等方面进一步协商和制定更具体、更细化的全球气候治理规则。中国应继续坚持“共同但有区别的责任”“各自能力”原则在全球气候治理中的基础地位，摈弃“零和博弈”狭隘思维，从全人类的共同利益出发，积极推动国际平等协商，努力促进“南北”合作，引领全球气候治理规则的制定，推动各国尤其是发达国家共享路径，并推进相应举措的有效实施，实现真正的合作共赢，走向公平合理的未来。

（三）加大中国气候治理的力度：坚持绿色发展理念，为全球气候治理做出表率

坚持把积极应对气候变化作为国家经济社会发展的重大战略，把绿色低碳发展作为生态文明建设的重要内容，将二氧化碳排放 2030 年前后达到峰值并努力尽早达峰等一系列行动目标纳入国家整体发展议程，建立系统完整的生态文明制度体系，制定和实施 2020—2030 年减少或控制温室气体排放的计划和措施，实行严格气候治理责任制，确保行动目标落到实处。继续主动适应气候变化，在农业、林业、水资源等重点领域和城市、沿海、生态脆弱地区形成有效抵御气候变化风险的机制和能力，进一步完善预测预警和防灾减灾体系。通过中国行动为全球气候治理做出表率，给国际社会成员做出重要示范，进一步增加国际社会对中国全球气候治理引领地位的认同感。

（四）推动全球气候治理的深度：引领全球气候治理技术的深入研究和推广应用，推动全球气候治理不断深入开展

要实现《巴黎协定》的目标，归根结底还是需要依靠先进的科学技术。《巴黎协定》生效后，发展中国家在全球碳减排中扮演了更加重要的角色。当前的问题是发展中国家没有先进技术来帮助实现碳排放控制目标，而发达国家拥有较多的气候友好型技术却没有得到充分推广和应用。因此，中国一方面要健全应对气候变化科技支撑体系，建立政、产、学、研有效结合机制，加强应对气候变化专业人才培养，加强对节能降耗、可再生能源和先进核能、碳捕集利用和封存等低碳技术的研发和产业化示范；另一方面要积极推进“南北”对话、沟通与协调，推动形成更加符合维护全球气候安全需要的技术合作国际机制，促进全球气候治理技术的深入研究和深度推广运用。

（五）拓宽全球气候治理的广度：以更宽广的视野推动“南南”合作，以实际行动支持发展中国家提高应对气候变化能力

《巴黎协定》生效后，广大发展中国家在减缓与适应气候变化方面所面临的挑战将更为严峻。中国需要主动承担与自身国情、发展阶段和实际能力相符的国际义务，进一步加大气候变化“南北”合作力度，利用好中国气候变化“南南”合作基金项目，帮助其他发展中国家提高应对气候变化融资能力，向发展中国家提供更加强有力的资金支持。此外，根据发展中国家技术需求，向其转让气候友好型技术，为发展中国家技术研发应用提供支持，帮助其发展绿色经济。

（六）把握好引领全球气候治理的尺度：始终注意处理好引领与量力的关系

目前，中国仍然是一个发展中国家，与西方大国的国力差距还比较明显。因此，中国在参与全球气候治理中既要彰显引领地位，也要量力而行，不做力不能及的承诺，也不参与力所不能及的计划。全球气候治理应更多强调合作，特别是与发达国家的合作，同时积极倡导创新、包容、共赢的理念，这既符合中国的根本利益，也符合世界各国的根本利益，是对构建人类命运共同体的责任担当。

（来源：《咨询报告》2016 年第 9 期）

报告执笔人：黄　玮　董　勤
研究组成员：张洪广　董　勤　黄　玮　辛　源　林　霖　张润嘉
王淞秋

我国的气象外交历程和未来战略重点

摘　要：当前，我国气象外交正处于大有可为的战略机遇期。改革开放近40年以来，我国逐步确立了与大国地位相适应的气象外交地位，气象国际影响力和话语权显著提高，在推进我国气象现代化的同时，也深刻影响了国际气象界。党的十八大以来，我国实施大国外交战略为气象外交提供了更大空间，同时，我国综合实力的提升也为气象外交提供了强大支撑，使得我国气象外交在面临全球和区域气象治理以及气象科技创新等挑战时更具信心。研究建议，要牢牢把握我国气象外交的重大机遇，确定伴随气象大国迈向气象强国的气象外交总体目标：一是从国家层面布局新时期气象外交战略；二是以气象现代化助推我国气象外交；三是坚持创新驱动，夯实气象外交科技基础；四是不断提升我国气象外交在国际气象事务及国家总体外交战略中的地位。

党的十八届五中全会提出了“开放发展”的新理念，表明党中央坚持以开放促发展的坚强决心，特别是“一带一路”倡议的提出，使我国对外开放的格局更加开阔。气象外交一直是我国对外开放和交往的“排头兵”和“先遣队”，我国气象在世界气象组织和政府间气候变化专门委员会（IPCC）等国际组织中发挥了重要作用，我国气象科技实力在对外合作中不断增强，气象人才队伍在对外交流中快速成长。新时期、新形势、新理念对我国气象外交提出了新要求，有必要认真总结我国气象外交的历史，分析当前气象外交面临的机遇和挑战，明确气象外交在国家外交中的地位和作用，以更加积极的姿态推动气象外交事业实现更大发展。

一、我国气象外交的历程、建树与特色

（一）历程

我国的气象外交最早可以追溯到19世纪70年代。早在1873年，中国海关驻英国首席代表即参加了在奥地利维也纳召开的国际气象会议。新中国成立以后，我国气象外交经历了萌芽期、“一边倒”时期、探索起步期、全面发展期，虽然几经波折，但总体上进步明显。改革开放以后，我国整体外交环境和外交政策发生重大变化，气象外交也逐步回到国际舞台，特别是气象科技对外合作交流十分活跃。我国开始积极参与世界气象组织工作并担任重要职务，广泛参与世界气象组织各项计划和活动，进一步同美国等发达国家、周边国家、第三世界国家开展气象合作，建立交流机制，气象双边、多边关系快速发展，气象国际影响日渐突显。

进入21世纪特别是近十年来，伴随着我国气象事业的全面发展，气象科技实力的不断增强，气象外交作用也日益显著。气象对外合作交流更加广泛，参与气象国际事务更加深入，以应对气候变化和防灾减灾为重点的气象外交影响深远。同时，我国也更加积极主动地参与和牵头成立各种地球、环境、气象类国际交流平台，开展以教育培训、技术装备等为主要形式的国际援助，积极承担国际气象责任和义务。总的来看，当前我国的气象国际影响力和话语权显著提高，气象外交进入全面拓展时期。

（二）建树

经过三十多年的快速发展，我国气象外交成绩喜人。

第一，逐步确立了大国气象外交地位。我国是世界第二大经济体，也是全球和区域大国，伴随着我国全球影响力和话语权的不断提升，

我国大国外交地位逐步建立。与之相应，我国大国气象外交地位也逐步建立，主要表现在：其一，中国气象践行合作共赢理念，积极推动和搭建全球气象发展合作框架；其二，中国气象代表发展中国家发声，在国际气象舞台上为欠发达国家和第三世界国家表达利益诉求；其三，中国气象积极承担大国气象国际责任，对欠发达国家进行技术装备援助，提供教育培训机会；其四，中国代表和中国专家已非常多地进入世界气象组织、联合国气候变化框架公约等国际组织领导层，话语权和领导力与日俱增。气象外交是我国大国外交的重要组成部分，同样体现了我国的责任担当。

第二，气象外交推动国际气象发展。我国气象在实现自身发展的同时，也在不断推动国际气象的协同发展。改革开放以来，我国气象业务服务能力实现巨大飞跃，特别是我国自主研发的气象卫星、雷达技术和数值天气预报模式技术，打破了西方发达国家对先进气象监测预报技术的垄断。通过我国气象卫星观测信息的全球共享，气象雷达技术的援助转让等，一方面实现了与气象发达国家的技术交流、数据共享，促进了国际气象预报技术的提升；另一方面也促进了发展中国家气象预报和防灾减灾能力的提升。

第三，气象外交加快我国气象现代化进程。气象外交是我国气象现代化建设的主要内容和重要手段。从新中国成立初期学习苏联，到后来学习“美欧”，从最初的“一穷二白”，到逐步建立起完善的气象观测、预报、服务、管理体系，我国气象工作者在不断的对外交往中汲取经验、积累技术，逐步建立起符合中国特色、具有一定国际先进水平的气象现代化体系，气象外交始终在这一进程中发挥着重要推动作用。反过来，气象现代化建设也带动了气象外交能力和水平的快速提升。

（三）特色

我国气象在对外交往和发展中形成了鲜明的特色。

一是不同行业和领域中气象率先对外开放。对外开放是气象实现快速发展的宝贵经验。由于气象的科技属性和对象的全球性特点，在我国各行业领域中气象最早实现对外开放，这既推动了我国气象事业的现代化发展，也确立了我国在世界气象组织等国际组织中的重要地位。

二是气象实现了全面、多层次的对外合作。我国已经建立起广泛的双边和多边气象对外合作机制，同美国、英国、法国、沙特等国家签署了气象合作文件，在世界气象组织、IPCC、世界气候大会等多边组织中扮演着重要角色。我国的气象对外合作具有全面性、综合性，涉及气象科技、服务、战略、可持续发展以及防灾减灾、应对气候变化、减贫等重大议题。2015 年，中美将四项气象成果建议纳入中美战略和经济对话成果清单，气象对外合作项目上升到了国家层面。

三是我国气象外交主线明确、重点突出。我国的气象外交发展始终围绕全面推进气象现代化建设这条主线，把实现气象现代化作为推动气象外交的出发点和落脚点；始终围绕国家外交战略重点，始终服从服务于国家外交战略和利益。同时，在推进气象外交过程中注重把握三个重点关系：与大国的关系，与发展中国家的关系，与周边国家的关系。

四是气象外交在国家外交中担当重任。长期以来，我国气象为国家应对气候变化战略提供了强有力的科技支撑。气候变化和防灾减灾是当今世界关注的热点议题，也是各国气象外交的重要内容。巴黎气候大会上习近平主席提出了我国推进全球气候治理的主张和意见，表明中国将更加积极地在全球治理中承担责任，贡献智慧。在全球治理体系的变革中，全球气候治理需要气象外交担当重任。

二、我国气象外交的机遇与挑战

当前，我国气象外交处于大有作为的战略机遇期，同时也面临着国际、国内双重挑战。

（一）机遇

首先，我国大国外交的战略为气象外交发展提供了广阔空间。党的十八大以来，随着国家新时期外交战略的整体调整，国家各个领域的资源也开始围绕国家战略的总体布局进行优化整合，气象事业的特点使其成为新时期国家外交战略的受益者。“一带一路”使气象外交由传统意义上的科技、人才交流及技术、项目援助转向与国家整体外交方针的对接，尤其是在同周边、发展中国家进行技术、项目援助的同时，气象部门可以在国家战略的支撑下主动构建同周边地区、发展中国家的长期战略合作平台，并积极参与中国针对周边地区及发展中国家的对外援助项目，通过持续的气象合作平台、机制建设，深度融入周边地区及发展中国家的经济社会发展之中，并转化成我国外交关系中的有利资源。

其次，我国综合实力的提升为气象外交发展提供了强大支撑。随着我国综合国力的不断提升，中国在区域乃至全球共同事务中的影响力及话语权逐渐增强，气象作为气候变化背景下全球和区域治理中的重要议题，需要配合国家政策彰显负责任大国形象并发挥积极作用。大气无国界，气象防灾减灾和应对气候变化世界各国面临着重大共同挑战，拥有重大共同利益，可以说相对于其他领域，气象外交无障碍、有空间。中国逐步建立的大国地位和国际形象使得气象部门能够在参与 WMO 等国际组织事务中，积极开展涉及气象领域的国际政治、社会问题研究，并结合人类社会发展前景、本国人民的发展权益主动提出前瞻性议题，构建完整的气候外交理论体系，逐步由气象国际规则的参与者转变为气象国际规则的制定者，由长期以来的技术保障、科学支撑角色转变为气象领域的对外交往实体，使我国的气象资源转化为有效的对外交往资源。

（二）挑战

随着我国对全球治理的深度参与，气象外交也面临新的挑战。

一是以应对气候变化和防灾减灾为核心的全球治理竞争。气候变化及其影响下的防灾减灾问题为我国在新时期开展气象外交提出了新的挑战。气候变化是各国参与全球治理的重要方面，其在全球治理领域的框架尚未明确、原则尚不稳固，相关方面已经成为世界主要发达国家积极介入并开展规则制定主导权竞争的关键领域。

二是气象区域治理竞争。在周边及亚太区域内，中国正逐渐担负起区域领导者的角色，但要实现区域治理，难度还比较大。特别是气象的区域治理，需要通过协调区域外及周边发达国家，才能逐步扩大中国区域辐射能力乃至国际影响力。发达国家利用同周边国家及发展中国家的“气象联系”来影响区域治理，为我国周边气象外交提供了重要启示。

三是全球气象科技创新竞争。气象核心科技的突破是我国主动参与区域治理乃至全球治理的根本性支撑，而气象核心科技创新能力的薄弱正是制约我国从具有影响力的世界气象大国向世界气象强国转变的瓶颈。在亚太地区，我国气象科技落后于日本；在全球区域，欧美等发达国家也掌握着气象核心科技的绝对话语权。因此，实现气象核心科学技术的突破，推进科技引领的高水平气象现代化是我国实现气象外交转型的重点任务。

三、未来我国气象外交战略建议

我国气象外交的总体目标是从大国气象外交走向强国气象外交，为实现这一目标提出以下四点建议：

第一，全面布局新时期我国的气象外交战略。我国气象外交战略要服从和服务于国家整体外交战略，以维护和实现国家利益作为根本出发点和落脚点。新时期，国家整体外交战略也对我国气象外交战略举措提出了新要求，可针对不同国家实施不同的气象外交方针：（1）对周边及东南亚国家，重点是气象防灾减灾和科技合作，通过合作构建气象灾害防御治理平台，提升中国在该区域的影响力，营造和谐稳定的周边环境；（2）对西方发达国家，重点是深化气象科技交流合作，与发达国家共同构建对区域乃至全球的气象协同治理机制与治理平台，在合作中逐步提升自身实力及影响力；（3）对发展中国家，重点是科技装备输出和防灾减灾合作，以气象预报产品、气象雷达、卫星技术等为代表，通过长期深度的气象合作机制来构建受援国同我国的共同利益点，在实现受援国气象预报服务基础能力和水平提升的同时，实现我国同受援国长期稳定的合作关系；（4）对"一带一路"沿线国家，重点针对相关国家的气候特征，强化气候安全风险的应对。总之，要从国家整体发展和外交层面出发，分层分类制定新时期我国气象外交战略规划，把气象外交纳入我国整体外交战略中统一谋划——对外合作要考虑气象作用，对外交流要考虑气象需求，对外援助要考虑气象手段。

第二，坚持围绕气象现代化建设推动气象外交发展。新时代，我国气象外交在服务国家总体外交战略的同时，要坚持围绕气象现代化建设这一核心目标。要切实把气象外交纳入气象现代化体系建设，不断提高我国气象外交软实力。一方面，牢固树立"三个全球"发展目标，按照气象"十三五"规划要求，在推进气象业务、服务、管理、文化等现代化进程中，坚持全球思维，真正做到气象"全球监测、全球预报和全球服务"。另一方面，重点加强气象外交人才队伍建设，建立与我国大国外交地位相匹配的"气象外交官"队伍，真正把中国的气象声音传播出去，把中国的气象力量释放出去。

第三，夯实气象外交科技支撑实力。气象外交能否有效服务于国家外交总体战略，关键就在于在全球气象核心科技领域的竞争中能否取得制高点、主导权和话语权。因此，新时代气象外交战略在总体布局上必须牢牢抓住气象科技创新这个关键，聚焦于气象核心科技的突破，改革完善国家气象科技创新体系，培养紧跟气象现代化步伐的气象科技创新人才队伍，抢占气象科技制高点，掌握气象科技主导权，提升气象全球治理话语权。

第四，提升气象外交在全球气象事务及国家总体外交战略中的地位。充分发挥气象在国家双边和多边外交中的作用，强化气象在国家总体外交领域中的地位，推动气象国际交流合作有效融入国家总体外交战略。要充分利用好各种国际组织或国际协议平台，一方面强化我国在全球气象事务中的地位，更加奋发有为地参加全球气象相关事务，全面提升我国在世界气象组织和其他气象相关国际组织中的影响力和话语权，推动构建以合作共赢为核心的新型全球气象治理体系；另一方面，还要在G20、APEC、金砖国家、中非论坛、东盟、上海合作组织等平台中寻找可合作的“气象议题”，例如，在上海合作组织的安全体系中加入防灾减灾安全联合应对等，从而发出气象声音，提供气象智慧，发挥气象作用，为气候变化共同应对、防灾减灾国际援助等提供气象支撑。

（来源：《咨询报告》2016年第12期）

报告执笔人：刘　冬　张润嘉

课题组成员：张洪广　刘　冬　孔　锋　林　霖　张润嘉　王淞秋　张德卫

“一带一路”建设要高度关注自然灾害风险及其应对

摘　要：“一带一路”倡议是以习近平同志为核心的党中央统筹国内、国际两个大局提出的重大决策，事关我国和平崛起，事关现代化建设战略机遇期的延展。确保“一带一路”顺利推进需要多方面的保障，其中，灾害风险识别及其有效防控是不可缺少的环节。综合地质、地理和大气环境因素，“一带一路”沿线国家属于重大自然灾害频发区域，这不仅制约相关国家经济社会发展，也制约“一带一路”倡议实施的效果，在某种程度上也关系我国企业走出去的成败。通过灾害识别与防范，加强防灾减灾工作，确保“一带一路”互联互通相关重大基础设施建设的安全，是顺利推进倡议实施的关键，也是保障沿线国家民生的重大需求。

“一带一路”沿线处在世界环太平洋和北半球中纬度两大自然灾害带上，沿线城镇和居民点密集，重大自然灾害严重威胁着公众的生命、财产安全，制约当地的经济社会发展和“一带一路”的响应参与能力。因此，为顺利实施“一带一路”倡议，必须加强与该区域国家的防灾减灾合作。

一、“一带一路”沿线的灾害风险及其影响

一是“一带一路”沿线地区地理环境复杂、抗灾能力弱。“一带一路”贯穿亚、欧、非三大洲，经过全球频发的地震带、多种地表灾害

的高发区。沿线自然环境差异大，跨越高寒、高落差、高地震烈度区及太平洋和印度洋季风区。加之沿线多数国家经济欠发达，抗灾能力弱，尤其是应对特大灾害的能力不强，导致灾情形势居高不下。

二是“一带一路”沿线国家面临巨大自然灾害风险。“一带一路”沿线是世界上自然灾害种类最多、灾害危险最大、灾情最严重的地区之一。在65个国家和地区中，综合自然灾害年期望人口死亡率，菲律宾（25.02人/百万人·年）、孟加拉国（22.81人/百万人·年）、越南（15.73人/百万人·年）排在前三位，中国暂居第15位（3.27人/百万人·年）。综合自然灾害年期望GDP损失，老挝（2.45%）、缅甸（2.34%）、吉尔吉斯斯坦（1.96%）排在前三位，中国暂居第20位（1.01%）。

重特大自然灾害对“一带一路”的影响主要包含四方面：

一是特大地震的影响。“一带一路”沿线构造活动活跃，地震灾害频发。陆上丝绸之路经济带曾发生过1906年北天山玛纳斯8级地震、1911年阿拉木图8级地震、1920年海原8.5级地震、1927年古浪8级地震等。海上丝绸之路跨越了板块边界带，曾发生过2004年苏门答腊—安达曼8.9级地震、2015年尼泊尔8.1级地震，均造成重大影响。

二是复杂地质灾害的影响。“一带一路”沿线地形差异大，地质灾害风险高，特殊的地质、地貌和气候条件影响基础设施建设。1981年西藏聂拉木县章藏布次仁玛错冰湖溃决泥石流，冲毁中尼边境上的友谊桥，造成尼泊尔200人死亡；2010年中巴公路巴基斯坦境内阿塔德巴德发生特大规模滑坡形成堰塞湖，掩埋和淹没公路25千米，导致中巴公路中断，严重影响中巴经贸以及中巴国防安全。

三是极端气象水文灾害的可能影响。“一带一路”沿线是极端气象和水旱灾害多发、高发、重发区。“丝绸之路经济带”沿线的中亚以及欧亚大陆腹地主要灾害有暴雨及其引发的洪水、泥石流等灾害，还有高温、干旱、暴风雪、低温和严寒等气象灾害。2008年初，暴风雪、严寒、低温和冰冻天气席卷欧洲东南部，经中亚至中国的多个国家和地区遭遇百年不遇的罕见严寒冰冻天气，导致逾千人死亡。2010 年，巴基斯坦遭受近 81 年来最严重的暴雨洪涝灾害，近 1800 人死亡。

四是特大海洋灾害的可能影响。“21 世纪海上丝绸之路”沿线的东南亚和南亚主要灾害有台风、风暴潮、海啸、海浪、海平面上升等海洋灾害，其中影响最大的是台风和风暴潮。1970 年 11 月 12 日，孟加拉特大风暴潮造成超过 30 万人死亡，经济损失无法估量。2013 年 11 月，超强台风“海燕”在菲律宾登陆，造成 1 万多人死亡，在台风经过的地区，70％～80％的住房和其他建筑物被摧毁。

二、“一带一路”防灾减灾的现状与需求

经过不断努力，“一带一路”沿线多数国家的防灾减灾能力有了一定提升，但由于国界分割和研究经费不足，导致研究、观测和工作基础极不平衡，多数国家尚未形成自主研发能力，区域性的防灾减灾工作处于碎片化状态，难以形成重大自然灾害监测预警和应急的综合防范能力。

中国在“十二五”防灾减灾专项规划实施以来进步显著，极大地增强了相关部门的业务能力和科技支撑力，成功应对了玉树地震、芦山地震、舟曲特大山洪泥石流、“威玛逊”超强台风等一系列重大自然灾害，社会效益显著，也积累了应对灾害的丰富经验，在防灾减灾领域优势突出。

“一带一路”国家在不同场合呼吁中国与之加强防灾减灾科技合作，其防灾减灾需求体现在 4 个方面：（1）需要全面规划和建设重大自然灾害的监测系统，形成合理的布局和监测预警能力；（2）需要开展跨越国界的防灾减灾基础研究工作，完善重大自然灾害综合防范的技术系统；（3）需要借鉴和移植中国防灾减灾关键技术和示范项目；（4）需要建立信息共享服务的重大自然灾害风险数据库和服务平台，为大规模的经济发展提供科学可靠的支撑。

三、"一带一路"综合灾害风险防范的对策和建议

一是整体提高灾害设防水平。项目投资、园区规划要体现防灾减灾需求，提高基础设施和城镇地区的防灾水平。基础设施应达到100年一遇的防灾水平；城镇地区要达50～100年一遇的防灾水平。

二是整体提高灾害风险的投保范围和投保水平。利用经济手段转移灾害风险。在一些高灾害风险地区，可实施全生产范围的强制性保险，使保险深度超过20%。

三是加强自然灾害监测和预警能力建设。避开高风险区，加快建成综合灾害风险评估体系和灾情监测预警系统，为灾害应急预案制定和应急响应提供科技支撑。

四是加强应对气候变化风险的经济、产业、土地利用结构调整。调整经济结构，降低资源型，提高技术与人口密集型经济比例。较大幅度减少大都市区的城镇用地，提高中心城镇用地比例，限制荒漠绿洲区的耕地利用比例和山地丘陵区的农耕地开发，大力发展生态服务产业。尽快建立气候变化的协同响应机制。

五是建立"一带一路"综合减灾论坛和联盟，并纳入"一带一路"高端论坛峰会。在"亚洲基础设施投资银行"和"金砖国家银行"的支持下建立"综合减灾联盟"，并将其纳入到中国主导的国际组织和论坛峰会，如上海合作组织、中非合作论坛等，通过设立丝路基金应对巨灾，全面提高综合防灾减灾能力。

（来源：《咨询报告》2017年4期）

报告执笔人：孔　锋

课题组成员：王志强　张洪广　朱玉洁　孔　锋　刘　冬　李　博　吕丽莉

“一带一路”综合自然灾害风险排名及政策建议

摘　要：“一带一路”建设事关我国长远发展战略，但沿线国家和地区基本都面临着严峻的自然灾害风险挑战。目前，各界对“一带一路”建设中面临的自然灾害风险水平尚未形成全面、科学、系统的认识。本文通过综合自然灾害风险评估，对“一带一路”沿线的61个国家和地区进行综合灾害风险排名发现，“一带一路”沿线国家和地区的综合自然灾害人口死亡率、受影响人口率、GDP损失率年期望明显高于全球。综合自然风险评估相关结论，建议对“一带一路”沿线国家和地区自然灾害状况开展全面的摸底调查，系统开展自然灾害风险评估；规划和建设“一带一路”沿线地区重大自然灾害监测和预警体系，统一和集成现有各国的灾害治理技术、标准和规范；大力提升沿线国家和地区防灾减灾综合能力；同时，加强沟通，在互相尊重的条件下开展恰当的防灾减灾互助。

“一带一路”倡议聚焦国内、国外两个大局，涵盖沿线亚非欧100多个国家、地区以及国际组织，承载着实现中华民族伟大复兴“中国梦”和构建人类命运共同体的重要期望。自然灾害是影响和制约区域可持续发展的重要因素。开展“一带一路”建设，必须对沿线国家和地区的自然灾害情况有清晰认识。本文结合“一带一路”沿线国家和地区的自然灾害历史灾情，评估了沿线主要国家和地区的自然灾害风险状况，并进一步给出了政策建议。

一、“一带一路”沿线灾害风险评估的现实需求和重要意义

第一，“一带一路”沿线灾害风险评估是国家战略需求。“一带一路”倡议作为中国率先提出的宏大发展构想，在总体框架之下各方面都还需要进一步深入研究和细化。目前，对沿线国家自然灾害风险的关注还很不够，没有形成全面科学系统的认识；对沿线国家和地区的自然灾害情况还很不了解，不利于防灾减灾工作的开展。党中央、国务院对自然灾害防御十分重视，近年来多次就相关方面作出重要部署。2016 年 8 月 17 日，习近平总书记在“一带一路”建设工作座谈会上明确提出要“切实推进‘一带一路’安全保障”。防范自然灾害风险是构建“一带一路”安全保障的重要内容，对“一带一路”建设意义重大。此外，针对国内严重自然灾害，党中央、国务院于 2016 年 12 月先后下发了《关于推进防灾减灾救灾体制机制改革的意见》和《国家综合防灾减灾规划（2016—2020 年）》，要求推动综合减灾，全面提升防灾减灾救灾综合能力。显然，深入学习习近平总书记讲话和党中央、国务院文件精神，对“一带一路”沿线国家和地区的综合自然灾害风险进行综合研究和评价具有十分重要的意义。

第二，“一带一路”建设应重视自然灾害风险。“一带一路”建设贯穿亚、欧、非三大洲，沿线不同国家和地区的自然环境差异很大，跨越高寒、高落差、高地震烈度区及太平洋和印度洋季风区，孕灾环境脆弱、灾害影响因素多样、成灾机理复杂。“一带一路”建设涉及大量基础设施和交通、通信、能源等重大工程项目，初步估算，仅基础设施建设领域的投资需求就高达 8 万亿美元，未来 10 年中国在“一带一路”的投资总额预计高达 1.6 万亿美元。大量的境外投资与交通、通信、能源等重大工程受自然灾害影响严重，面临巨大的灾害风险，严重威胁域内国家社会经济发展和我国境外投资安全。据紧急灾难数据库（EM-DAT）记录（表 1），1990—2010 年全球发生 7200 余次自然灾害，而“一带一路”沿线地区就发生了 3003 次，其中有 2333 次

与气象灾害相关，造成了严重的人员伤亡和经济损失。因此，科学认识“一带一路”沿线国家和地区自然灾害风险，科学防范自然灾害，是保障我国境外投资与建设工程安全的必然要求。

表1 1990—2010年“一带一路”沿线地区自然灾害灾情

灾害类型	发生频次（次）	死亡人数（人）	受伤人数（人）	经济损失（百万美元）
洪水	1131	81 806	2 131 946 462	195 822.02
干旱	94	3126	892 082 288	31 844.63
地震	330	600 574	96 998 448	244 985.69
极端温度	181	20 496	80 553 139	24 976.05
泥石流	234	12 495	3 954 596	1 444.69
风暴	693	280 168	539 939 356	81 456.58
火山爆发	31	860	1 573 074	225.26
森林火灾	70	624	4 209 259	11 965.19
其他	10	2622	49 313 274	21 036.00

第三，防灾减灾是“一带一路”民心相通的重要切入点。“一带一路”沿线大多数国家和地区社会政治环境复杂、经济发展相对滞后，综合抵御自然灾害的能力比较弱，频繁发生的自然灾害事件成为社会经济发展缓慢、民生艰难、甚至政局不稳的重要原因。防灾减灾救灾是沿线国家须共同面对的重大民生问题，是各国间的“最大公约数”之一，也是各国取得共识的重要基础之一。科学防灾减灾救灾，既可保障我国境外投资与工程的安全，又可促进沿线国家和地区可持续发展，赢得沿线国家民心，是“一带一路”民心相通的重要切入点。

二、“一带一路”沿线国家和地区综合自然灾害风险预估及意义

为提高对“一带一路”沿线国家和地区综合自然灾害风险评估的全面性和科学性，本文首先依据《世界自然灾害风险地图集》中地震、

滑坡、火山、洪水、风暴潮、台风、沙尘暴、干旱、热害、冷害、野火 11 种自然灾害灾种的致灾因子强度，建立了年期望综合致灾因子强度指数，利用该指数表达各致灾因子的危险度。其次，为了定量评价沿线国家和地区的自然灾害风险，建立了基于自然因素（致灾因子强度指数）及人文因素（灾害应对能力）的综合自然灾害脆弱性模型，特别关注了沿线国家和地区因自然灾害死亡人口、GDP 损失两大影响因素，实现了对致灾强度和抗灾能力的综合考虑，使灾害风险评估模型和结论更具科学性。

根据上述评估模型的思路，对“一带一路”沿线的 61 个国家和地区的综合灾害风险进行了评估和排名，基本结论如下：

第一，评估结果表明“一带一路”沿线地区是全球自然灾害高风险区。基于上述致灾因子强度和脆弱性模型得到“一带一路”沿线的死亡人口率、受影响人口率及 GDP 损失率。结果表明：“一带一路”沿线覆盖了全球强震频发的地震带、多种地表灾害的高发区，相关风险指标明显高于全球平均；“一带一路”沿线区域包括地震、滑坡、火山、洪水、风暴潮、台风、沙尘暴、干旱、热害、冷害、野火共 11 种自然灾害在内的综合自然灾害死亡人口率、受影响人口率、GDP 损失率年期望明显高于全球平均；台风、洪水、风暴潮、沙尘暴、干旱、热害、冷害、野火等综合气象灾害年期望也明显高于全球平均（表 2）。

表 2 “一带一路”沿线国家全球综合自然灾害、综合气象灾害分布情况对比

区域 / 风险	综合自然灾害年期望			综合气象灾害年期望		
	死亡人口率（人/十万人）	受影响人口率（人/十万人）	GDP损失率（%）	死亡人口率（人/十万人）	受影响人口率（人/十万人）	GDP损失率（%）
“一带一路”沿线国家平均风险	0.67	1619	1.91	0.48	1048	0.93
全球平均风险	0.53	1204	1.20	0.24	808	0.56

第二，中国及周边国家和地区综合自然灾害风险水平在“一带一路”沿线区域中排名靠前。“一带一路”沿线国家和地区的综合自然灾害风险排名前20位如图1所示（全部排名见附表1～3）。在排名涉及的61个国家和地区中，中国综合自然灾害年期望死亡人口率暂居第15位（3.27人/百万人·年），中国周边的菲律宾（25.02人/百万人·年）、孟加拉国（22.81人/百万人·年）、越南（15.73人/百万人·年）分别排在前三位。中国综合自然灾害年期望受影响人口率暂居第10位（1378人/十万人·年），中国周边的菲律宾（6079人/十万人·年）、孟加拉国（5430人/十万人·年）、越南（3615人/十万人·年）排在前三位。中国综合自然灾害年期望GDP损失率暂居第20位（1.01%/年），中国周边的老挝（2.45%/年）、缅甸（2.34%/年）、吉尔吉斯斯坦（1.96%/年）排在前三位。

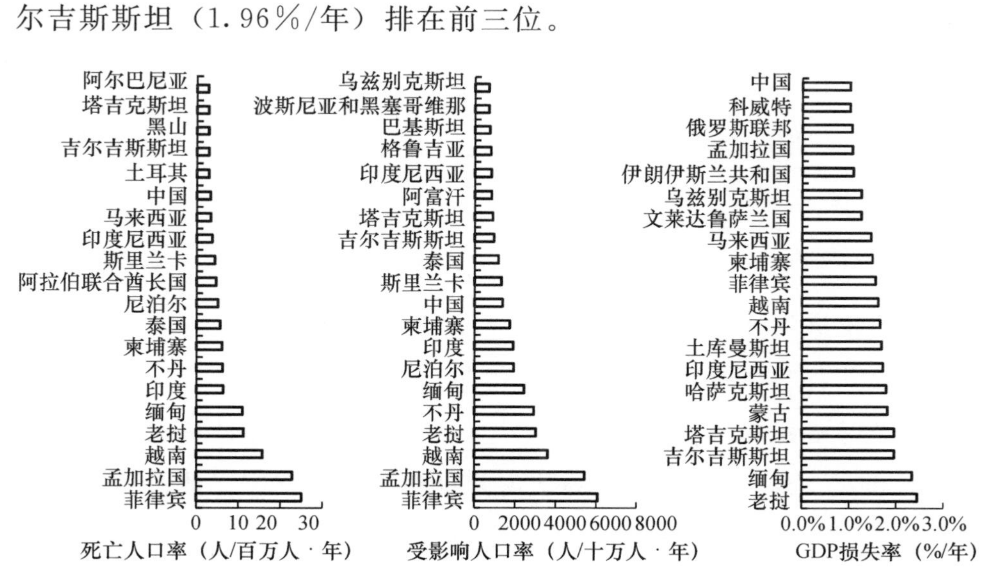

图1 “一带一路”地区综合自然灾害年期望死亡人口率、受影响人口率、GDP损失率排名（前20名）

第三，严峻的自然灾害风险将对“一带一路”区域内未来重大工程建设安全产生重大影响。“一带一路”沿线山地灾害类型多样，沿线山系年轻，降雨丰沛、冰雪消融，地形落差大、坡度陡，是山地灾害集中区和高风险区。气候变化背景下，极端天气气候事件频度和强度趋于增大，升温导致的冰雪消融会增大滑坡、泥石流和冰湖溃决风险；加之强地震趋于活跃，集中高强度激发山地灾害的概率增大。此外，大规模工程建设也很可能会改变当地原有孕灾环境并诱发新的灾害。"一带一路"北部地区寒冷气候造成的地基土层反复冻融变形过程，对高速铁（公）路的施工、运营危害严重。中亚地区由于气候干旱和土壤荒漠化，面临广泛分布的盐碱土、砾石戈壁、沙漠、流动沙丘等地质灾害，高铁和油气管线建设也面临强风、强降雨、大温差等气候灾害。对水电工程而言，气候恶劣、昼夜温差大、冻融交替循环，且饱受崩塌、滑坡、泥石流等地质灾害的影响，给水电工程的建设带来巨大的困难。如果不进行有效防范，在多种因素的共同作用下，未来"一带一路"沿线的自然灾害风险、特别是重大工程自然灾害风险的增加趋势将会是大概率事件。

三、"一带一路"沿线国家和地区综合自然灾害风险防范相关思考与建议

针对"一带一路"沿线国家和地区可能存在的自然灾害风险，中国在大力推进沿线国家重要发展规划、重大工程建设过程中，需要及时调整自然灾害风险防范对策。具体包括以下六个方面：

一是对沿线国家和地区自然灾害状况开展全面的摸底调查。建立"一带一路"沿线国家和地区的孕灾背景和灾害数据库，建设信息共享服务的重大自然灾害风险数据库和服务平台，为大规模的经济建设和基础设施建设提供科学可靠的数据和信息。

二是系统开展沿线国家和地区自然灾害风险评估。在充分掌握"一带一路"沿线国家和地区自然灾害孕灾背景、分布规律等要素的基础上，对现有和即将进行的重大规划和建设工程开展全面的灾害风险评估。开展跨越国界的防灾减灾基础研究工作，通过基础物理模型、模式的建立，以及地球内外动力过程演化与重大自然灾害发生演化过

程的研究，探索“一路一带”沿线区域重大自然灾害孕育发生机理，完善重大自然灾害综合防范的技术系统。

三是系统规划和建设“一带一路”沿线地区重大自然灾害监测系统，合理布局监测预警体系。统一规划并加强沿线各国的监测预警能力，完善和拓展我国境内的观测能力和物理建模能力，建立若干监测技术及其数据分析建模人才培训基地，提高区域性监测系统的可靠性和稳定性，提升“一带一路”沿线地区数据共享的能力。

四是统一和集成现有各国的灾害治理技术、标准和规范。“一带一路”沿线受自然灾害威胁的区域面积广阔，灾害点比较分散，建立空-天-地立体、全天候的监测预警方法迫在眉睫。建议通过系统的防灾减灾关键技术转移和示范项目建设带动，将我国成熟的防灾减灾技术移植、推广到“一带一路”沿线国家，既保障“一带一路”工程建设安全，也提升我国国际地位和影响力。

五是大力提升沿线地区防灾减灾综合能力。“一带一路”沿线大多数国家面临共同的区域自然灾害风险，尤其是发生跨国巨灾时，以一国之力难以处置。因此，在风险管理、治理方面，需建立多国综合防灾减灾的协调和信息共享机制，通过各国之间的互相借鉴，提升沿线国家综合防灾减灾能力。比如，定期组织开展沿线国家综合防灾减灾培训和区域性灾害风险治理会议，定期开展跨国救灾演练，及时制定适合本区域的综合防灾减灾救灾预案等。

六是加强沟通，在互相尊重的条件下开展恰当的防灾减灾互助。防灾减灾国际合作的特殊性在于，在特定情况下可能需要军事资源参与救援。这种特殊性增加了许多国家参与防灾减灾国际合作的顾虑。推进“一带一路”沿线防灾减灾国际合作，还需要进一步增强各国之间的政治互信，尊重沿线不同国家和地区的社会、经济、文化、宗教信仰，强调防灾减灾的人道主义救援民事性质，各国在合作过程中应遵守国际法，在尊重受灾国意愿的基础上开展各项工作。通过防灾减灾上的沟通互助，促进沿线国家和地区间的人文交流，实现“一带一路”心心相通。

附表1 “一带一路”国家综合自然灾害年期望死亡人口率排名

排名	国家	死亡人口率（人/百万人·年）	排名	国家	死亡人口率（人/百万人·年）
1	菲律宾	25.02	31	塞尔维亚	1.76
2	孟加拉国	22.81	32	黎巴嫩	1.76
3	越南	15.73	33	克罗地亚	1.74
4	老挝	11.25	34	斯洛文尼亚	1.73
5	缅甸	10.95	35	罗马尼亚	1.59
6	印度	6.36	36	保加利亚	1.58
7	不丹	6.22	37	约旦河西岸和加沙	1.56
8	柬埔寨	6.10	38	阿拉伯叙利亚共和国	1.55
9	泰国	5.64	39	乌兹别克斯坦	1.55
10	尼泊尔	5.11	40	伊拉克	1.47
11	阿拉伯联合酋长国	4.64	41	斯洛伐克共和国	1.46
12	斯里兰卡	4.36	42	摩尔多瓦	1.43
13	印度尼西亚	3.69	43	匈牙利	1.38
14	马来西亚	3.34	44	以色列	1.38
15	中国	3.27	45	乌克兰	1.34
16	土耳其	2.90	46	白俄罗斯	1.33
17	吉尔吉斯斯坦	2.87	47	捷克共和国	1.33
18	黑山	2.84	48	拉脱维亚	1.28
19	塔吉克斯坦	2.79	49	立陶宛	1.24
20	阿尔巴尼亚	2.72	50	波兰	1.24
21	亚美尼亚	2.38	51	俄罗斯联邦	1.21
22	格鲁吉亚	2.35	52	哈萨克斯坦	1.12
23	波斯尼亚和黑塞哥维那	2.34	53	爱沙尼亚	1.07
			54	蒙古	1.05
24	文莱达鲁萨兰国	2.34	55	阿曼	0.94
25	马其顿王国	2.09	56	也门共和国	0.94
26	阿富汗	2.05	57	沙特阿拉伯	0.79
27	巴基斯坦	1.95	58	土库曼斯坦	0.67
28	阿塞拜疆	1.92	59	科威特	0.56
29	希腊	1.92	60	约旦	0.52
30	伊朗伊斯兰共和国	1.85	61	塞浦路斯	0.48

注：综合风险评价精度为0.5°×0.5°，因新加坡、巴林、卡塔尔、马尔代夫、西奈群岛五个国家（地区）小于最小评价单元，故未进行综合自然灾害风险评估。

附表2　"一带一路"沿线国家综合自然灾害年期望受影响人口率排名

排名	国家	受影响人口率（人/十万人·年）	排名	国家	受影响人口率（人/十万人·年）
1	菲律宾	6079	31	摩尔多瓦	515
2	孟加拉国	5430	32	罗马尼亚	493
3	越南	3615	33	克罗地亚	491
4	老挝	3034	34	土库曼斯坦	477
5	不丹	2929	35	乌克兰	474
6	缅甸	2452	36	伊朗伊斯兰共和国	458
7	尼泊尔	1933	37	约旦	450
8	印度	1907	38	哈萨克斯坦	435
9	柬埔寨	1732	39	也门共和国	431
10	中国	1378	40	保加利亚	396
11	斯里兰卡	1329	41	伊拉克	394
12	泰国	1178	42	俄罗斯联邦	372
13	吉尔吉斯斯坦	956	43	蒙古	359
14	塔吉克斯坦	889	44	白俄罗斯	344
15	阿富汗	828	45	拉脱维亚	332
16	印度尼西亚	821	46	立陶宛	324
17	格鲁吉亚	794	47	波兰	310
18	巴基斯坦	739	48	斯洛伐克共和国	298
19	波斯尼亚和黑塞哥维那	697	49	塞尔维亚	295
			50	捷克共和国	257
20	乌兹别克斯坦	693	51	匈牙利	245
21	阿尔巴尼亚	688	52	文莱达鲁萨兰国	179
22	马来西亚	676	53	阿曼	174
23	亚美尼亚	672	54	以色列	174
24	马其顿王国	649	55	沙特阿拉伯	171
25	阿塞拜疆	633	56	爱沙尼亚	168
26	阿拉伯叙利亚共和国	624	57	斯洛文尼亚	130
			58	希腊	114
27	约旦河西岸和加沙	559	59	科威特	71
28	黎巴嫩	554	60	阿拉伯联合酋长国	60
29	黑山	543	61	塞浦路斯	34
30	土耳其	519			

注：综合风险评价精度为0.5°×0.5°，因新加坡、巴林、卡塔尔、马尔代夫、西奈群岛五个国家（地区）小于最小评价单元，故未进行综合自然灾害风险评估。

附表3 “一带一路”沿线国家综合自然灾害年期望因灾GDP损失率排名

排名	国家	GDP损失率（%）	排名	国家	GDP损失率（%）
1	老挝	2.45	32	格鲁吉亚	0.72
2	缅甸	2.34	33	土耳其	0.72
3	吉尔吉斯斯坦	1.96	34	印度	0.71
4	塔吉克斯坦	1.96	35	拉脱维亚	0.66
5	蒙古	1.82	36	巴基斯坦	0.65
6	哈萨克斯坦	1.79	37	白俄罗斯	0.63
7	印度尼西亚	1.72	38	爱沙尼亚	0.63
8	土库曼斯坦	1.69	39	希腊	0.63
9	不丹	1.66	40	阿尔巴尼亚	0.61
10	越南	1.62	41	亚美尼亚	0.61
11	菲律宾	1.56	42	波斯尼亚和黑塞哥维那	0.59
12	柬埔寨	1.49	43	斯里兰卡	0.57
13	马来西亚	1.46	44	马其顿王国	0.54
14	文莱达鲁萨兰国	1.25	45	阿塞拜疆	0.52
15	乌兹别克斯坦	1.25	46	立陶宛	0.50
16	伊朗伊斯兰共和国	1.08	47	克罗地亚	0.49
17	孟加拉国	1.06	48	斯洛文尼亚	0.48
18	俄罗斯联邦	1.05	49	保加利亚	0.48
19	科威特	1.01	50	以色列	0.47
20	中国	1.01	51	塞尔维亚	0.46
21	泰国	0.97	52	乌克兰	0.45
22	约旦	0.93	53	罗马尼亚	0.44
23	伊拉克	0.90	54	匈牙利	0.38
24	黑山	0.89	55	斯洛伐克共和国	0.37
25	也门共和国	0.88	56	波兰	0.36
26	尼泊尔	0.84	57	捷克共和国	0.35
27	阿富汗	0.84	58	摩尔多瓦	0.35
28	阿拉伯联合酋长国	0.79	59	黎巴嫩	0.29
29	阿曼	0.77	60	塞浦路斯	0.21
30	沙特阿拉伯	0.74	61	约旦河西岸和加沙	0.20
31	阿拉伯叙利亚共和国	0.73			

注：综合风险评价精度为0.5°×0.5°，因新加坡、巴林、卡塔尔、马尔代夫、西奈群岛五个国家（地区）小于最小评价单元，故未进行综合自然灾害风险评估。

（来源：《咨询报告》2017年10期）

报告执笔人：孔　锋　辛　源　吕丽莉

课题组成员：王志强　张洪广　朱玉洁　孔　锋　刘　冬　李　博　吕丽莉

南海地区自然灾害风险防范的国家战略思考

摘　要：南海地区自然灾害风险防范是适应和引领国家外交和“一带一路”倡议的客观要求，也是中国实现安邻、睦邻、富邻，构建区域利益共同体、责任共同体和命运共同体的重要举措。实施南海地区自然灾害风险防范，事关中国及周边国家和地区安全与可持续发展。研究认为，中国在南海地区对外防灾减灾中具有区位优势、科技优势、装备优势和互补优势，中国要联合南海周边国家具有减灾科技优势的机构与科技人员，开展广泛的国际合作与交流，创新国际减灾合作机制，建立多国协调的巨灾风险防控信息共享与减灾联动机制，整体提升南海周边国家应对自然灾害的能力。通过加强南海地区自然灾害风险防范，服务“一带一路”沿线及南海周边国家重大工程安全、国家减灾及民众减灾需求，为南海安全和“一带一路”建设顺利实施提供科学支撑与基础保障。

南海地区在“一带一路”建设格局中处于十分重要的地位，且该地区是世界上自然灾害种类最多、危险最大、灾情最严重的地区之一。开展南海地区自然灾害风险防范研究，对中国及周边地区可持续发展具有重大意义。南海地区国家贸易和人员往来频繁，但跨国灾害频发且灾害影响往往较大，域内许多国家灾害防御和应对实力薄弱，建立南海地区自然灾害综合风险联合防范机制具有现实需求。这也是中国作为区域大国体现责任担当和实现国家发展的客观要求，是中国实现安邻、睦邻、富邻，构建区域利益共同体、责任共同体和命运共同体的重要举措。

一、建立南海地区自然灾害综合风险联合防范机制是大国责任担当

从中国全球化战略的角度出发，南海地区自然灾害风险防范的战略意义主要包括四个方面：

一是服务“一带一路”建设。“一带一路”沿线主要涵盖了60多个国家，44亿多人口，占全球人口的63%，是新形势下通过合作共享，保障我国经济社会持续稳定发展和实现伟大中国梦的重大战略。南海地区恰处于“21世纪海上丝绸之路”的关键咽喉位置，域内灾害类型多样、分布广泛、活动频繁、危害严重，对交通、水电、油气管线等基础设施、重大工程布局和安全影响巨大。同时，域内绝大多数国家经济欠发达，抗灾能力弱，频繁发生的灾害严重影响民生安全、制约着经济社会的发展，减灾需求非常迫切，是实现联合国《2030年可持续发展议程》的攻坚区域。因此，在南海地区进行国际减灾合作，有利于建立“一带一路”利益、命运和责任共同体，是“一带一路”建设实施中赢得民心和国际认同的良好切入点，也是战略实施的重要保障。

二是彰显大国责任与担当，增强国际话语权。中国作为世界负责任和敢担当的大国，为提升南海周边各国应对自然灾害能力，促进南海周边国家与区域持续发展，迫切需要加强和推进南海地区自然灾害风险防范国际合作。一方面，开展防灾减灾合作可以呼应联合国《2030年可持续发展议程》，提高区域社会经济发展的保障能力；另一方面，中国作为世界第二大经济体和世界第一大货物贸易国，对全球的影响力越来越大，但是中国在国际治理体系中的地位依然有待提升，与自身实力相匹配的影响力有待增强。南海地区自然灾害风险防范国际合作的实施有助于中国履行大国责任，处理与应对全球可持续发展

问题，增强中国国际话语权，提升中国在国际治理体系中的地位与影响力。

三是引领区域和全球防灾减灾的科学发展。目前，一方面，南海地区的重大基础设施、重大工程和经济交通廊道等尚未开展全面、系统和深入的自然灾害风险评估，无法科学评估工程和投资风险。另一方面，自然灾害科学研究的不足又导致域内国家在灾害治理技术、防治工程标准和规范方面的不统一，迫使国内企业和工程单位只能在不同国家采用不同标准，投资成本和风险明显增加。通过与南海周边国家开展全面、系统的自然灾害风险防范合作，将会全面了解和掌握域内灾害风险，从而引领全球防灾减灾学科的发展方向与前沿领域。

四是实现基础数据和防灾减灾数据共享的迫切需要。目前，南海周边大多数国家缺乏系统、全面的灾害基础数据。面对全球气候变化背景下自然灾害风险持续增加的现状，各国单方面开展防灾减灾研究与技术研发很难获得全面、系统、有价值的数据，难以支撑南海地区战略实施面临的减灾需求。因此，迫切需要建立一个高层次、多方合作的自然灾害风险与减灾国际合作计划，创新数据共享机制，促进防灾减灾研究，加快成果应用，保障南海地区安全。

五是保障中国地缘政治安全。中国的快速崛起已经触及了守成大国和周边大国的地缘政治经济利益，各种形式的“围堵”层出不穷。保障中国地缘安全，营造有利的和平环境，是实现中华民族伟大复兴的基本保障。南海周边国家发展基础薄弱，自然灾害极易导致受灾国家的经济波动、社会动荡、政治失稳，从而影响中国周边地缘环境，进而影响中国地缘战略。因此，通过国际交流开展自然灾害风险防范国际合作，有助于为南海周边国家的自然灾害防御、高效精准救灾提供科学指导，建立联动机制，有助于保障南海周边国家的经济社会稳定，从而保障中国地缘政治安全。

二、建立南海地区自然灾害综合风险联合防范机制是国家发展需求

从大的逻辑和经济发展需求来看，推动南海地区自然灾害风险防范，不仅关系着中国投资安全，而且也是科技创新、外交战略和经济发展的现实需求。

第一，中国海外投资安全的现实需求。随着中国经济的快速增长，中国海外投资在全球范围内急剧增长，诸多领域的海外基地和重要港口不断增多，保障海外投资、基地等重大设施的建设及运行安全迫在眉睫。国际减灾科技合作将在保障海外基地和投资安全上提供重要的科技支撑。

第二，保障南海区域安全的现实需求。中国周边区域地缘安全环境极为复杂，一定程度上影响着中国边疆地区安全。通过开展自然灾害风险与综合减灾国际合作，监测中国边疆地区可能面临的来自周边区域的自然灾害等风险，可以很好地吸纳国家安防功能。

第三，系统开展南海地区灾害理论与减灾技术研究的迫切需要。目前，受经济发展水平、科技力量的制约，南海周边绝大多数国家对自然灾害缺乏全面、系统的研究，在灾害形成机理、风险分析、监测预警、工程防治技术等领域的研究相对缺乏。对于单个国家而言，无论是自然条件还是科技条件方面，往往都难以满足系统研究并提出解决方案的需要。要完成跨境重特大自然灾害的科学研究与防灾减灾技术研发及应用，迫切需要开展国际多边合作，为南海地区的战略实施提供保障。

第四，实现中国技术“走出去”的战略需要。中国技术已具备大规模“走出去”的实力，比如中国北斗导航技术日渐成熟，在布局全国的同时，也应加快在全球范围内建立导航体系。南海及周边很多地区已经形成欧美的技术标准壁垒，阻碍了中国技术标准的国际化，进一步阻碍了中国装备“走出去”。因此，借助开展自然灾害风险与综合

减灾国际合作，与南海地区国家达成深入合作意向，可以助推北斗导航、高分遥感、无人机、铁路、公路、水电工程等高新技术与工程技术真正“走出去”。

第五，保障中国全球化战略的需要。南海及周边地区已成为世界主要势力博弈区域。近几年，美国加强了在中国周边区域的战略部署，提出了亚洲再平衡战略，同时提出“新丝绸之路”计划。俄罗斯为自身发展与安全着想，也提出了欧亚经济同盟战略，同时也加强了在东南亚、南亚的战略布局。因此，开展南海地区的自然灾害风险评估与减灾国际合作研究计划工作十分紧迫。

三、南海地区国家对自然灾害风险防范的国际合作需求和愿景分析

从南海地区国家的国力和需求来看，其对自然灾害风险防范的国际合作需求和愿景主要包含以下四方面：

一是南海地区国家贸易和人员往来频繁，自然灾害风险防范国际合作惠及多方，是打造经济共同体、利益共同体和命运共同体的区域范式。南海地区地处中国—东盟贸易区，域内多数国家贸易和人员往来频繁，而诸多重大基础设施与工程等尚未开展全面的灾害风险评估，不能准确提供潜在风险信息，部分国际合作工程已经遭受重大损失。同时，南海地区国家的许多境外投资没有进行系统的政治、法律、民族、宗教、文化等方面的风险评估，容易导致停工、停业，造成无法挽回的损失，需要通过国际合作来降低风险。南海恰好处在“一带一路”的咽喉位置，开展自然灾害风险防范国际合作恰逢其时，可惠及多方。

二是南海地区国家灾害频繁，面对巨灾，囿于经济实力和人文素质，亟需自然灾害风险防范国际救援和合作以支撑其社会减灾与重大工程安全保障。从地理区位来看，南海地区处于环太平洋火山带和台风活跃带的中心位置上，活跃地质断层带使南海地区国家时常遭受不

同程度的地震灾害，尤其是平均每年要遭受近20次等级不一的台风袭击，而台风导致的泥石流、洪涝等次生灾害所造成的损失更是惊人，严重威胁着域内国家社会经济的发展。从经济实力和人文素质来看，南海地区国家中多数国家经济欠发达，贫富差距大，基础设施不完备，一旦发生巨灾，往往损失惨重，且难以单独应对，亟需外援和国际合作。以2013年菲律宾遭遇的超级台风“海燕”为例，其强度之大、破坏之猛为多年来所罕见，虽有所准备，但仍令许多救援机构措手不及；加之菲律宾基础设施落后，无法承受狂风与暴雨的连续冲击，台风过后灾区基础设施面目全非；与此同时，菲律宾贫富悬殊，贫民大多住在简易木房，导致伤亡惨重、损失严重。为此，菲律宾求援国际社会，中国政府随即派遣救援队前往救灾。

三是南海地区国家跨境灾害频发，尚待制定多边防灾减灾机制和国际救援机制。南海地区跨境灾害多发。目前，南海自然灾害的调查和防灾减灾基本由当事国单独完成，现有机制难以满足跨境灾害防灾减灾需求，使得跨境灾害和境外重大工程灾害的减灾和救援应对迟缓，加重了跨境灾害和境外工程损失，严重威胁域内投资和地缘政治安全。因此，亟需开展自然灾害多国联合调查、监测、研究和应急处置，建立协调、联动、高效的国际减灾合作模式，整体推进防灾减灾能力建设，提高减灾效率。

四是南海地区国家科研技术实力薄弱，亟需国际合作来探索和完善特殊孕灾环境下灾害机理和防灾减灾技术。南海地区国家跨越高环境梯度、高地震烈度区、高复杂洋流及太平洋和印度洋季风区，成灾环境复杂，多灾种和灾害链非常突出。目前，南海地区国家对特殊自然环境条件下孕灾机理、成灾机制、减灾技术等仍然鲜有研究，特别是巨灾及灾害链的形成与演化研究相对薄弱，甚至存在研究空白。对特殊自然环境条件下自然灾害缺乏系统深入的理论认识与减灾技术储备，成为南海地区国家防灾减灾中的科技瓶颈。而中国防灾减灾技术相对发达，可充分利用中国北斗系统、空天遥感、通信技术等先进手段，全面开展自然灾害调查，建立孕灾背景和灾害数据库，开展缺（无）资料区数据的全面研究，为重大工程决策和减灾行动提供基础数据支撑。

四、中国在南海地区对外防灾减灾中具有“四个优势”

从中国自然灾害风险防范技术、装备和制度等方面来看，中国在南海地区对外防灾减灾中具有以下四方面的优势：

一是具有区位优势。南海地区可以借助“一带一路”倡议的发展先机。《推动共建丝绸之路经济带和21世纪海上丝绸之路的愿景与行动》中提出的中蒙俄、新亚欧大陆桥、中国—中亚—西亚、中国—中南半岛、中巴、孟中印缅六大经济走廊建设，是支撑“一带一路”建设的核心与骨架。中国南海地区边界省区，自然环境条件与灾害活动状况与周边国家具有较大的相似性，对周边国家防灾减灾活动具有重要的参考意义。

二是具有科技优势。中国在防灾减灾领域取得了系列成果，构建了较为完备的防灾减灾体系，防灾、抗灾、减灾能力极大增强，并且随着中国境外投资项目建设的推进，防灾减灾能力已经开始在国外发挥效益。南海地区大多数国家为发展中国家，受政治体制、经济水平和科技实力的影响，防灾减灾能力相对较弱。通过国际合作计划的实施，中国相关技术、标准、规范可以走出国门，服务当地社会，在不同环境条件下得到进一步的检验，完成适应性和本地化的改进，进一步提升“中国创造”的技术含量和品牌效应，实现技术积累并夯实中国软实力。

三是具有装备优势。中国相关科研机构具备了国际上最先进的资源、环境、灾害观测设备，在灾害监测预警领域具备研发关键技术与设备的能力，同时在重大灾害防灾减灾工程设计和建设方面具有领先南海周边国家的科技实力，具有国际重大防灾减灾工程的案例。近年来，随着北斗系统、高分遥感、无人机技术和物联网等技术的快速发展，中国在灾害监测、信息传输、信息化和共享平台建设方面优势明显，而这些也是南海地区防灾减灾科学研究与实践亟需中方提供科技支持的领域。

四是具有互补优势。中国在自然灾害防治和减灾领域前期的研究积累为走出国门、服务南海地区战略实施奠定了坚实的基础。目前，中国缺乏南海周边区域系统的灾害环境背景和本底数据，无法支撑域内基础设施规划、重大工程可行性研究与设计、工程受自然灾害影响的风险分析等需要。与南海周边国家开展合作，有助于整合各地多年的自然灾害监测与调查数据。同时，通过合作组建系列科研机构，培养大批优秀人才，有助于南海地区国家和中国建立较好的科研合作关系。此外，国际减灾合作计划的实施也有利于整合不同国家科研机构的力量，协同攻关，解决跨境减灾的关键问题，研发适宜当地的减灾技术与模式，建立区域减灾科技联盟和国际减灾合作机制，有效应对跨国巨灾风险。

（来源：《咨询报告》2016 年第 10 期）

报告执笔人：孔　锋　刘　冬　林　霖

课题组成员：张洪广　孔　锋　刘　冬　林　霖　吕丽莉　王淞秋
　　　　　　张德卫

澜沧江—湄公河次区域综合灾害风险防范的若干建议

摘　要：澜沧江—湄公河次区域是中国连接东南亚、南亚地区的陆路桥梁，是“一带一路”建设的重要节点，地理位置十分重要。开展次区域综合灾害风险防范有助于推动澜沧江—湄公河合作的深入，服务中国—东盟命运共同体建设，助力“一带一路”倡议的落实。建议通过建立水情、雨情、灾情通报机制，推动灾害预报预警预防联动，建立次区域重大灾害互助机制，促进防灾减灾技术与人才交流，推进澜沧江—湄公河次区域综合灾害风险防范的合作，保障澜沧江—湄公河次区域可持续发展。

澜沧江—湄公河是一条对于流域各国和区域性社会经济与环境保护具有重要意义的国际性跨界河流。流经中国、缅甸、老挝、泰国、柬埔寨和越南。流域涉及人口众多，特别是流域下游地区人口密集。流域内蕴藏着丰富的水力和水利资源、生物和森林资源、矿产资源、农业资源、多元文化资源等。虽然目前经济和社会发展相对落后，但是却具有极大的经济潜能和开发前景。澜沧江—湄公河次区域是中国连接东南亚、南亚地区的陆路桥梁，处于“一带一路”建设的重要节点，地理位置十分重要。

一、加强澜沧江—湄公河次区域综合灾害风险防范可作为“一带一路”建设的重要突破点

加强澜沧江—湄公河次区域综合风险防范有利于推动澜沧江—湄公河合作的深入，更好地服务中国—东盟命运共同体建设，助力“一带一路”建设落实。

（一）助力“一带一路”建设落实

在中国“一带一路”倡议的背景下，澜沧江—湄公河次区域有望成为率先取得实质性进展的先行区和试验田。当前，大国关系变换调整，合作、竞争与对抗并存，大国博弈与地缘竞争或对“一带一路”构成战略牵制。近年来，湄公河地区的多边制度不断涌现，如亚洲开发银行倡导大湄公河次区域经济合作、湄公河委员会、美国的湄公河下游倡议、日本—湄公河首脑会议、印度的湄公河—恒河合作倡议、韩国—湄公河国家外长会议，但在防灾减灾方面尚未建立起有效的合作机制和合作模式。建立“一带一路”沿线国家区域防灾减灾合作机制，必须依赖于沿线国家的合作，提升沿线国家的治理能力。特别是口岸、公路、铁路、能源运输、水力发电等基础设施建设领域，不可避免地会产生相关衍生安全风险。一些域外势力也会借助这些“软”议题来插手区域性事务，牵制中国对外行为。正如跨界水资源管理是大湄公河次区域合作开发中的一个难点问题，直接影响“中国—中南半岛经济走廊”的打造。我们一方面要充分利用“一带一路”、亚洲基础设施投资银行、丝路基金等新框架、新平台的资源和渠道，突出中国的建设性和领导力。另一方面也要利用好中国和湄公河下游国家地缘毗邻的唯一性，资金技术和生产能力的引领性，市场消纳能力的吸引力，以及非传统安全问题领域（如水资源分配、灾害防御、气候变化应对、公共卫生安全等）的紧迫性等不可替代的优势，与湄公河下游各国构建共同利益网络，加深相互依赖，增进政治互信，提升综合风险防范等软实力，以民心相通促进“一带一路”建设。

（二）服务中国—东盟命运共同体建设

作为东南亚第一大河流，澜沧江—湄公河被称为东南亚地区的心脏与灵魂。澜沧江—湄公河次区域处于东南亚、南亚和中国大西南的结合部，域内的缅甸、老挝、泰国、柬埔寨、越南是东盟的重要成员国。该地处于季风活跃区，每年都经历各种强度的台风、暴雨天气过程，引发洪涝、干旱、滑坡、泥石流等灾害，社会经济发展、人民生命财产受到巨大威胁。由于东盟国家主要聚焦于灾后的响应而缺乏灾前的预防，天气预警方面的能力不足，科技基础相对薄弱，灾害影响及评估的信息共享有限，限制了区域应对灾害能力的提升。2013 年，面对超强台风“海燕”，越南就曾通过世界气象组织请求中国在卫星监测预报技术等方面给予支持。作为区域气象强国，中国充分利用灾害预警防御的成果，开展针对东盟国家的灾害性天气综合风险防范，延伸综合防灾减灾的空间范围，实现次区域与次区域协同合作，构筑区域自然灾害跨境防范的安全屏障，探索构建中国—东盟灾害防范的运行机制，推进防灾减灾救灾国际合作和交流，推动中国—东盟落实联合国《2030 年可持续发展议程》和《2015—2030 年仙台减轻灾害风险框架》，有利于谋求共同发展、重视共同安全、强调共同价值。此外，考虑到东盟在自然地理等方面的多样性，如何规划引导基础设施建设，增进次区域之间互联互通，实现灾害风险面前项目安全、生态安全、经济安全等，都要提前谋划。

（三）推动澜沧江—湄公河合作的深入

气候和气候变化问题对大湄公河次区域的影响具有长期性和复杂性。经济发展和人口增长等因素造成大湄公河次区域面临着水资源短缺与污染、城市空气污染与林火雾霾、生物多样化的丧失等非传统安全的挑战增多。这些挑战首先表现为自然环境的物理性影响，继而产生潜在的社会政治影响，引发社会的不安定。如因灾致贫增加、疾病多发、因争夺资源而产生的社会压力增大等，最后对国家关系、地区安全与稳定产生潜在的影响，包括气候难民增加、跨国和国际冲突增多等。一旦得不到及时治理，将会逐渐演变成影响国家发展、区域和平的重大问题。例如，2010 年气候异常导致的中国西南地区和湄公河流域严重干旱，致使流域水位下降，给流域内的生活饮水、农业灌溉、水陆生态、航运交通等带来严重影响，加剧了中国与下游国家的紧张局势，围绕澜沧江上修建水坝是否加重旱情的问题，一度引起各方关切。可以说，现实和潜在的气候问题和气候风险对澜沧江—湄公河次区域的可持续发展构成了严重挑战。加强气候变化应对合作与综合风险防范机制建设是大湄公河次区域的共识，2016 年 3 月 23 日，《澜沧江—湄公河合作首次领导人会议三亚宣言》各参与方一致同意，加强自然灾害等非传统安全威胁的合作，共同应对气候变化，开展人道主义援助，确保粮食、水和能源安全。此外，中国综合防灾减灾能力与主动性不断提升，也为大湄公河次区域提供公共产品与服务、促进地区安全互信提供了保障。

二、在“一带一路”框架下推进澜沧江—湄公河次区域综合灾害风险防范合作

澜沧江—湄公河次区域综合风险防范是一项系统工程。它不是单一国家行为的结果或者仅表现在单一国境内，一国境内产生的自然灾害的影响可能对其他国家造成显著的或者潜在的影响和改变，需要域内国家共商共建共享，推进完善澜沧江—湄公河次区域综合风险防范的合作。

（一）建立水情、雨情、灾情通报机制

及时、准确的信息通报是次区域快速有效开展风险防范的重要前提。数据和资料的交换是跨境综合风险防范的第一步，推动建立水情、雨情、灾情信息共享机制，收集和交换澜沧江—湄公河次区域水文、气象、气候、地理等自然信息，备份域内相关项目、工程、规划等相关技术信息。建立信息通报渠道，健全次区域内国家间灾害信息共享

平台，加强信息沟通。完善科学高效的突发事件通报机制，改进信息报告方式，简化中间环节，完善信息报告流程，提高信息处置工作效能。合理划分自然灾害、事故灾难、公共卫生等安全和保密等级，明确信息通报范围、时限与内容。

（二）推动灾害预报预警预防联动

建立灾害预报预警预防联动机制是有效应对自然灾害的关键。合作开展台风、地震、滑坡、泥石流等严重危害人类生命财产安全的自然灾害的研究，加强区域性灾害预报，分析灾害影响时间、程度和范围，及时预测发展趋势。根据澜沧江—湄公河次区域常发自然灾害实际情况，建立跨区域灾害预警制度，制定跨区域灾害预警等级与应急预案，加强灾害监测预警、实况分析和信息反馈。积极开展关于次区域自然灾害影响联合评估，联合调查次区域灾害隐患点，并登记建档，建立次区域全覆盖的预报、预警、预防响应机制和工作措施。建立和完善协调联动机制，开展联合应急演练，全面提高自然灾害的综合防范和应对能力。

（三）建立次区域重大灾害互助机制

澜沧江—湄公河次区域是一个统一整体，面对重大灾害时休戚与共。尽管重大自然灾害属于不可抗力难以避免，但如果有一套完善和具有弹性的救援互助体系，动员快速及时、组织合理有序、方式和手段相对科学，就可以减少财产损失，及时挽救更多的生命。协商制定次区域综合灾害管理办法，谋划澜沧江—湄公河流域综合防灾减灾远景方案。健全完善应对重大灾害的组织架构、运行规则、处置程序、平台建设、经费保障等规定。建立次区域应急联动指挥技术平台，健全救灾物资统筹机制，灾害发生后，可实现就近就快调拨，提高救灾物资保障水平。

（四）促进防灾减灾技术人才交流

推进中国与湄公河沿岸国家灾害管理的交流与交往。开展灾害形成机制、演化规律、时空分异和灾情扩散多领域、跨学科研究。积极开展防灾减灾科技合作与交流，成立中国与次区域国家技术合作组织，支持在云南建立国家级的澜沧江—湄公河次区域科学技术合作中心和科技开发合作基金，推动跨流域防灾减灾长期科技合作。争取亚洲基础设施投资银行、丝路基金等资金支持开展次区域的防灾减灾人才培训，帮助次区域国家提升综合风险防范水平。加强与次区域国家民间组织的交流合作，广泛开展应对气候迁徙的慈善合作，促进次区域内贫困地区生产生活条件改善，帮助湄公河沿岸国家培养更多的专业人才。

三、采取有力有效举措保障澜沧江—湄公河次区域可持续发展

（一）合理评估次区域灾害风险防范能力

构建调查评价指标体系、分析评估方法体系和系统建设技术体系，开展灾害风险和减灾能力调查评估，摸清澜沧江—湄公河次区域灾害常发区、易发区、敏感区、脆弱区和恢复力，探索构建区域权威的灾害数据库、信息库、知识库和模型库，整合资源和手段提高现势更新能力，编制和动态更新自然灾害风险地图。对于境外投资和建设项目，要提前做好灾害风险评估和处置计划。推进次区域国家自然灾害风险管理体制、运行机制和文化背景的调查分析，推广先进的灾害风险管理理念和手段，共同关注防灾减灾热点问题

（二）推动制定次区域综合防灾减灾行动计划

将综合防灾减灾行动计划作为次区域总体发展的重要组成部分，综合考虑全域各类天气气候灾害的时空分布规律，统筹协调资金、资源、手段和政策等，加以充分研究论证和组织实施。推动工程减灾与非工程减灾，保障资源开发、基础设施建设、生态环境保护，重视防灾减灾科学研究、技术开发、工程建设和产业发展，降低区域灾害风险和提升防灾减灾能力，并在队伍建设、知识普及、意识提高和文化

积淀等方面广泛分享经验，促进彼此间密切联系，加深了解、相互信任、共谋发展。探索有利于灾害与风险科学管理的新机制，共同提高区域减灾计划、重大自然灾害风险防范、气候变化应对、减灾宣传教育和预案法治建设等能力。

（三）探索建立周边国家综合减灾空间信息服务平台

面向中国周边国家灾害信息服务需求，融合应用空间信息技术和现代信息技术，探索建立健全灾害空间信息基础设施和灾害系统多尺度动态时空数据库，构建综合减灾空间信息服务平台，加强空间信息更广泛、全面的互联互通和获取、管理、分析、共享能力。完善自然灾害全天候、全天时、多尺度和全球视野的立体监测体系，提供灾害监测预警和损失评估分析工具，开展防灾减灾位置服务、数据服务、信息服务和专题服务，为周边国家经济社会发展提供信息交流、技术支持和决策服务。同时，推进社区减灾等综合应用示范，与相关系统逐步实现数据共享、应用协同和服务融合，探索政府、企业和国际机构广泛合作伙伴关系，创新商业化、市场化应用服务模式，提升综合减灾空间信息服务能力和影响力。

（来源：《咨询报告》2017 年 8 期）

报告执笔人：林　霖　王淞秋

课题组成员：张洪广　辛　源　林　霖　刘　冬　孔　锋　吕丽莉　王淞秋

气候合作先行 畅通东北亚和平发展之路

摘　要："一带一路"建设的开放性决定了东北亚是一个不可忽视的重要区域。东北亚地区不仅是地缘政治力量复杂交错的区域，而且是气候变化的显著地区。在气候领域，通过一系列、有步骤的建设性合作增进互信、搭建桥梁、创造平台，不仅可以缓解东北亚区域政治阻力，促进各领域合作的深入，而且有助于我国冲破北部岛链，开辟北极通道，呼应"一带一路"建设，更有效地履行大国的区域义务，进一步巩固和发挥世界大国的作用，推动实现共同发展的全球化目标。本文基于新时期国家总体安全观提出四个方面的建议。

东北亚西起蒙古高原、远眺东欧，东接北太平洋、遥望北美，北踞俄罗斯远东、伸向北冰洋，南临北回归线、通达东南亚，地理位置历来重要。从气候领域着手，建立沟通合作的平台、渠道和机制，有利于缓解东北亚各国间的分歧、增进互信、促进愿景与合作的延伸，符合我国国家安全利益、现实利益和长远利益，同时也符合地区各国的共同利益，是睦邻、安邻的重要举措。

一、东北亚气候与国家安全

东北亚横跨亚热带、温带、亚寒带三个气候带，受季风、大陆、山地、海洋等不同影响，各地气候特征差异较大。中国东北、蒙古以及俄罗斯远东部分地区属于大陆性季风气候，四季分明，犹以冬季严寒为特征。库页岛、朝鲜、韩国、日本气候受海洋影响明显，其中，日本北海道以外区域和韩国受暖洋流影响，气候偏暖，易遭台风、风暴潮侵袭。

20世纪以来，受全球气候变化影响，东北亚暖干化趋势明显，各类极端天气气候事件呈多发、并发、重发态势。据统计，1900—2016年，东北亚地区因气象灾害影响死亡约1038万人，受影响人口约31亿人，直接经济损失约9989亿美元，为东北亚地区可持续发展带来深远的社会和经济影响。更有甚者，台风、暴雨（雪）、干旱、冰雹、雷电、低温冷害、严寒、大风、大雾等气象灾害可直接造成核和有毒生化品泄漏、洪水、重大交通和安全生产事故灾难、重大疫情和公共卫生事件、饥荒和森林草原火灾，还可能进一步引发社会动荡、政治矛盾激化、军事冲突风险加剧。

东北亚各国自然、经济以及其他方面的地理分布，使本地区气候影响具有跨境特点。西部干旱导致的森林草原火灾，东、西、北部边境的森林草原病、虫、草、鼠、有害生物等跨国性生态灾害，严重威胁着区域生态安全。北部、东部界河的冰凌和洪水，肆虐我国边境地区。由于我国东北暖干化，水资源供需矛盾加重，水质保持的压力增大，流域污染乃至影响界河的风险加剧。干旱造成区域粮食减产，可能引发邻国饥荒、社会动荡，造成我国边境危机。图们江口及延边盆地受日本海风影响明显，成为污染物进入我国的主要渠道，如果遇到东北冷涡天气，影响范围有可能蔓延至我国东北全境，如遇大风和降雨天气，将会进一步污染地面水、地下水、土壤、植被等，后果不堪设想。而各类自然灾害引发的社会动荡和政治、军事危机升级等，更是不容忽视。

提高对西伯利亚、蒙古、极地和日本海等地区的监测预警能力对降低东北亚综合灾害风险至关重要。西伯利亚、蒙古、极地和日本海等区域对东北亚气候有重要影响，然而，我国对其中某些区域，尤其是对我国东北气候影响较大的日本海，知之甚少。在东北亚地区，我国与其他周边国家的气象合作也十分有限。在致灾因素增多加重的情势下，倡导加强东北亚地区气候合作，提高东北亚地区的气象监测预警能力和灾害应对能力，是降低区域综合灾害风险的必要措施，也是我国负责任大国形象的良好展示。

二、东北亚气候与长远发展

气候变暖背景下，东北亚面临的风险与利益并存。一方面，气候变暖导致的极端气候及海平面上升，加剧了东北亚沿海地区的台风、风暴潮、海水内侵及低洼地区淹没等风险。另一方面，气候变暖，使东北亚地区呈现出农作物种植线北移、森林林线上移的趋势，粮食产量和森林生态资源的增长趋势明显。严寒日明显减少，北极变暖，使北冰洋航线可利用性大幅度增加。风能、太阳能等清洁能源开发技术的成熟与应用，给东北亚地区节能减排提供了条件。

以气候领域先行为抓手，“形成渠道”助力东北亚稳定、安全及可持续发展。东北亚地区经济发展不平衡，经济比较优势特征明显，经济互补性大，为区域经济合作带来广阔前景。我国技术、基本建设和资本优势为空间联合开发合作、借港出海提供了条件。一旦完成环北极航行，必将形成贯通蒙、俄，密接朝鲜，连接日、韩，沟通欧、美，直线向南辐射两大洋（太平洋和大西洋）的战略态势，对我国参与全球治理，意义非比寻常。由于地缘敏感性，相关领域的合作运筹已久，但进展缓慢，亟需通过一种渠道增进互信。大气无国界，公益属性使其成为国际合作最成功的领域之一，通过气候领域的合作，有利于搁置争端，增进互信，务实推动各个方面合作的延伸和拓展。

我国与周边国家已经建立了不同程度的气象合作，为开展后续“气候合作先行”奠定了基础。目前，中国与俄罗斯联邦水文气象及环境监测委员会基于1993年合作备忘录，召开了多次会议，在多个领域进行了合作；与蒙古进行了14次中蒙气象科技合作联合工作会议，就中蒙边境地区气象部门合作、气象通信等未来合作进行了全方位研讨；与朝鲜举行了18次中朝气象科技合作会议，为朝鲜援建了20个自动气象站；与韩国每一到两年举行一次气象合作会议，双方互相传输部分站点相关气象信息，还在中国四平合建了沙尘暴观测站；与日本在台风预报、数值天气预报、沙尘暴、雷达资料分析技术等多个领域的双边合作由来已久。当前的合作为后续“气候合作先行”，强化我国作为负责任大国对周边国家的影响力，促进地方与区域和平奠定了良好的基础。

三、措施建议

随着全球气候变暖及东北亚形势的不确定性加重，从气候领域入手，实现“三个加强、两个坚持”，建立联合监测预警、应急联动、科研协作、学术交流等机制，加强日本海研究和北极科考，设立气候科技论坛，将有助于我国抓住气候红利，促进东北亚安全稳定，形成区域可持续发展新格局。

一是加强东北亚自然灾害风险监测与识别能力，建立健全信息共享和联合应对机制。将东北亚气象监测纳入国家卫星发展计划，升级完善雷达网，优先在东北发展通用航空，建立航空、航海、水文、风能、太阳能以及空中云水资源开发的一体化气象保障体系，实施东北亚边界层和空间大气探测计划，建立我国自主的近地大气流场和空间大气模型。同时，规划实施面向东北亚区域、多边合作的陆基、海基、天基监测体系，在国际气象组织框架下建立东北亚各国间资料交换共享机制，开展水文气象灾害和公共突发事件应急联动等方面的合作。

二是加强对日本海的气象研究，为借港出海提供航线服务保障。加强对日本海的气象监测，实现卫星、地面、水上和船舶相互补充的监测体系，提高对区域气候机理的认识和航线天气预警能力。

三是加强北极气象科考，为利用北极航线和开发北极提供基础支撑。气候变暖导致北极解冻速度加快，北极航道通航时间增长。这一变化将有可能极大改变世界物流版图。北极资源丰富，开发前景广阔，北极圈国家纷争权属，牵动军备。从资源开发到最终形成福祉产品，遵循贸易规则与价值规律，资源权属只是价值链中的一小部分，资金、技术以及全球化影响才是价值的主流，资源开发越多，后者潜力越大。中国在北极的利益，来自北极航线的国际化通航和全球化治理，而非主动参与权属之争。当前中国作为北极观察员国家，抓住气候红利，加强与俄罗斯、美国、加拿大以及北欧国家的合作，加快北极科考，建立环北冰洋科考和航线保障基地，是意义深远而重大的战略举措。

四是坚持广泛开展科技交流与合作，设立东北亚气候论坛。利用卫星、无人机以及地面监测设施加强对冰川、水资源、生态资源、极端天气气候事件、森林草原火险、病虫草鼠以及生物灾害的联合监测和预警联动，开展跨国粮食产量预估、气候品质认证、生态质量评估、空中云水资源开发和应对森林草原火灾的人工增雨作业，减缓气候变暖对资源环境等造成的影响。

（来源：《咨询报告》2017 年 3 期）

报告执笔人：施　舍　吕丽莉　申丹娜　孔　锋

课题组成员：张洪广　施　舍　吕丽莉　申丹娜　孔　锋　刘　冬
　　　　　　林　霖　王淞秋

第二部分 国家战略

党的十八大以来，气象部门围绕国家区协调发展的总体布局和工作要求，坚持在落实国家重大战略中谋划气象区域协调发展，坚持通过气象现代化建设提升气象服务保障国家重大战略能力，区域协调发展气象保障工程建设积极推进，保障能力不断提升，气象事业区域协调发展总体呈均衡态势，气象区域协调发展迈上新台阶。新时代气象部门推动建立更加有效的气象区域协调发展新机制，提升气象保障能力和促进气象区域协调发展，是强化气象保障国家区域协调发展战略的必然要求，是拓展气象区域发展空间和增强发展动力的内在需要，是增强气象区域发展联动性、整体性的重要途径，是推动气象事业高质量发展的重大举措。本部分对涉及气象区域协调发展、长江经济带气象保障体系、粤港澳大湾区气象发展规划，以及气象助力精准脱贫等研究基础上形成的咨询报告，进行了汇集。

国家区域协调发展的导向与气象区域协调发展的政策建议

摘　要：党的十九大首次提出实施区域协调发展战略，并将其纳入决胜全面建成小康社会的七大战略之一。这为气象部门贯彻落实区域协调发展战略、保障国家区域协调发展明确了任务，为今后推动气象区域协调发展、提升气象保障国家区域协调发展的质量和效益指明了方向。本报告立足于“接天线”，着重从战略思想对接、战略重点对接、战略举措对接上研究我国区域协调发展的历史演进、战略导向、战略任务等问题，提出以气象区域协调发展保障国家区域协调发展战略需注重规划引领、注重政策支撑、注重改革推动等政策建议。

党的十九大根据我国社会主要矛盾的变化，立足于解决区域发展不平衡不充分的问题，首次提出实施区域协调发展战略，并将其纳入决胜全面建成小康社会的七大战略之一。这是对“两个一百年”奋斗目标历史交汇期推动我国区域优势互补、协调发展的重大战略部署，是区域互动、城乡联动、陆海统筹发展的行动纲领，为气象贯彻落实国家区域协调发展战略、保障区域协调发展明确了任务，为推动气象区域协调发展、提升气象保障国家区域协调发展的质量和效益指明了方向。

一、我国区域协调发展战略的历史演进

（一）区域协调发展概念的提出（1995—2000年）

改革开放之初，党中央提出让一部分人、一部分地区先富起来，实行“先富”带“后富”的非均衡发展战略。随着东部经济的快速发展，东、中、西部的城乡收入、经济发展差距不断扩大，缩小地区差距成为区域经济发展的重要目标。为统筹区域发展，“九五”计划首次把“坚持区域经济协调发展，逐步缩小地区发展差距”作为国民经济和社会发展的指导方针。

（二）区域协调发展总体战略的构建（2000—2012年）

1999年年底党中央决定实施西部大开发，2002年提出振兴东北等老工业基地，2004年开始实施中部崛起战略。我国逐步形成了西部开发、东北振兴、中部崛起、东部率先发展的区域发展总体战略，标志着全国区域协调发展进入新阶段。

党的十七大在继续实施区域发展总体战略基础上，提出“加大对革命老区、民族地区、边疆地区、贫困地区的扶持力度”“帮助资源枯竭地区经济转型”等任务。2010年，十七届五中全会提出“实施区域发展总体战略和主体功能区战略”，把实施主体功能区战略作为区域协调发展的重要内容。

（三）区域协调发展战略的提升（2012年以来）

党的十八大后，我国区域协调发展的内涵不断丰富。2015年党的十八届五中全会提出“一带一路”建设、京津冀协同发展、长江经济带建设的发展战略，提出优化发展京津冀、长三角、珠三角城市群、推进城乡一体化、推动粤港澳大湾区和跨省区重大合作平台建设等任务，拓展了区域协调发展的空间布局。

党的十九大首次提出实施区域协调发展战略，将区域、城乡、陆海等不同类型、不同功能的区域纳入国家战略层面统筹规划、整体部署。2018年习近平总书记宣布在海南全岛建设自由贸易试验区和中国

特色自由贸易港、将长江三角洲区域一体化发展上升为国家战略，进一步完善中国改革开放空间布局，必将开创我国区域协调发展新局面。

二、我国区域协调发展战略的目标方向和战略导向

新时代，在新发展理念指导下，加快培育区域协调发展新动能，开拓高质量发展动力源，打造高质量发展经济带，推动区域互动、城乡联动、陆海统筹，形成国际国内统筹、东西南北纵横联动的区域协调发展新格局，将成为区域协调发展的战略导向。概括起来，其目标任务、战略导向体现在以下几方面：

（一）努力实现区域协调发展“三大目标”

均等、平衡是区域协调发展追求的目标和方向。党中央明确提出以下三大目标，推进区域协调发展。

一是基本公共服务均等化。这是最基本的民生需求，是区域协调发展战略的一项艰巨任务。范围包括公共教育、就业创业、社会保险、医疗卫生、社会服务、住房保障、文化体育、残疾人服务8个领域。紧扣这个目标发力，旨在补齐城乡区域间资源配置不均衡、硬件软件不协调、服务水平差异较大等短板，缩小基本公共服务差距，使各地区群众都能公平地享有大致均等的基本公共服务。

二是基础设施通达程度比较均衡。基础设施对经济增长有重要影响。加快建设内外通道和区域性枢纽，完善基础设施网络，推动基础设施均衡发展，旨在为从整体上形成东西南北纵横联动区域发展新格局创造条件。

三是人民生活水平大体相当。这是践行以人民为中心的发展思想，坚持共享发展，使发展成果更多更公平惠及全体人民。围绕这个目标发力，旨在促进各地区协同推进现代化建设，促进各地区人民的收入水平和生活质量在不断提高中趋于一致，努力实现国民收入分布与人

口地理分布基本吻合，最终实现全体人民共同富裕。

（二）区域协调发展战略的重点任务

1. 统筹推进“四大板块”互动发展

由西部开发、东北振兴、中部崛起、东部率先这“四大板块”组成的区域发展总体战略，将全国范围划分为四个互不重叠的区域，根据不同区域资源和要素特点、发展面临的突出问题明确发展任务，是区域协调发展战略的基础。

一是强化举措推进西部大开发形成新格局。紧抓脱贫攻坚这一历史机遇，充分发挥“一带一路”建设的引领带动作用，继续巩固基础设施建设，筑牢生态安全屏障，加强特色优势产业发展和提升内生发展能力，稳步提高基本公共服务均等化水平，确保同步实现全面建成小康社会进而开启现代化建设进程。

二是深化改革加快东北等老工业基地振兴。针对体制性和结构性矛盾、人才流失多等突出问题加大改革力度，改善营商环境，增强经济发展活力，使之成为全国重要的经济支撑带、具有国际竞争力的先进装备制造业基地和重大技术装备战略基地、国家新型原材料基地、现代农业生产基地、重要技术创新与研发基地。

三是发挥优势推动中部地区崛起。加强综合立体交通枢纽和物流设施建设，加快承接东部产业转移和拓展西部市场，发展现代农业、先进制造业和战略性新兴产业，全面融入“一带一路”建设，重点培育一批有国际竞争力的特色优势产业集群，促进形成要素顺畅流动和资源高效配置的格局。

四是创新引领率先实现东部地区优化发展。加快在创新引领上实现突破，率先实现产业升级、建立全方位开放型经济体系，打造全球先进制造业基地、具有国际影响力的创新高地。

2. 加大力度支持“四大短板区”加快发展

党的十九大报告明确提出加大力度支持革命老区、民族地区、边疆地区、贫困地区加快发展，进一步将老少边穷地区放在区域协调发展战略的优先位置。这表明老少边穷地区是影响区域协调发展的关键短板。

一是加大力度支持老少边穷地区发展。改善基础设施条件，提高基本公共服务能力，培育发展优势产业和特色经济，加强生态环境建设，为老少边穷地区加快发展创造条件。

二是深化全方位、精准对口支援。推动新疆、西藏和涉藏工作重点省经济社会持续健康发展，促进民族交往交流交融，筑牢社会稳定和长治久安基础。

三是加快边疆地区发展。提升沿边开发开放水平，加强边境地区基层治理能力建设，巩固和发展民族团结进步事业，确保边疆巩固、边境安全。

四是统筹发达地区与欠发达地区发展。强化规划引领，加强资金和项目管理，推动发达地区与欠发达地区区域联动，先富带后富，促进发达地区和欠发达地区共同发展。

五是坚持“输血”和“造血”相结合。建立健全长效普惠性的扶持政策和精准有效的差别化支持政策，加快补齐基础设施、公共服务、生态环境、产业发展等短板，大力实施精准扶贫，坚决打赢精准脱贫攻坚战，确保“四大短板区”与全国同步实现全面建成小康社会，形成持续发展的新动力和新机制。

3. 加强“六大战略”协调对接合作联动

区域发展总体战略的“四大板块”是着眼于区域内部之间的经济联系，而“一带一路”建设、京津冀协同发展、长江经济带发展、长三角一体化发展、粤港澳大湾区建设、中国（海南）自由贸易区建设这“六大战略”则是针对区域或特定区域制定的发展战略，旨在打破地域界线，促进跨区域经济合作，为“四大板块”的连接提供战略通道，形成横跨东、中、西，连接南北方并沟通国内外的重要轴带，培育新的经济增长极。“四大板块”＋“六大战略”，将板块和轴带相结合、重点发展和协调发展相融合，形成了我国区域协调发展空间布局的新格局。

一是以形成陆海内外联动、东西双向互济开放格局为重点推进“一带一路”建设。坚持共商共建共享，深化政策沟通、设施联通、贸易畅通、资金融通和民心相通交流合作，打造中蒙俄、新亚欧大陆桥、中国—中亚—西亚、中国—中南半岛、中巴、孟中印缅国际经济合作走廊，建设铁路、公路、水路、空路、管路、信息高速路互联互通路网，选取若干重要国家作为合作重点，构建若干海上支点港口，加快形成“六廊六路多国多港”互联互通的合作格局，打通我国东北门户、西北门户、西南门户、东南门户，实现开放空间逐步从沿海、沿江向内陆、沿边延伸，带动西部优势资源开发，加快脱贫致富。

二是以疏解北京非首都功能为“牛鼻子”推动京津冀协同发展。通过调整区域经济结构和空间结构，优化空间格局和功能定位，推进交通协同、生态协同、产业协同率先突破，推动河北雄安新区和北京城市副中心建设，探索超大城市、特大城市等人口经济密集地区有序疏解功能、有效治理“大城市病”的优化开发模式，形成与北京中心城区、城市副中心功能定位、错位发展的新格局。

三是以共抓大保护、不搞大开发为导向推动长江经济带发展。充分发挥长江经济带横跨东、中、西三大板块的区位优势，以共抓大保护、不搞大开发为导向，以生态优先、绿色发展为引领，依托长江黄金水道，建设高质量综合立体交通走廊，推进产业转型升级和新型城镇化建设，优化沿江产业和城镇布局，推动长江上中下游地区协调发展和沿江地区高质量发展。

四是以建成具有全球影响力的世界级城市群为目标推进长三角一体化发展。通过推进科技创新、生态文明创新、机制创新等一体化建设，把长三角打造成为贯彻新发展理念的引领示范区、全球资源配置的亚太门户、具有全球影响力竞争力的世界级城市群。

五是以建成国际一流湾区和世界级城市群为着力点推进粤港澳大

湾区建设。坚持极点带动、轴带支撑、辐射周边，着力把粤港澳大湾区建成充满活力的世界级城市群、具有全球影响力的国际科技创新中心、“一带一路”建设的重要支撑、内地与港澳深度合作示范区、宜居宜业宜游的优质生活圈。

六是以打造面向太平洋和印度洋的重要对外开放门户为重点推进中国（海南）自由贸易试验区和中国特色自由贸易港。加快建立开放型、生态型、服务型产业体系，发展旅游业、现代服务业、高新技术产业，加强“一带一路”国际合作，着力把海南打造成为全面深化改革开放试验区、国家生态文明试验区、国际旅游消费中心和国家重大战略服务保障区、面向太平洋和印度洋的重要对外开放门户。

4. 建设“四大城市群”推动区域板块之间融合互动发展

党的十九大报告进一步明确了实施新型城镇化战略、推进形成城镇发展新格局的重点任务。随着工业化和城镇化进程的加快，大城市群作为经济发展的重要增长极，在带动本国或区域经济发展中的作用越来越明显。

未来我国将形成以“四大城市群”为主体形态，建立以中心城市引领城市群发展、城市群带动区域发展新模式，提升城市群功能，增强中心城市辐射力、带动力，引导特色小镇健康发展，共同形成推动高质量发展的动力系统。一是以北京、天津为中心引领京津冀城市群发展，带动环渤海地区协同发展。二是以上海为中心引领长三角城市群发展，带动长江经济带发展。三是以香港、澳门、广州、深圳为中心引领粤港澳大湾区建设，带动珠江—西江经济带创新绿色发展。四是以重庆、成都、武汉、郑州、西安等为中心，引领成渝、长江中游、中原、关中平原等城市群发展，带动相关板块融合发展。通过“四大城市群”建设，使之成为参与国际合作和竞争、促进国土空间均衡开发和区域协调发展的城市群，逐渐形成横向错位发展、纵向分工协作的发展格局，形成大、中、小城市和小城镇协调发展的城镇格局。

5. 建设主体功能区、优化国土空间开发格局

建设主体功能区是我国经济发展和生态环境保护的大战略，是对区域发展总体战略的细化和深化。加快形成主体功能区布局，旨在构建科学合理的城市化格局、农业发展格局、生态安全格局、自然岸线格局，使各类开发建设活动在宏观布局上得到规制，使不同主体功能区自觉按照各自的主体功能定位科学发展。目前，中央提出“五区域、一体系”的发展方向和要求：

一是优化开发区域产业结构向高端高效发展。针对京津冀、长三角、珠三角等优化开发区域，推动产业结构向高端高效发展，逐年减少建设用地增量，防止“城市病”，增强城市的宜居性。

二是重点开发区域要提高产业和人口集聚度。推动形成东北地区、中原地区、长江中游、成渝地区等一批新的城市群，避免经济和人口过度集中于原有的三大城市群，以有力带动广大中西部地区发展。

三是农产品主产区、重点生态功能区要加大转移支付力度、强化激励性补偿。农产品主产区、重点生态功能区肩负保障国家农产品安全特别是粮食安全、生态安全的主体功能，要加大转移支付力度，强化激励性补偿，建立地区间横向和流域上下游的生态补偿机制。

四是禁止开发区要整合设立一批国家公园。针对现有自然保护区、世界文化自然遗产、风景名胜区、森林公园、地质公园等禁止开发区，设立统一的国家公园，以更好地保护自然生态和自然文化遗产原真性、完整性。

五是建立空间治理体系。这是一项全新的任务，也是主体功能区制度在市县层面落实的重要途径。通过在市县级层面推进空间规划改革试点、国家公园体制改革试点、编制自然资源资产负债表试点、领导干部自然资源资产离任审计试点、党政领导干部生态环境损害责任追究改革，为建立空间治理体系进行试验，积累经验。最终形成以市县级行政区为单元，由空间规划、用途管制、领导干部自然资源资产离任审计、差异化绩效考核等构成的空间治理体系。

6. 支持资源型地区经济转型发展

党的十九大报告明确提出要支持资源型地区经济转型发展，这是区域经济发展中一个重要而特殊的问题，也是一个世界性难题。东北、内蒙古、山西等地区都曾经依靠丰富的自然资源而获得过较快发展，并在改革开放之初大力支持了东部沿海地区的快速发展。随着外部环境的变化和内部资源的消耗，这些地区陷入发展困局，必须通过转型发展寻找新的发展动力。

支持资源型地区经济转型发展，一是加强政策支持，促进资源枯竭、产业衰退、生态严重退化等困难地区发展接续替代产业，促进资源型地区转型创新，形成多点支撑、多业并举、多元发展新格局。二是全面推进老工业区、独立工矿区、采煤沉陷区改造转型。三是支持产业衰退的老工业城市加快转型，健全过剩产能行业集中地区过剩产能退出机制。四是加大生态严重退化地区修复治理力度，有序推进生态移民。五是加快国有林场和林区改革，基本完成重点国有林区深山远山林业职工搬迁和国有林场撤并整合任务。

7. 坚持陆海统筹、加快建设海洋强国

党的十九大报告从战略高度提出“坚持陆海统筹，加快建设海洋强国”。在当前国际局势下，坚持陆海统筹重点是统筹海洋维权与周边稳定、统筹近海资源开发与远洋空间拓展、统筹海洋产业结构优化与产业布局调整、统筹海洋经济总量与质量提升、统筹海洋资源与生态环境保护、统筹海洋开发强度与利用时序，并以此作为制定国家海洋战略和海洋经济政策的基本依据。

加快建设海洋强国，构建海洋命运共同体，一是按照以陆促海、以海带陆、人海和谐的原则，加强海洋经济发展顶层设计，推动建设一批海洋经济示范区，为建设海洋强国奠定坚实基础。二是以规划为引领，促进陆海在空间布局、产业发展、基础设施建设、资源开发、环境保护等方面全方位协同发展。三是深入实施以海洋生态系统为基

础的综合管理，加大对海岸带、沿海滩涂保护和开发管理力度，严格管控围填海，促进海岸地区陆海一体化生态保护和整治修复。四是加强沿海地区海洋防灾减灾能力建设，保障沿海社会经济可持续发展。五是推进海上务实合作，统筹运用各种手段维护和拓展国家海洋权益，维护好我国管辖海域的海上航行自由和海洋通道安全，积极参与维护和完善国际和地区海洋秩序。

（三）建立更加有效的区域协调发展新机制

党的十九大报告强调，要建立更加有效的区域协调发展新机制。促进区域协调发展，增强区域发展的协同性、联动性、整体性，关键在深化改革和体制机制创新。

1. 建立区域战略统筹机制

以区域“六大战略”为引领，以“四大板块”为基础，推动国家重大区域战略融合发展，统筹发达地区和欠发达地区发展，推动陆海统筹发展。

2. 健全市场一体化发展机制

推动京津冀、长江经济带、长三角、粤港澳等区域市场一体化建设，促进城乡区域间要素自由流动。

3. 深化区域合作机制

深化京津冀地区、长江经济带、长三角、粤港澳大湾区等区域合作，加快推进重点流域经济带上下游合作发展，支持晋陕豫黄河金三角、粤桂、湘赣、川渝等省际交界地区合作发展，以“一带一路”建设为重点积极开展国际区域合作。

4. 优化区域互助机制

深入开展全方位、精准对口支援，面向经济转型升级困难地区组织开展对口协作（合作），深入实施东西部扶贫协作，推动形成专项扶贫、行业扶贫、社会扶贫等多方力量、多种举措有机结合和互为支撑的“三位一体”大扶贫格局。

5. 健全区际利益补偿机制

不断完善全流域上中下游多元化的横向生态补偿机制，建立粮食主产区与主销区之间利益补偿机制，健全资源输出地与输入地之间利益补偿机制，促进区际利益协调平衡。

6. 完善基本公共服务均等化机制

深入推进财政事权和支出责任划分改革，提升基本公共服务保障能力和统筹层次，推动城乡区域间基本公共服务衔接，强化跨区域基本公共服务统筹合作。

7. 创新区域政策调控机制

充分考虑区域特点、比较优势，提高财政、产业、土地、环保、人才等政策的精准性和有效性，建立健全区域政策与财政、货币、投资等其他宏观调控政策联动机制。

8. 健全区域发展保障机制

加强区域规划编制前期研究，完善区域规划编制、审批和实施工作程序，规范区域规划编制管理，建立区域发展监测评估预警体系，建立健全区域协调发展法律法规体系，健全区域政策制定、实施、监督、评价机制。

三、以气象区域协调发展保障国家区域协调发展战略

区域差异大、发展不平衡是我国的基本国情，也是气象事业高质量发展的现实基础。贯彻落实国家区域协调发展战略，既要提升保障国家区域协调发展的能力和水平，又要解决区域气象均衡发展问题，这是新时代气象事业高质量发展的重大课题。

（一）注重规划引领

主要是解决区域协调的发展方向、发展路径问题。规划是推动区域协调发展的总纲、龙头和关键，没有高标准的规划，就没有高质量的发展。保障国家区域协调发展、推动气象区域协调发展，需要放眼

全局、把握大势，着眼长远、立足实际，瞄准实施区域协调发展战略的目标要求、主要任务，高标准制定气象服务和气象业务发展总体规划，进一步明确发展定位、发展思路、发展方向和重点领域，以高标准的规划引领气象区域协调的高质量发展。因此，应统筹制定气象保障国家区域协调发展总体规划，以及“一带一路”建设、京津冀协同发展、长江经济带发展、粤港澳大湾区建设、长三角一体化发展、中国特色自由贸易港建设等气象保障分领域规划，以全方位、系统化视角，深入谋划发展思路、推进路径、主攻方向、空间布局和重大项目，优化气象区域保障、气象区域发展空间布局，推动区域保障互动、城乡保障联动、陆海保障协同，形成国际国内统筹、东西南北纵横联动的气象保障区域协调发展新格局，推动实现气象事业融合发展、协同发展、创新发展、持续发展、高质量发展。

（二）注重政策支撑

政策有支撑，发展添活力。一是依托区域功能定位，充分考虑区域特点，发挥区域比较优势，通过差异化的政策支持，激发区域气象发展活力，提升区域气象保障能力，促进气象区域协调发展。二是要用足用活国家和地方推动区域协调发展的各项财政、产业、土地、环保、人才等政策，在实现区域基本公共服务均等化、基础设施通达程度比较均衡、人民生活水平大体相当的“三大目标”中，实现气象事业的均衡发展。三是以提高气象区域发展质量、提升区域保障能力、增强可持续性为导向，调整优化政策设计，制定、完善推动气象区域协调发展的财政、投资、科技、业务、人才等政策举措，提高政策的精准性和有效性，形成各方面政策协同配合、良性互动的气象区域协调发展政策体系，因地制宜培育和激发区域气象发展动能。四是加强政策统筹，更好地发挥政策导向作用，发挥政府投资在优化投资结构中的引导作用，积极引导社会资源投向气象核心技术攻关、气象综合防灾减灾、气候资源开发利用等补短板、强弱项的重点领域。

（三）注重改革推动

政策添活力，改革增动力。促进气象保障区域协调发展，增强气象自身区域发展的协同性、联动性、整体性，关键在深化改革和体制机制创新。因此，应在国家区域协调发展战略指引下，依据中央明确的区域协调发展新机制，加大自身改革力度，建立更加有效的气象区域融合发展、协调发展新机制，着力提升各层面区域发展的联动性和全局性，增强区域发展的协同性和整体性。应坚持中央统筹与各地负责相结合、继承完善与改革创新相结合、目标导向与问题导向相结合，探索建立区域战略气象统筹保障机制、区域协同发展机制、区域合作机制、区域发展互助机制、区域政策调控机制、区域利益补偿机制、区域发展监测评估预警机制，形成与气象治理体系和治理能力现代化相适应、与现代化气象强国建设相适应的区域协调发展新机制，为全面落实国家区域协调发展战略各项任务、促进气象保障国家区域协调发展、推动气象区域协调发展提供有力支撑。

（来源：《咨询报告》2019 年第 3 期）

报告执笔人：李　栋　张洪广　吴乃庚

构建新时代气象区域协调发展新格局的主要内涵和目标方向

摘　要：区域差异大、发展不平衡是当前的基本国情，也是气象事业发展的现实情况。党的十九大报告中强调“实施区域协调发展战略”，对国家推进区域协调发展作出战略部署，也对推进气象区域协调发展提供了重要遵循。推进气象区域协调发展事关气象事业发展的速度、结构、质量和效益，与现代化气象强国建设全局息息相关，既是气象事业发展阶段性特征在国家区域发展上的综合反映，又在一定程度上影响着气象保障国家区域协调发展战略和气象现代化建设的走向。解决区域气象均衡、协调、充分发展问题成为新时代气象事业高质量发展的重大课题之一。

推进气象区域协调发展是气象保障党和国家区域协调发展战略的必然要求，是增强气象发展协同性的重要途径，是拓展气象区域发展空间格局的内在要求，是提高气象现代化质量和效益的重要支撑，也是实现现代化气象强国奋斗目标的重大举措。提高气象保障国家区域协调发展战略、增进人民安康福祉的能力和水平，倒逼我们加快转变气象发展方式、优化业务发展布局，进一步找差距、补短板、强弱项、提升气象综合业务实力，着力破解气象发展不平衡不充分问题、提高发展的质量和效益。应深刻把握当今发展大势，深刻分析自身发展优势，在建设现代化气象强国目标的新征程中，加快构建与新时代国家区域协调发展战略相适应、相融合的气象区域协调发展新格局。

一、基本思路

依据气象发展环境、发展形势的总体判断，推进气象区域协调发展，要全面贯彻党的十九大精神，深入贯彻习近平新时代中国特色社会主义思想，在“创新、协调、绿色、开放、共享”新发展理念指导下，坚定不移落实国家区域协调发展战略，加快培育气象区域协调发展新动能，开拓气象高质量发展动力源，打造气象服务保障圈和保障轴带，促进气象监测预报预警、气象综合防灾减灾、合作应对气候变化、开发利用气候资源的空间布局均衡，深化拓展气象区域合作与对外开放，推动气象现代化建设区域保障协同、城乡保障协调、陆海空联动、国内外互动，建立更加有效的区域协调发展新机制，走出一条气象与国家区域协调发展深度融合、良性互动的新路子，进而实现各区域气象事业更高质量、更有效率、更可持续的发展，构筑起新时代国际国内统筹、东西南北纵横联动的气象区域协调发展新格局，为我国经济社会发展和人民安康福祉做出更大贡献。

二、基本原则

（一）统筹协调，分类指导

国家层面统筹设计气象区域发展战略布局、总体规划和政策安排，围绕贯彻国家区域协调发展战略组织编制重要跨区域、次区域气象发展规划，强化区域气象重大项目、重大政策、重大体制的对接融合，促进气象区域协调发展。坚持从各地实际出发，因地制宜、分类指导，按照区域主体功能定位，引导各地明确不同区域气象保障任务，合理确定区域气象现代化建设目标，明确区域气象现代化建设任务。

（二）改革创新，开放合作

坚持实施创新驱动发展战略，尊重基层首创精神，支持重点地区先行先试，依托必要的改革开放平台，努力探索促进气象区域协调发展的新路径、新方式。统筹国际国内区域合作，认真贯彻“一带一路”

建设、京津冀协同发展、长江经济带发展、长三角一体化发展、粤港澳大湾区建设、中国特色（海南）自由贸易港建设等国家区域发展战略，构建合作机制与交流平台，加快培育参与和引领国际气象科技合作竞争新优势。

（三）问题导向，循序渐进

瞄准实施气象区域协调发展的目标要求，坚持从破解当前影响气象区域协调发展的突出问题入手，分区域、分阶段设定气象服务保障和气象现代化目标任务，加快形成气象区域协调发展新格局。逐步形成长效机制，推动气象区域协调发展工作进入法治化、规范化轨道。

（四）定位合理，施策精准

围绕保障国家区域协调发展的要求，根据气象区域协调发展的空间特征，正确处理气象区域与国家区域协调发展的关系，合理布局气象区域发展功能和定位。以加快发展为目的，以平衡发展为目标，促进不同区域气象发展强化优势、补齐短板，发挥区域政策在宏观调控政策体系中的积极作用，建立统一规范、层次明晰、功能精准的区域政策体系，针对不同地区实际实施差别化政策，提高区域政策的精准性和有效性。

三、战略取向

推进气象区域协调发展，一是拓展气象服务空间格局，促进气象保障与国家区域协调发展战略高效衔接、联动发展；二是精准发力推动西部气象事业加快发展，强化举措推进东北气象事业优化发展，发挥优势推动中部气象事业跨越式发展，创新驱动引领东部气象事业率先发展；三是加大力度支持革命老区、民族地区、边疆地区、贫困地区等特殊类型地区气象现代化建设；四是统筹推进城市和农村气象预报预测预警、气象综合防灾减灾、合作应对气候变化、开发利用气候资源；五是促进陆地、海洋、空中一体化气象监测、预报、预警等业务结构优化升级；六是以“一带一路”建设为引领，加强气象国际区域科技合作，推进气象全球监测、全球预报、全球服务、全球创新、全球治理；七是构建统筹有力、协调互动、优势互补、共享共赢的区域协调发展新机制。

四、战略格局

构建气象区域协调发展新格局，是以气象保障区域发展总体战略“四大板块”为基础，以气象保障“一带一路”建设、京津冀协同发展、长江经济带发展、粤港澳大湾区建设、中国（海南）自由贸易区、长三角一体化等国家区域发展战略为引领，以气象保障经济带、城市群、主体功能区建设以及特殊类型地区、重要短板地区经济社会发展为重点，着力打造京津冀、粤港澳、长三角等若干气象保障圈，推动形成沿大江大河、沿边沿海和沿重要交通干线经济增长带建设若干气象保障轴带，优化气象监测预报预警、气象综合防灾减灾、合作应对气候变化、开发利用气候资源的空间布局，构建“点、线、面”协同、“上、中、下”协调，气象保障区域发展牵引、气象核心业务支撑，连接东中西、贯通南北方、协调海陆空、统筹国内外的区域气象现代化建设总体构架，拓展气象事业高质量发展空间格局，厚植气象事业高质量发展新优势，增强气象事业高质量发展新动力，推动气象事业全面协调可持续发展。

五、基本目标

我国区域之间发展条件不平衡、发展差异大，很难推动各地区气象事业齐头并进发展，协同、均衡将是气象区域协调发展的目标和方向。

（一）气象保障国家区域协调发展战略、服务人民安康福祉的能力和水平大体相当

构建气象区域协调发展新格局，需要摆脱以往的思维定式，淡化全面缩小绝对不平衡、绝对差距的情结，转向紧扣“服务、保障”这一主线，坚持以人民为中心，将气象服务经济社会发展、保障人民安

康福祉的能力和水平大体相当作为基本标准，使全国各区域经济社会发展、人民美好生活需求都能公平地共享气象事业高质量发展的成果，享受大体相当的气象服务产品。

（二）区域主体功能气象精准保障比较协同

更加突出主体功能区气象保障的靶向性，形成导向清晰、各有侧重、更加精准的气象区域协调发展战略新布局，增强气象监测预报预警、气象综合防灾减灾、合作应对气候变化、开发利用气候资源区域保障的精准性，形成气象保障优势与区域功能开发相互协同、良性互动、竞相发展。

（三）区域气象现代化建设基本均衡

把气象现代化建设均衡发展放在重要位置，加快完善监测、预报、预测、预警、信息网络、人工影响天气等气象现代化布局和基础设施建设支撑工程，增强发展的整体性，促进各地区气象核心业务实力在气象现代化建设过程中逐步缩小区域差距，从而为提升气象保障国家区域协调发展战略、服务人民安康福祉的能力和水平提供强大支撑，为气象保障优势与区域功能开发相互协同、良性互动创造有利条件。

通过“十四五”期间气象事业发展，到2025年，气象区域协调发展、良性互动新格局基本形成，区域气象发展的空间布局更加优化，区域气象现代化建设差距进一步缩小，区域协调发展体制机制更加完善，区域气象监测预报预警、气象综合防灾减灾、合作应对气候变化、开发利用气候资源的能力和水平明显提升，区域主体功能气象精准保障优势得以充分发挥，全国各地区经济社会发展和人民安康福祉共享全面推进气象现代化建设的成果。

（来源：《咨询报告》2019年第6期）

报告执笔人：李　栋　张洪广　吴乃庚

构建气象区域协调发展新格局的主要政策建议

摘　要：构建气象区域协调发展新格局的思路方向，应坚持有所为有所不为，找准工作切入点、明确工作融入点、突出工作着力点。本报告从推动国家区域协调发展战略气象保障精准化、推动区域气象现代化建设均衡发展措施精细化、推动气象区域协调发展机制化三方面提出相关建议。

按照构建气象区域协调发展新格局的思路方向，应坚持有所为有所不为，根据区域主体功能定位，围绕国家区域协调发展战略气象保障协同发展、区域气象现代化建设均衡发展两条纬度的施策方向，按照保障精准化、措施精细化、协调机制化的要求，找准工作切入点，明确工作融入点，突出工作着力点。需要重点做好以下几方面工作：

一、推动国家区域协调发展战略气象保障精准化

（一）强化“四大板块”气象精准保障

一是紧扣加强西部生态环境保护修复、筑牢生态安全屏障、巩固基础设施建设、加强特色优势产业发展等西部大开发战略任务，明确气象保障的着力点，提升气象内生发展能力，稳步提高基本公共气象服务水平，为西部地区脱贫攻坚、同步实现全面建成小康社会提供精准气象保障。

二是紧扣东北地区建设全国重要的经济支撑带、具有国际竞争力的先进装备制造业基地和重大技术装备战略基地、国家新型原材料基地、现代农业生产基地、重要技术创新与研发基地的功能定位，加大气象改革创新力度，增强气象发展活力，为东北地区实现“一带四基地”的振兴目标提供有力支撑。

三是紧扣中部地区建设全国重要的先进制造业中心和全国新型城镇化重点区、现代农业发展核心区、生态文明建设示范区、全方位开放重要支撑区的战略定位，形成中部地区连接东西、贯通南北的气象保障带，为中部地区落实“一中心、四区”的崛起任务提供有力保障。

四是紧扣东部地区引领全国新兴产业和现代服务业发展、率先实现产业升级、建立全方位开放型经济体系、打造全球先进制造业基地和具有国际影响力的创新高地等战略任务，加快实现气象业务、科技、服务的创新突破，强化对全国气象保障的引擎和辐射带动，更高层次参与国际气象合作和竞争，增强气象保障东部率先发展新优势。

（二）强化“四大短板区”气象精准保障

革命老区、民族地区、边疆地区、贫困地区是我国特殊类型困难地区，是影响我国区域协调发展的关键短板，也是气象灾害多发频发、气象精准保障的重点区域。要从战略高度、政治高度、全局高度，紧扣老少边穷地区改善基础设施条件、培育发展优势产业和特色经济、加强生态环境建设、坚决打赢精准脱贫攻坚战、筑牢社会稳定和长治久安基础、确保边疆巩固边境安全等加快发展的战略任务，动员各方力量，利用各种资源，共同谋划气象保障能力建设，推进军地气象融合发展，强化兵团屯垦戍边气象保障，不断提高气象服务的覆盖面、精准化，提高公共气象服务的水平，形成气象保障特殊类型困难地区经济社会发展和人民安全福祉的新动力和新机制。

（三）加强“六大战略”区域气象保障协同对接、融合联动

一是着力打造“一带一路”建设“六廊六路多国多港”气象保障

带。落实好已出台的《气象“一带一路”发展规划》。打造中蒙俄、新亚欧大陆桥、中国—中亚—西亚、中国—中南半岛、中巴、孟中印缅国际经济合作走廊气象保障带，打造“一带一路”沿线国家铁路、公路、水路、空路、管路、信息高速路等互联互通路网建设气象保障带，强化若干重要国家气象业务、科技、服务合作，提升若干海上支点港口气象服务能力，加快构建陆海内外联动、东西双向互济的“六廊六路多国多港”气象保障新格局。

二是着力打造京津冀协同发展区域气象保障圈。落实好已出台的《京津冀气象保障协同发展规划》。瞄准以首都为核心的世界级城市群、区域整体协同发展改革引领区、全国创新驱动经济增长新引擎、生态修复环境改善示范区这一京津冀协同发展整体功能定位和两市一省各自功能定位，依靠气象科技创新做好北京重大活动气象保障，做好世界级城市群、河北雄安新区和北京城市副中心建设气象保障，做好北方国际航运、现代商贸物流气象保障，做好新型城镇化与城乡统筹发展、生态修复环境改善、水资源环境承载气象保障，高质量保障、高标准服务京津冀协同发展战略。

三是着力打造支撑长江经济带发展重要气象保障轴带。长江经济带横贯东西、辐射南北、通江达海，是我国人口、经济、产业最为密集的经济轴带，是气象防灾减灾、开发利用气候资源的重要气象保障轴带。落实好已出台的《长江经济带气象保障协同发展规划》。坚持长江上中下游气象协同保障，建设流域生态保护和建设、长江水资源环境承载、新型城镇化建设气象保障体系，发挥铁路、公路、水运等交通气象保障优势，建设高质量综合立体交通气象保障走廊，做好沿江产业和城镇布局气象服务，提升长江上中下游地区气象综合防灾减灾、气候资源开发利用的能力和水平。

四是着力打造长江三角洲一体化发展区域气象保障圈。瞄准把长三角打造成全国经济发展强劲活跃的增长极、全国经济高质量发展的样板区、率先基本实现现代化的引领区和区域一体化发展的示范区、新时代改革开放的新高地的战略定位，调动各种资源和力量，增强气象服务辐射能级，强化气象业务科技创新策源能力，共建气象保障协同创新体系，共推城乡气象保障协调发展，共保绿色美丽长三角，共促全方位气象开放联动新格局，共享公共气象服务普惠和便利，共创国际一流气象发展环境，高质量构建长三角气象保障创新共同体，共同形成长三角“一极三区一高地”建设气象保障动力系统。

五是着力打造粤港澳大湾区建设区域气象保障圈。瞄准把粤港澳大湾区建设成充满活力的世界级城市群、具有全球影响力的国际科技创新中心、“一带一路”建设的重要支撑、内地与港澳深度合作示范区、宜居宜业宜游的优质生活圈这五大战略定位，深入实施创新驱动发展战略，深化粤港澳气象创新合作，构建开放型融合发展的区域气象协同创新共同体，集聚国际气象业务服务创新资源，建设全球气象创新高地和气象服务重要策源地，着力提升气象保障能力，为建设一个富有活力和国际竞争力的一流湾区和世界级城市群提供有力气象保障。

六是着力打造中国（海南）自由贸易试验区和中国特色自由贸易港建设气象保障圈。瞄准建设全面深化改革开放试验区、国家生态文明试验区、国际旅游消费中心和国家重大战略服务保障区的战略定位，加快建设现代气象服务体系，提升国际航运气象保障能力，提升高端旅游气象保障能力，加大国际气象科技合作力度，探索构建气象全要素、多领域、高效益的军民融合深度发展格局，着力在生态文明建设、国际旅游岛建设、军民深度融合、国家海洋强国战略等方面发挥重要作用，为把海南打造成面向太平洋和印度洋的重要对外开放门户提供有力气象保障。

（四）推动形成区域协调发展空间开发气象保障新格局

一是推动形成“四大城市群”气象保障协同发展新格局。中心城市引领城市群发展、城市群带动区域发展新模式是区域协调发展的重要助推力，是气象保障的创新驱动力。要做好以北京、天津为中心的京津冀城市群建设气象保障，带动环渤海地区气象保障协同发展。做好以上海为中心的长三角城市群建设气象保障，带动长江经济带建设气象保障协同发展。做好以香港、澳门、广州、深圳为中心的粤港澳大湾区城市群建设气象保障，带动珠江—西江经济带建设气象保障协同发展。做好以重庆、成都、武汉、郑州、西安等为中心的成渝、长江中游、中原、关中平原等城市群建设气象保障，带动相关板块建设气象保障协同发展。

二是推动形成主体功能区国土空间开发气象保障发展新格局。推动形成京津冀、长三角、珠三角等优化开发区域城市化发展气象保障格局，为增强城市宜居性做好气象保障。推动形成东北地区、中原地区、长江中游、成渝地区等重点开发区新建城市群发展气象保障格局，为带动广大中西部地区发展做好气象保障。推动形成国家农产品主产区农业发展气象保障格局、重点生态功能区生态安全气象保障格局，为国家农产品安全特别是粮食安全、国家生态安全做好气象保障。推动形成以国家公园为主体的自然保护体系气象保障格局，为更好地保护自然生态做好气象保障。

三是推动形成海陆统筹气象保障新格局。海洋在国家发展全局和对外开放中具有十分重要的地位，加快建设海洋强国对海洋气象保障提出了更高要求。以海洋气象监测预报预警、海洋气象防灾减灾为重点，强化海洋气象保障顶层设计，做好我国近海资源开发与远洋空间拓展气象保障，做好海洋产业结构优化与产业布局调整气象保障，做好海洋经济发展总量与质量提升气象保障，做好海洋资源开发与生态环境保护气象保障，做好海洋开发强度与利用时序气象保障，做好国家海洋维权与权益拓展气象保障，加快形成陆海气象保障协同发展、均衡发展新格局。

二、推动区域气象现代化建设均衡发展措施精细化

（一）统筹中东西和东北地区气象现代化协调均衡发展

充分考虑“四大板块”区域发展功能定位、天气气候背景及气象事业发展的特点，发挥区域比较优势，通过精细化、差异化的政策支持，激发区域气象发展活力，优化区域气象现代化布局，提升区域气象保障能力，缩小发展差距，处理好板块之间、各省（自治区、直辖市）之间气象协调发展问题。

一是精准发力推动西部气象事业加快发展。西部地区受经济基础、自然环境、交通区位等因素影响，气象现代化建设的步伐相对缓慢，需要借助“一带一路”建设、长江经济带建设的引领带动作用，针对西部气象现代化评估的短板和薄弱环节，加大中央财政投入、优先安排建设项目等政策倾斜力度，提高气象现代化建设投资项目、预算支撑、人才保障等政策的精准性、针对性，改善台站基础设施，加快推进符合西部大开发功能定位、优势发挥的气象业务现代化，加大西部气象开放合作力度，促进西部气象业务服务取得新突破，为提升西部大开发气象保障能力和水平提供有力支撑。

二是强化举措推进东北气象事业优化发展。充分发挥东北全国重要的经济支撑带、现代农业生产基地等战略定位的指向作用，系统梳理和总结东北振兴气象现代化建设的经验和不足，找准关键问题，强化有力举措，破解发展难题，依托东北气象现代化现有基础，适应东北新经济、新业态发展需求，大力创新体制机制，加强东北粮食安全、东北森林带等气象监测预报预警、气象综合防灾减灾体系建设，创新特色农产品气候品质评价、气候好产品认证等气候资源开发利用业务，扩大面向东北亚地区的开放合作，为提升东北振兴气象保障能力和水平提供有力支撑。

三是发挥优势推动中部气象事业跨越式发展。中部地区的气象事业发展区位和资源优势较明显，有连接东西、贯通南北的区位条件，

气象服务需求旺盛，气象保障空间广阔，气象业务优势明显，需要加强与东、西部地区合作互动，巩固传统气象业务服务优势，适应中部“一心四区”的任务需求，优化交通气象、物流气象等监测预报预警业务，加快发展新型城镇化建设气象服务业务，着力培育特色产业气象业务服务集群，推动中部气象事业跨越式发展，为提升中部崛起气象保障能力和水平提供有力支撑。

四是创新驱动引领东部气象事业率先发展。东部地区是中国气象事业发展的龙头，是气象科学技术创新、气象服务保障创新、体制机制创新、重大制度创新的探索引领区，是建设以智慧气象为标志的气象现代化体系的改革试验区。东部气象事业发展要瞄准智慧气象目标，继续发挥引擎和辐射带动作用，充分利用和拓展气象科技创新要素集聚的特殊优势，加快实现创新驱动发展，着力在气象业务科技创新上实现突破，引领现代气象服务业务发展，率先建成气象现代化体系，建设具有全球影响力的气象科技创新中心，打造全球气象监测预报创新高地，推进气象预报预测预警、气象综合防灾减灾、合作应对气候变化、开发利用气候资源能力和水平迈向全球气象业务科技中高端。

（二）举全国之力支持老少边穷地区气象现代化协调均衡发展

革命老区、民族地区、边疆地区、贫困地区等特殊类型地区气象事业发展，是影响气象区域协调发展的关键短板。改革开放特别是党的十八大以来，中国气象局采取了一系列举措，推动基层台站综合改造，加大对口支援工作力度，加强中央财政预算“横向转移支付”，提高艰苦台站津贴补贴标准，老少边贫地区气象台站面貌、气象业务服务面貌、气象人员面貌发生了前所未有的变化，为老少边穷地区经济社会发展和人民安全福祉做出了重要贡献。

今后一个时期，全面推进全国气象现代化建设，必须把推进老少边穷地区气象现代化建设放在优先位置。一是用足、用活、用好国家和地方推动区域协调发展的各项财政、产业、土地、环保、人才等政策，支持老少边穷地区在实现区域基本公共服务均等化、基础设施通达程度比较均衡、人民生活水平大体相当的“三大目标”中，推动气象事业的均衡发展。二是继续实行特殊而有力的投资政策，在工程建设、项目安排上适当提高投资标准。三是继续实行特殊而完善的预算政策，确保气象业务科技发展、职工工作生活待遇、基层组织和文化建设、反恐维稳等的预算投入。四是继续实行特殊而有效的人才政策，提高艰苦边远地区津贴补贴标准，在干部职工职务职级晋升、职称评定等方面给予适当照顾和倾斜。五是继续加大对口支援力度，做好全方位、精准对口支援新疆、西藏和涉藏工作重点省气象现代化建设，动员各方面力量真正为老少边穷地区提高公共气象服务能力、加快气象事业发展献策出力、创造条件。需要特别指出的是，我国陆地边境线长约 2.2 万千米，与 14 个国家接壤。随着“一带一路”建设加快推进，边疆地区气象事业在气象区域协调发展格局中的重要性日益凸显。要加快边疆地区气象现代化建设，加强边疆地区军民气象融合发展，提升沿边气象开放合作水平，为确保提升边疆巩固、边境安全气象保障能力提供有力支撑。

（三）构建以大城市群、特色小镇和美丽乡村为重点的现代化城乡气象业务服务体系

城市群是经济发展最具活力和最具潜力的区域，是区域发展的经济核心区。特色小城镇是世界主要发达国家竞争力的重要载体，是我国新型城镇化模式的积极探索，有其独特的生产生活和生态空间，成为新型的创新、创业平台。实施乡村振兴战略，建设美丽乡村，其独特的田园风光、农业生产和村民社会治理结构，与大城市群互为补充、相得益彰，是我国现代化的重要组成部分。融入国家区域协调战略，加快形成中心城市、城市群、小城镇、美丽乡村建设气象保障圈带，提高新型城镇化气象保障质量，必然要求构建以大城市群、特色小镇和美丽乡村为重点的现代化城乡气象业务服务体系。

构建现代化城乡气象业务服务体系，一是需要落实好中国气象局已出台的加强生态文明建设气象保障服务工作、气象防灾减灾救灾工作、贯彻落实乡村振兴战略等政策举措。二是根据新型城镇化建设和乡村振兴战略的任务和需求，坚持趋利和避害并举，加快构建现代城市群发展气象保障体系，加快构建现代气象为农服务体系，切实提高气象保障城市交通、产业布局、基础设置、生态保护、环境治理等协调联动的现代化水平，提高气象服务农业综合生产、农村综合防灾减灾救灾、农村生态文明和精准扶贫的现代化水平，推动城乡气象服务供给均衡发展。三是加快完善以国家级为龙头、省级为核心、市县为基础的现代人工影响天气业务体系，加强东北、西北、华北、中部、西南和东南六个人工影响天气区域建设，强化人工影响天气区域功能布局，充分发挥在城乡缓解水资源紧缺、防灾减灾、生态文明建设以及重大活动保障中的重要作用。四是构建国家、区域和省三级统筹布局、一体化发展的气象科研院所新体系，优化加强北京城市气象、沈阳大气环境、上海台风、武汉暴雨、广州热带海洋气象、成都高原气象、兰州干旱气象、新疆沙漠气象等科技创新主体布局，建成研究型气象业务发展模式，提升城乡发展气象保障综合业务科技实力。五是加强与长江、黄河、淮河、海河、珠江、松辽、太湖流域管理机构合作，推动流域水文气象业务服务现代化建设，提升流域上下游城乡经济发展、生态文明建设气象保障能力和水平。

（四）统筹陆海空区域气象现代化协同发展

以规划为引领，推进陆海空一体化气象业务服务体系建设，促进陆海空在气象服务、气象监测空间布局、预报预测业务、气象装备、数据应用、资料同化、基础设施建设等方面全方位协同发展。落实好已出台的《海洋气象发展规划（2016—2025 年）》。加强与北海、东海、南海海区管理部门合作，加快海洋气象监测预报预警现代化建设，提高海洋经济发展、海洋产业结构优化、海洋生态系统保护、海洋远航、海洋通道安全等海洋气象防灾减灾能力。继续推进卫星、探空、雷达等天基、空基、地基协同气象探测现代化建设。加强空间天气监测预警业务和系统建设，提升空间天气监测预警水平。

（五）统筹国内国外区域气象现代化协调发展

以“一带一路”建设为引领推进沿海、内陆、沿边地区气象业务服务协同开放、合作发展。以国际经济合作走廊、海上运输大通道为主骨架，以气象卫星遥感、气象数据等资源共享互通为基础，充分发挥国际合作、局企合作、科研合作、市场合作等多种渠道的作用，加强“一带一路”沿线国家气象监测预报预警业务建设，打造气象业务服务标志性合作项目，完善科技交流平台，拓展气象站网、技术和数据优势，推动气象科技联合业务融通，提升气象防灾减灾、应对气候变化、开发利用气候资源业务服务能力，推动气象产业国际化发展，共同构建一条点状密集、线状延伸、面状辐射的气象监测预报预警、信息资源共享、业务服务培训一体化的带状气象业务服务带，加快形成“六廊六路多国多港”气象业务服务走廊。

三、推动气象区域协调发展机制化

精准化服务保障国家区域协调发展，精细化推进区域气象发展的协同性、联动性、整体性，关键在于深化气象改革和体制机制创新，加快形成构建统筹有力、协调互动、优势互补、共享共赢的气象区域协调发展新机制，推动气象协调发展向更高水平、更高质量迈进。

（一）建立区域协调战略气象保障统筹机制

瞄准“四大板块”区域协调发展总体战略以及“六大支撑战略”，促进气象保障与国家战略平台联动发展，与国家战略规划高效衔接。加强气象监测预报、气象防灾减灾、应对气候变化、气候资源开发利用等重大项目、基础设施共建共享，促进城乡气象服务功能协调、气象保障统筹联动。注重顶层设计，促进陆海空气象保障在空间布局、气象现代化建设、气象灾害防御等方面全方位协同发展。

（二）创新区域合作机制

按照精准保障、共建共享的原则，继续深化省部气象合作机制，创新京津冀、长江经济带、粤港澳大湾区、长三角等区域气象合作，支持多层次、多形式、多领域的区域合作，鼓励创新区域合作的组织保障、规划衔接、工程建设、激励约束、资金分担、信息共享、政策协调等机制。促进长江经济带、珠江—西江经济带、淮河生态经济带、汉江生态经济带等重点流域经济带上下游气象灾害防御、生态环境保障等气象业务服务合作发展。以“一带一路”建设为重点，推动构建互利共赢的国际区域气象合作新机制，积极主动开展气象监测预报预警、气象防灾减灾、应对气候变化、开发利用气候资源、气象教育等国际区域气象合作。

（三）优化区域气象发展互助机制

完善发达地区对欠发达地区气象现代化建设对口支援、对口合作制度，创新对口帮扶合作方式，加强气象业务、服务、科技、人才、培训等帮扶合作力度，增强欠发达地区气象事业自身发展能力，促进对口支援从单方受益为主向双方受益深化。继续深化全方位、精准对口支援，强化规划引领、项目带动、人才支撑机制，推动新疆、西藏和涉藏工作重点省的气象事业持续健康发展，为促进民族交往交流交融、筑牢社会稳定和长治久安做出更大气象贡献。

（四）健全区域政策调控机制

充分发挥气象部门和地方政府双重领导、以气象部门为主的气象管理体制优势，调整优化政策设计，实行差别化的区域政策，制定、完善推动气象区域协调发展的财政预算、项目投资、科技创新、业务服务、人才培养等政策举措，提高政策的精准性和有效性，形成各方面政策协同配合、良性互动的气象区域协调发展政策体系，因地制宜培育和激发区域气象发展动能。更好地发挥政策导向作用，发挥政府投资在优化投资结构中的引导作用，积极引导社会资源投向气象核心技术攻关、气象综合防灾减灾、气候资源开发利用等补短板、强弱项的重点领域。

（五）建立区域气象规划编制机制

注重区域规划编制研究，以规划为总纲、龙头，加强与国家重大战略规划和专项规划、空间规划等有效衔接，高标准编制气象保障区域协调发展总体规划和分领域规划，明确发展思路、功能定位、推进路径、主攻方向、空间布局和重大项目，以高标准的规划引领气象区域协调高质量发展。进一步健全区域气象规划实施机制，加强中期评估和后评估，形成科学合理、管理严格、指导有力的区域规划体系。对实施到期的区域规划，在后评估基础上，确需延期实施的可通过修订规划延期实施，不需延期实施的要及时废止。根据国家重大战略和重大布局需要，适时编制实施新的区域气象发展规划。

（六）建立区域气象发展监测评估机制

建立区域气象协调发展评价指标体系，科学客观评价区域气象发展的协调性，为区域发展政策制定和调整提供参考。健全区域政策制定、实施、监督、评价机制，通过自评估、第三方评估，及时掌握区域气象协调发展态势和发展效果。

（来源：《咨询报告》2019 年第 7 期）

报告执笔人：李　栋　吴乃庚　林　霖

长江经济带气象保障体系建设问题分析及思考建议

摘　要：2016年9月，《长江经济带发展规划纲要》（以下简称《规划纲要》）正式印发，《规划纲要》围绕“生态优先、绿色发展”的基本思路，确立了长江经济带“一轴、两翼、三极、多点”的发展新格局，并提出了多项建设任务。气象与国民经济、社会发展和人民生活息息相关，保障长江经济带发展，服务国家战略，需要完善的气象保障服务。本报告分析了长江经济带气象保障体系建设存在的主要问题，提出了六个方面的建议。

一、引言

长江是我国最重要的国土空间开发东西轴线之一，在国家总体发展格局中具有重要战略地位。依托长江通道推动长江经济带发展，是党中央、国务院把握时代大局，积极谋划中国经济发展新布局的重大战略决策。气象与经济社会发展息息相关。为保障长江经济带发展，近年来，长江经济带沿线各省、市气象部门根据中国气象局要求，紧抓机遇，积极推进长江经济带气象保障体系建设，取得了一定进展。

一是初步形成了“政府主导、部门联动、社会参与”的气象防灾减灾工作格局，多灾种气象灾害监测预警部门联动机制不断完善。通过广播、电视、报纸、短信、互联网、显示屏等多种传播方式，气象预警信息实现了较大范围的覆盖。二是依托长江流域气象中心、淮河流域气象中心、长三角环境气象预报预警中心等相继建成了区域性公共气象服务平台和系统，气象服务产品种类不断增加。气象、水利、交通、国土、旅游、能源、农业等部门间的信息共享机制基本形成。三是气象监测系统逐步完善，长江经济带沿线 11 个省、市已经建成了 30 余部新一代天气雷达，共布设国家级自动气象站 895 套，平均间距 47.72 千米，区域自动站 22 029 套，平均间距 9.61 千米，专业观测、特种观测能力也得到不断提升。四是相关顶层设计不断完善，中国气象局组织制定了《长江经济带气象保障协同发展规划》，对推进长江经济带气象保障体系建设进行了系统布局。

二、长江经济带气象保障存在的主要问题

长江经济带气象保障体系建设是一项跨省域、跨部门的重大系统工程，涉及沿线 11 个省、市的气象、农业、交通、水利、国土、林业、环境等部门，覆盖区域国土面积达到 205 万平方千米。目前较为突出的问题主要存在于长江航道、水利及沿江高速公路安全的气象保障等方面。具体体现在以下几方面：

（一）长江航道气象安全保障建设相对滞后

目前，长江上中下游之间还没有形成统一布局的沿江气象观测站网，沿江各省、市专门为长江航道安全所布建的气象观测站较少。长江江面及南北两岸的气象要素变化差别较大，但目前无论是气象观测还是气象预报，都是用相距几千米或几十千米的市、县、镇气象观测和预报信息代替，难以满足保障长江航道安全气象服务的需要。2015 年 6 月 1 日，湖北监利长江水域“东方之星”沉船事件已经敲响了警钟。适应长江航道安全保障需求，进一步加强长江沿岸天气雷达、自动气象观测站网建设，加强船舶自动气象探测系统建设，提高恶劣天气预测预警能力，已经成为燃眉之急。

（二）长江数据信息资源部门分散比较明显

当前涉及长江沿线状况监测的部门很多，有长江气象监测、水文

监测、航道监测、地质监测、地震监测、环境监测、生态监测等。这些监测信息彼此之间具有高度关联性，但长期以来相关数据信息基本上都是由各个部门自建、自用、自维护。由于不同部门之间的监测技术、数据标准、质量把控等存在差异，多数情况下难以实现部门间数据信息资源的充分共享。另外，面向社会的数据信息资源开放度也不够，共享发展水平很低。这不仅降低了长江监测数据信息的效用价值，也造成了重复建设和资源浪费。

（三）国家层面缺乏对长江经济带安全保障的系统规划

过去，在传统的“部门本位”体制下，长江沿岸各省、市的管理机构与行业部门基本上是按照各自工作职能要求，自成体系地承担相应的长江航道安全保障任务。目前，相对长江沿线的高速公路、铁路、航空和海洋气象服务保障水平，长江航道的气象服务保障已处于相对落后状态。国家在长江经济带安全保障方面缺乏系统性的统一规划设计，一定程度上是导致长江航道安全保障能力水平不高、服务针对性不强的重要原因。

（四）气象部门跨区域协调机制有待完善

长江经济带的气象服务保障需求更加突出整体性，气象部门如何在现行体制基础上增强跨行政区域的互动与协调，是一个必须研究并予以解决的问题。但是长期以来，气象部门实行的是分行政层级管理、分行政区域管辖、分技术层级布局、纵向逐级指导、横向功能切块、属地化开展服务的工作体制机制。从气象部门业务服务开展情况来看，长江沿岸局地强对流天气多发、频发，但沿线天气观测网站点比较稀疏，难以监测到十几千米以下小空间尺度的天气状况，容易造成漏测，在加密观监测站网布局的同时，也需要通过组织管理体制上的改革弥补业务需求漏洞。长江经济带沿线短时临近中小尺度天气预报预警技术水平也与现实需求有较大差距，特别是针对一些相邻区域的灾害性天气短时临近预报预警工作，需要相关跨省域气象部门之间加强会商协调等。上述这些问题都对气象部门跨区域管理水平提出了新的要求。

三、构建长江经济带气象保障体系建议

构建长江经济带气象保障体系是一项系统工程，涉及的国家行业部门、地方政府机构较多，涵盖的区域范围较广，系统建设任务十分复杂艰巨。其总体建设思路应坚持问题导向，从国家、部门和地方三个层面系统考虑，统一规划、统一建设、统一管理。具体建议如下：

（一）加快推进长江水道综合监测能力建设

建议在《长江经济带发展规划纲要》指导下，由国家发改委统一组织，气象、水利、农业、林业、国土、交通、环境、地震等多部门参与，联合制定长江经济带综合监测业务专项规划，从规划源头上避免各部门重复建设和业务重复。在相关专项规划的指导下，由国家相关部门共同推进长江经济带监测系统建设。一是水利部、交通部、国土部和中国气象局应共同推进长江经济带沿线气象灾害监测系统建设，其中由中国气象局统一组织实施长江两岸气象要素观监测系统建设；二是国土部、水利部、中国气象局和中国地震局应共同推进长江经济带沿线地质灾害监测系统建设；三是国家林业局、环保部、中国气象局应共同推进长江经济带沿线生态监测系统建设。

（二）加快推进长江流域气象预报预测业务实体化建设

目前，长江经济带沿线各省、市气象部门提供的都是沿长江两岸县级以上城市的常规天气预报。由于沿岸各城市距离长江远近不一，两岸城市气象预报难以代替江面及近岸区域出现的天气情况。要保障长江航道气象安全，不仅要开展大尺度的长江全流域气象预报，还需要开展中小尺度、精细化的沿江定点气象监测和预报。因此，需要尽快推进长江经济带沿线气象预报预测业务实体化建设。通过集约上海、武汉、成都三个区域气象中心的气象业务服务资源，打通行政区域限制，建立针对长江流域和长江航道安全的高水平、专业化气象预报服

务业务系统，为长江经济带沿线各省、市的政府、行业和社会公众及时提供高质量的气象保障服务。

（三）强化长江经济带气象服务保障协调组织

第一，由国务院牵头成立长江经济带气象保障协调组织或机构，具体由气象、水利、交通、国土、环保、农业、林业、地震等部门参加，建议其办事机构可设在中国气象局，重点协调长江流域跨部门综合监测和安全保障问题。第二，建立跨部门跨区域的沟通协调机制，形成气象、水利、交通、国土、环保、农业、林业、地震等行业部门协商合作制度，共同研究解决区域合作中的重大事项。第三，以长江经济带安全保障需求为纽带，建立长江流域气象防灾减灾联防联控机制，推进长江沿岸不同区域之间、部门之间的基础设施资源共建共用，数据信息资源共享共开发。第四，建议中国气象局成立长江经济带气象保障协同发展领导小组，在中国气象局的直接领导下，指导协调长江经济带气象服务保障工作，按照长江经济带气象服务保障一盘棋的要求，加强气象部门内部资源综合协调，促进长江航道气象安全保障统一规划、统一建设、资源共享、服务规范，确保在气象部门内涉及长江的气象工作事项有序有效推进。

（四）联合多部门共同推进长江经济带生态保护

完善国家协调、各省（市）落实、多方参与的长江流域生态共治体系建设。加强各部门之间的协作，建立由气象、林业、环保等部门参与的长江经济带生态保护协调机制。整合各部门和流域内各省生态监测数据，建立监测信息共享机制，研究和解决长江生态保护与黄金水道建设的难点、热点和焦点问题。加强长江沿线各省、市的协调联动，从水生态、湿地生态、植被生态、气候生态四位一体推进长江经济带生态保护工作。

（五）推动气象保障服务主动融入国家长江经济带发展战略

一是推动发展“数字长江”气象服务战略。研究开发长江港口、码头、建设、运营等气象服务指标体系；主动为长江经济带航运中心、物流中心以及港口、码头等新建项目提供气候可行性论证；组织开展长江航道、大型湖泊气象灾害普查，建立长江航道气象灾害风险区划，构建航道安全运行风险预警指标体系；组织开展基于风险等级的长江航道气象预警业务，提升黄金水道的气象保障能力。

二是推动气象服务主动融入长江经济带大交通保障系统。与长江航道、海事、公路、铁路、民航等部门和行业合作，建设和完善长江经济带综合立体交通气象监测网，开发基于全流域高分辨率数值预报模式的交通气象服务产品，建立长江综合立体交通气象保障智能化信息系统，推进长江经济带综合立体交通走廊气象保障服务。

（六）支持组建覆盖长江经济带全域的专业气象服务中心

打破地域限制，集约优势资源，大力发展长江经济带沿线特色专业气象服务。比如，依托上海气象服务中心，为长江下游省、市提供航空、近海及远洋导航气象服务；依托南京公路交通气象服务中心，建立纵贯长江的沪汉蓉高速公路气象服务中心；在湖南或江西组建长江经济带生态气象服务中心；在安徽组建长江经济带旅游气象服务中心；在湖北宜昌组建长江水电气象服务中心；在重庆组建长江经济带地质灾害气象服务中心；等等。总之，可根据长江沿线各省、市气象部门的专业气象服务发展优势，组建覆盖长江经济带全域的各类型专业气象服务中心，形成集约化发展优势。此外，也应进一步引入市场机制，施惠于民，鼓励民营企业和社会组织积极参与专业气象服务供给，壮大社会气象整体发展实力，提升行业影响力。

（来源：《咨询报告》2017 年第 1 期）

报告执笔人：郑治斌　崔新强　田　刚
课题组成员：崔讲学　张洪广　姜海如　顾骏强　彭莹辉　郑治斌
周国兵　崔新强　田　刚　陆　铭　苏　磊　王海燕
王淞秋

关于抓住粤港澳大湾区建设机遇促进气象改革发展的思考与建议

摘　要：李克强总理在2017年《政府工作报告》中提出，要推动内地与港澳深化合作，研究制定粤港澳大湾区城市群发展规划。近期国家很可能对于打造中国世界级湾区有新的部署，粤港澳大湾区将成为联结泛珠三角、珠三角和“一带一路”特别是“21世纪海上丝绸之路”的重要区域，其战略意义非比寻常。在这一国家新战略背景下，就气象如何借力发展、搭船出海、拓展服务并发挥更大作用，本报告提出五点建议：一是制定粤港澳大湾区气象发展规划，二是探索气象发展新体制，三是推动粤港澳大湾区城市群气象防灾减灾和公共服务，四是开展气象与智慧城市融合工作，五是探索气象信息产业发展新模式。

国家对粤港澳大湾区的定位和布局对气象事业发展是重大的机遇，也是难得的机遇。把握好这个机遇，气象部门在提高自身能力、积极服务国家需求、体现气象独特价值的同时，可以使湾区气象事业走在改革创新的前列，在全国起到示范和带动作用。

一、粤港澳大湾区四年四大步，逐步升级，地位凸显

世界银行曾有一项数据显示，全球60%的经济总量集中在入海口。湾区是指由一个海湾或相连的若干个海湾、港湾、邻近岛屿共同组成的区域。而由围绕沿海口岸分布的港口群和城镇群衍生的经济效

应则称之为“湾区经济”。目前世界上有三大湾区经济。第一是纽约湾区，第二是旧金山湾区，第三是东京湾区。这三个湾区都是世界级的湾区。

粤港澳大湾区是一个“9+2”的格局，即广东省的9个城市（深圳、广州、佛山、东莞、中山、珠海、惠州、肇庆、江门）加上香港和澳门两个特别行政区。粤港澳大湾区是我国综合实力最强、开放程度最高、经济最具活力的区域。从经济实力看，在世界四大湾区中，粤港澳大湾区目前可排在纽约大湾区之后，潜力巨大。从产业布局看，粤港澳大湾区已初步形成珠江东岸知识密集型产业带、西岸技术密集型产业带、沿海生态环保型重化产业带。从人口和面积看，列世界四大湾区之首。

2014年，深圳市政府首次提出发展“湾区经济”；2015年，粤港澳大湾区写入“一带一路”愿景；2016年，国家“十三五”规划纲要正式提出“推动粤港澳大湾区和跨省区重大合作平台建设”；2017年，李克强总理在《政府工作报告》中首次提出要研究制定粤港澳大湾区城市群发展规划。四年四大步，粤港澳大湾区地位逐步升级，瞄准了建设全球创新发展高地、全球经济最具活力区、世界著名优质生活区、世界文明交流互鉴高地和国家深化改革先行示范区的目标。由此可见，建设“世界四大湾区之一”是国家对粤港澳大湾区的明确定位，加上这个区域也是我国海上丝绸之路的起点之一，在“一带一路”中欧班列建设发展规划中，也是重要的港口节点，所以从大方向上讲，粤港澳大湾区是一个面向世界的对外发展窗口，是“一带一路”的依托和纵深，是一个辐射全球的城市群。

二、粤港澳大湾区气象事业基础好、有特色、潜力大

一直以来，在粤港澳地区，气象工作都发挥着重要的作用，气象部门间的合作也比较密切。每年粤港澳地区都会举行“粤港澳气象科技研讨会”和“粤港澳气象业务合作会议”。在业务服务方面，目前粤

港澳三地建立的长期稳定交流合作机制发挥了积极的作用，尤其是在区域数值天气预报模式、数据共享、南海海洋气象观测项目建设、闪电定位网观测、短时临近预报技术、预警信号发布、港珠澳大桥气象服务和保障、精细化预报服务等方面都开展了深入的交流与合作。

同时，由于体制机制不同，粤港澳三地的气象资源还没有得到充分利用。粤港澳大湾区城市群战略最大的特点就是城市之间的边界消失，实现资金、人才、信息、技术的自由流动，从而达到要素最优配置。但目前在气象领域，要突破体制的约束，打破行政隔离，实现粤港澳的融合还有很大难度。因此，需要通过体制机制的创新来提升湾区气象的融合度。

三、抓住机遇、实现大湾区气象创新突破的对策建议

（一）制定粤港澳大湾区气象事业发展规划

国家对粤港澳大湾区的一系列部署，表明相关部门和地方政府已经加快开展粤港澳大湾区的总体及专项规划的设计。气象部门作为相关部门之一，也应该积极谋划气象粤港澳大湾区规划，与国家及地方相关规划准确对接，这既是中国气象局层面应该统筹布局的大事，也是湾区内相关省、市气象局应该格外重视的大事，不能错失机遇。广州市和深圳市在国家科技创新、金融创新和航运领域扮演着重要角色，广东省气象现代化发展一直处在全国领先地位。此外，虽然深圳市气象局隶属于地方政府，但是深圳市政府对气象工作历来高度重视。因此，在中国气象局总体指导、协调和部署下，可由广东省气象局牵头，会同粤港澳大湾区周边辐射省、区气象部门共同研究制定粤港澳大湾区及辐射区气象发展规划；可由深圳市气象局牵头，会同“9+2”城市，共同研究制定珠三角城市群气象发展规划。

（二）探索气象发展新体制

粤港澳大湾区目前是多种气象管理体制的混合体。广东省的9个

市气象部门中，深圳市气象局和珠海市气象局隶属于地方政府，另外7个市气象局隶属于广东省气象局。最重要的是香港和澳门两大特别行政区实行“一国两制”。这种现状，有合作的难处，也隐含改革和创新的“利好”，即可以扬长避短，利用好不同体制的优势，探索一种全新的合作共享模式，取得优势叠加的效果。可以通过加强核心业务领域的联系与合作，联合推进数值天气预报的研发和突破，共同发展全球/区域数值模式动力框架等核心技术，共同推动气象科技创新。协同完善一体化现代天气气候业务，共同推进现代天气气候业务向无缝隙、精准化、智慧型方向发展。共同就保障国家“一带一路”发展卫星观测资料应用技术，建立以遥感为主的综合观测体系。共同发展极端天气联合监测预警合作及海洋气象联合观测。共同提升海上丝绸之路沿线重点地区资料获取能力。共同推动我国气象标准“走出去”。在深圳探索设立新型气象科学研究院，充分利用深圳科技创新和人才政策。推进气象智库与湾区内其他高端智库的合作，共同为大湾区及其辐射区的经济社会发展和防灾减灾事业建言献策。

（三）推动粤港澳大湾区城市群气象防灾减灾和公共服务

结合国家粤港澳城市群发展理念，大力推动该地区城市群气象服务。加强与人民健康直接相关、与人类活动密切联系的大气成分及其引发的大气环境现象观测监测、预报预警、评估方面的服务，如霾、大雾、紫外线辐射、光化学烟雾、酸雨、空气质量预报等。同时兼顾因城市的建筑、人口密度、人类活动强度、功能区的差异等因素带来的特殊气象探测、预报、服务等需求。另外，加强与医疗、卫生、环保等部门的合作机制，积极开展天气、气候和气候变化对疾病发生规律、病理影响机理的综合研究。

（四）开展气象与智慧城市融合工作

粤港澳地区智慧城市发展理念非常先进，已经有很多实体项目在运作。比如深圳市中电科新型智慧城市研究院有限公司主导打造的

“城市运营管理中心”，其利用大数据平台，为政府、企业、公众提供创新服务，通过对城市大数据中心各类数据处理、分析和挖掘，形成有效的数据资源，助力技术研发和产品创新，推动新型城市经济建设。气象部门应该借助粤港澳大湾区经济建设的契机，落实智慧气象理念，积极开展气象与智慧城市融合工作，增强气象服务智慧城市建设的保障能力。

（五）探索气象信息产业发展新模式

香港是国际金融、贸易、航运中心和自由港，法律制度和营商环境与国际接轨，有熟悉国际经贸规则的人才。澳门是世界旅游休闲中心和中葡经贸合作的平台。广州是华南的政治、文化教育、商贸服务中心和交通枢纽。深圳的科技创新能力名列前茅，又是区域金融中心。因此，气象信息产业在粤港澳地区有很好的发展基础和较高的需求。此外，随着国内经济社会的快速发展，气象信息产业的内涵和主要领域不断拓展，社会效益和经济效益也日益凸显。所以，在粤港澳大湾区大力发展气象信息产业是非常重要的议题。可以鼓励民间资本跻身于气象领域，投入气象信息产业的开发。在此基础上，当地气象行业要顺应国家供给侧结构性改革，充分发挥市场在资源配置中的作用。同时，建立气象创新发展孵化器，实现气象行业创意与气象信息产业创意无缝对接，从而大力推动气象信息产业发展，并伴随“一带一路”倡议“走出去”。

（来源：《咨询报告》2017 年第 7 期）

报告执笔人：李　博　朱玉洁　唐　伟　周彦均

调研组成员：王志强　庄旭东　毛　夏　朱玉洁　李　博　唐　伟
周彦均　陈鹏飞　杜尧东

尽快编制粤港澳大湾区气象事业发展规划的思考与建议

摘　要：习近平总书记在党的十九大报告中和2018年1月30日主持中央政治局集体学习时，多次强调大力推进粤港澳大湾区建设。中国气象局党组对粤港澳大湾区气象改革发展予以高度重视，先后在《气象“一带一路”发展规划（2017—2025年）》中和2018年全国气象局长会议上作出部署。国家层面粤港澳大湾区城市群发展规划即将发布，气象部门应抓住机遇，率先响应，加快顶层设计，谋划编制粤港澳大湾区气象事业发展规划。

国家关于粤港澳大湾区的规划即将发布，在供给侧结构性改革、区域协调发展战略、“一带一路”倡议等深入推进形势下，粤港澳大湾区作为服务现代经济体系的示范和先导，服务现代城市群的示范和先导，服务对外开放新格局的示范和先导，发展必将提速。气象部门应紧跟国家战略，把握发展机遇，抓紧编制粤港澳大湾区气象事业发展规划，使大湾区气象事业发展改革创新走在相关行业的前列。

一、粤港澳大湾区在国家战略布局中的地位日益凸显

党的十九大报告指出：“要支持香港、澳门融入国家发展大局，以粤港澳大湾区建设、粤港澳合作、泛珠三角区域合作等为重点，全面推进内地同香港、澳门互利合作，制定完善便利香港、澳门居民在内地发展的政策措施。”2017年11月，有媒体报道，粤港澳大湾区规划

已基本定稿，准备报国务院审批，备受关注的“粤港澳大湾区城市群发展规划”很可能很快发布。值得一提的是，2018年港珠澳大桥即将全线通车，将连接起深港、广佛和珠澳三大经济圈，形成粤港澳大湾区城市群空间结构的重要骨架，充分打开大湾区发展的空间。粤港澳大湾区建设，彰显中国经济实力和国力逐步踏入“大而渐强”的新阶段，必将助推全面建成小康社会和社会主义现代化强国目标的实现。

二、发挥规划引领作用是推进粤港澳大湾区气象事业发展的重要抓手

在目前公认的世界三大湾区中，旧金山湾区和纽约湾区对气象工作都非常重视，都成立了湾区天气预报办公室，专门针对湾区发展提供海浪咨询、危险海域咨询、海滩风险声明、海洋天气报告、航空气象服务、危险天气展望等气象服务；东京湾区也非常看重气象预警预报和服务价值，针对湾区全面提供气象预报、灾害预警、火山喷发预警、地震情报等服务。这三大湾区的经验对我国气象工作提供了很好的借鉴。气象事关粤港澳大湾区长远发展和数千万人口公共安全、民生福祉，做好大湾区气象事业发展规划，整合资源，创新机制，提升气象服务能力，是粤港澳大湾区经济社会可持续发展的重要保障。

粤港澳地区拥有较好的气象基础能力。近年来，粤港澳三地气象部门在探测共建、数据共享、数值模式开发、预报服务改进等方面合作持续深化，已建立了长期稳定的合作交流机制，每年举行“粤港澳气象科技研讨会”和“粤港澳气象业务合作会议”。但是，粤港澳大湾区气象发展也存在一些不足，概括起来就是四个“难以适应”：一是气象服务能力还难以适应经济社会和公众旺盛的、多样化的需求；二是气象管理体制的多元化难以适应气象一体化的发展趋势；三是气象数据信息不能充分共享的现状难以适应气象灾害预报和气象产品开发的深层次需要；四是气象服务均等化程度和覆盖面还难以适应城市群发展的特定需要。

无论从支持湾区经济发展的角度，还是从气象自身能力建设的角度，都应依托气象信息融合无障碍的独特优势，积极谋划粤港澳大湾区气象发展规划，争取在粤港澳大湾区战略框架下，建立更高水平的气象合作模式，形成更高水平的安全气象保障体系，为大湾区经济社会发展保驾护航。

三、粤港澳大湾区气象事业发展规划应重点关注的方面

（一）强化统筹协调，明确规划编制主体责任

粤港澳大湾区气象事业发展规划的编制涉及多个层面，要统筹考虑中国气象局、广东省气象局、深圳市气象局、港澳地区气象部门，乃至大湾区辐射到的泛珠三角区经济体等。在编制规划之前，要明确牵头单位和具体实施单位，确保规划编制快速、有序、顺利推进。据悉，广东省气象局和深圳市气象局已委托有关智库机构联合开展了前期工作，建议尽快将粤港澳大湾区气象事业发展规划编制工作纳入中国气象局2018年规划建设体系。此项工作可采取两种方式统筹推进：一是由中国气象局牵头编制，广东省气象局和深圳市气象局协助参与，也可考虑联合有关部委共同印发；二是由广东省气象局或深圳市气象局牵头编制，中国气象局批复印发。考虑到粤港澳大湾区的重要战略地位，建议由中国气象局主导规划的编制工作。

（二）立足国家高位，明确规划战略定位

从兼顾国家战略和气象发展两个方面出发，粤港澳大湾区气象事业发展规划的编制应明确以下几点。一是智能气象业务“先行地”。运用新型信息技术手段，全力打造智能化、众创型业务发展平台，着力构筑高素质创新型人才体系，不断健全标准化、规范化管理体系，推进气象预报业务向无缝隙、精准化、智能化方向发展。二是智慧气象服务“窗口”。以智慧气象核心技术攻关、气象信息化为突破口，提升涵盖气象业务服务和管理全链条，满足不同用户需求的网格化气象信

息服务能力，推进智慧气象服务社会化，建成资源高效利用、数据充分共享、流程高度集约的智慧气象体系。三是融合创新发展“示范区”。通过体制机制和政策创新推动粤港澳大湾区气象部门联动，探索气象监测网一体化、气象信息共享、服务系统一体化及标准化建设，推动港澳气象融入国家发展大局。

（三）明确规划布局重点，打造核心区和示范区

粤港澳大湾区城市群呈现“9+2”布局，每个城市都可按其特点和需求进行不同功能划分。第一，共建五大核心区。其中，香港为大湾区气象服务国际化的重要引领，澳门为大湾区气象服务国际化的重要支撑，广州为大湾区气象业务合作和科研服务主枢纽，深圳为大湾区气象科技创新先行区，珠海为大湾区气象科研服务重要基地。第二，打造六大示范区。其中，佛山为龙卷风研究示范区，东莞为社区气象服务示范区，中山为分区预警发布示范区，江门为海洋气象服务示范区，肇庆为流域气象监测示范区，惠州为生态气象服务示范区。

（四）明确合作推进方式，设立大湾区天气气候一体化预报中心

借鉴欧洲中期天气预报中心运作模式，加强与港澳地区气象机构的联系与合作，建立粤港澳大湾区天气气候一体化预报中心。积极响应“一带一路”倡议，将广州区域气象中心建成海上丝绸之路气象中心，以港澳地区为核心建成亚洲区域气象中心。继续推动亚洲航空气象中心建设。联合推进全球/区域数值预报模式的研发和应用。协同完善全球化、一体化现代天气气候业务，共同推进现代天气气候业务向无缝隙、精准化、智慧型方向发展。联合发展精细化气象服务技术，建立一体化的专业气象服务指标、模型、典型案例和相关技术方法等知识库，实现专业气象服务互动、融合、可持续发展。

（五）着重双向推动，加强粤港澳气象事业协同发展

粤港澳大湾区气象事业发展规划应明确内地和港澳地区共同、协同、互利、互助的发展定位。建立与完善粤港澳大湾区气象灾害防御协调机制与气象灾害跨区域应急联动机制，全面提高气象灾害协同应对能力。强化气象教育培训的沟通桥梁作用，力争成立专门针对港澳地区的气象培训机构，在现有培训基础上加大针对港澳特定需求的培训内容，通过内地与港澳之间建立培训班、奖学金、两地交流等方式，加强气象合作交流。继续推进与完善“粤港澳气象科技研讨会”和“粤港澳气象业务合作会议”，加强组织气象合作论坛，提升粤港澳大湾区气象国际影响力。同时，充分利用港澳地区科技创新和人才政策，探索建立新型气象智库，并推进气象智库与湾区内其他高端智库的合作，共同为大湾区及其辐射区的经济社会发展和防灾减灾救灾事业建言献策。

（六）对接新需求，促进粤港澳大湾区城市群气象服务提质增效

重点瞄准大湾区城市群的新需求，着力强化国际航运中心港口群海洋气象服务保障能力，加强世界级机场群航空气象保障能力，提升城市群基础设施建设气象保障能力。服务湾区优质生活圈建设，发挥气象服务人民健康和保障公共安全作用，加强与人类活动和健康密切相关的大气成分与大气环境监测、预报、预警、评估服务。同时，兼顾发展因城市建筑、人口密度、人类活动强度、功能区差异等因素带来的特殊气象预报服务。加强与医疗、卫生、环保等部门的合作，积极开展气象与医疗综合研究。

（来源：《咨询报告》2018 年第 2 期）

报告执笔人：李　博　朱玉洁

课题组成员：王志强　张洪广　朱玉洁　李　博　龚江丽　毛　夏
刘敦训　周彦均

推进海南气象在全面改革开放中率先实现新突破的思考与建议

摘　要：2018 年是改革开放 40 周年和海南建省办经济特区 30 周年。在新的历史条件下，气象部门应率先抓住机遇，紧紧围绕海南经济特区改革开放的新形势、新任务，借助国家赋予海南的改革开放政策，明确气象新使命，大胆先行先试，着力破解影响和制约气象事业发展的难题，为全面推进气象改革提供宝贵经验。对标《中共中央 国务院关于支持海南全面深化改革开放的指导意见》（以下简称《意见》）中“三区一中心”（全面深化改革开放试验区、国家生态文明试验区、国家重大战略服务保障区，国际旅游消费中心）的战略定位，提出推动海南气象在保障生态文明建设、国际旅游服务和服务国家海洋强国战略方面大胆探索、实现新的突破的建议，力争对全国气象深化改革扩大开放起到示范作用。

在中国特色社会主义进入新时代的大背景下，赋予海南经济特区改革开放新的使命，是习近平总书记亲自谋划、亲自部署、亲自推动的重大国家战略，必将对构建我国改革开放新格局产生重大而深远的影响。气象部门应适应国家重大战略决策布局，通过政策调整和资源配置，推动海南气象深化改革，为全国推进气象改革探索新路子，积累新经验。

一、海南气象具备实现改革开放新突破的基础条件

近年来，海南气象部门在保障生态文明建设、旅游气象服务等领

域取得了初步成效，具备了深化改革扩大开放的现实基础。

（一）服务保障生态文明建设方面

海南气象部门近年来围绕海南省的战略部署要求，利用自身的业务科技优势，很好地发挥了“绿化宝岛”的马达作用。一是利用卫星遥感技术，为全省有效开展土地荒漠化、沙化监测提供重要科技支撑。二是从气象对生态质量影响的角度，选定湿润指数、植被覆盖指数、水体密度指数、土地退化指数、灾害指数 5 种指标，为省域生态建设、生态修复提供了科学依据。三是开展气候变化影响评估，特别是对未来 30 年海南居民建筑能耗变化趋势进行了预测，并据此提出海南在应对气候变化、降低居民建筑能耗方面的对策。四是建成覆盖全省 19 个市、县的气溶胶质量浓度观测站和两个反应性气体观测站，完善环境气象观测站网布局，增强海南省及周边地区的环境气象基础观测能力，同时也为建立陆地植被质量监测、空气质量检测立体化的生态监测网、旅游气象服务能力建设奠定了基础。

（二）旅游气象服务方面

近年来，在旅游气象服务方面，海南已取得了明显的进步。一是岛内陆地气象观测站点密度增大、观测项目增多。由 4 年前的10～12 千米缩至 5～8 千米内；在重点旅游景区建成紫外线、负离子、大气电场等观测站；重要交通线路都建成交通气象观测站。二是可向用户提供图文并茂的旅游交通气象服务产品。目前旅游景区气象服务产品主要包括：全省 2A 以上景区的未来 3 天天气预报、旅游气象日报、旅游气象一周展望、空气质量、负氧离子等级预报、舒适度指数、防晒指数等。三是正在开展的重要交通线路气象预报产品。主要包括：高速和国道逐 6 小时和逐日的气象要素预报以及 5 条海上航线预报。四是建立了一体化的综合信息发布系统，每天向机场、码头、车站、景区、宾馆等游客密集区及相关单位和人群及时发布气象实况监测信息，以及灾害性天气预警信息。

二、推动海南气象在新一轮改革开放中实现新突破的建议

基于海南气象的基础，根据党中央对海南省全面深化改革开放的定位，应采取政策支持措施推动海南气象事业实现新的突破，建议如下。

（一）推动海南气象在保障生态文明建设方面实现新突破

国务院新组建的生态建设、自然资源监管相关部门的“三定”方案公布在即，气象部门如何在保障生态文明建设中发挥作用既有新机遇，也面临新挑战。鉴于海南省气象局多年来在保障琼岛生态环境中发挥的突出作用，非常契合《意见》给海南国家生态文明试验区的战略定位，海南有条件在这方面大胆探索、实现新的更大突破，完全有可能在全国气象部门中起到标杆作用。一是厘清定位，做生态环境的大气监测者、公益服务者、第三方评估者。二是在中国气象局层面研究成立中国海南生态气象中心，明确生态气象业务范围，研究出台相关业务标准。三是建设生态系统保护地基监测站网，按照共建、共享、共用的原则，推进与相关部门及科研院所的监测站点，共同开展生态气象监测。四是充分发挥市场在资源配置中的决定性作用，探索气象—生态—环保—经济融合发展新途径。

（二）推动海南气象在服务国际旅游岛建设方面实现新突破

《意见》将海南定位为国际旅游消费中心，与此相适应，海南气象应该而且能够成为国际旅游气象服务的示范区，在提升气象服务质量和国际化水平方面实现新的突破。一是加快旅游气象观测能力建设。根据全域旅游产业布局完善区域气象自动站网，补充完善海陆空交通线（站、场）气象观测站组网建设，增加紫外线、负离子、空气质量及海南岛近海气象水文等监测站网密度，推动气象信息服务发布设施纳入海南省旅游公共服务设施建设内容。二是鼓励旅游气象服务产业发展。鼓励开发滨海旅游、文体旅游、森林旅游、康养旅游、乡村旅游及特色城镇旅游等方面的专项气象服务产品，鼓励发展为低空飞行、

邮轮母港、游艇、南海旅游等重点旅游产业服务的精细化气象服务产品。三是完善旅游气象服务市场体制机制改革。积极探索开放层次更高的基本气象资料和产品开放共享及使用监管政策制度。对标国际相关标准，组织制定适应国际旅游的旅游气象业务标准和企业气象服务标准。争取将气象防灾减灾相关内容纳入海南省旅游服务标准体系和海南省旅游发展委员会的旅游服务监管体系。

（三）推动海南气象在服务海洋强国战略方面实现新突破

《意见》要求海南深度融入海洋强国战略。海洋强国战略是党的十九大报告强调的国家发展重大战略之一，是中国气象局服务保障国家重大战略的重要方向，应鼓励并支持海南气象在这方面大胆创新，实现新突破。一是对接海洋强国战略，融入海洋强省战略。完善海洋气象综合观测站网、提高海洋气象预报预测水平、构建海洋气象业务体系、构建海洋气象服务体系、推进中国南海气象预警中心建设、加大南海智慧气象建设支持力度，推动南海气象高质量发展。二是探索建设中国特色自由贸易港，融入粤港澳大湾区发展，对接“一带一路”倡议。结合海南省正在推进的“泛南海经济合作圈”建设，积极融入粤港澳大湾区气象发展，建立海洋气象预报预测科研与技术服务合作框架，共商合作机制，共建服务平台，联合开展气象科技研究和人才交流培养，共享气象科技和防灾减灾气象服务成果。三是加大与东盟及“一带一路”沿线国家气象交流与合作，力争将“南海风云论坛”纳入“博鳌亚洲论坛”防灾减灾分论坛。

（来源：《咨询报告》2018 年 11 期）

报告执笔人：李　博　朱玉洁

课题组成员：王志强　张洪广　朱玉洁　李　博　贺洁颖　辛吉武
陈葵阳

“十三五”时期气象助力精准扶贫的着力点

摘　要：《中华人民共和国国民经济和社会发展第十三个五年规划纲要》规划部署了全力实施脱贫攻坚任务。目前，气象部门的扶贫帮扶正在从定点扶贫向协作扶贫与精准扶贫延伸，结合贫困地区灾害应对、气候适应、资源利用、生态建设、信息运用的需要，发挥气象监测、预报、预警、服务、科研精准到位的作用。“十三五”时期，气象应融入国家大扶贫格局，主动服务产业发展、易地搬迁、生态保护的脱贫攻坚工程，深入发掘气象信息价值，增进公共气象服务有效供给，让气象助力精准扶贫落到实处。

《中华人民共和国国民经济和社会发展第十三个五年规划纲要》提出要健全广泛参与的脱贫攻坚机制。目前，气象部门的扶贫帮扶行动正在从定点扶贫向协作扶贫与精准扶贫延伸。2016年以来，中国气象局出台了《打赢脱贫攻坚战气象保障行动计划（2016—2020年）》，并部署将宁夏中南部贫困地区打造成全国气象助力精准脱贫示范区。这与当前扶贫开发不仅关注收入贫困，还关注贫困人口的能力、权利和福利等趋势一致。而且，气象助力精准扶贫兼顾了“普惠”（整体联动）与“特惠”（突出重点），有利于气象公共服务均等化的实现。

一、气象助力精准扶贫是消灭贫困的客观需求

贫困地区往往资源利用有限、生态脆弱，贫困地区的居民往往受

气象灾害影响严重，对气候变化敏感，防灾抗灾能力很弱，极易陷入贫困恶性循环，导致长期或反复性贫困。

（一）精准扶贫需要直面气象灾害的挑战

我国是世界上自然灾害最严重的国家之一。气象灾害及其引发的次生、衍生灾害占各类自然灾害70%以上。1984—2014年，气象灾害平均每年造成2341亿元直接经济损失和3970人死亡。我国70%以上的气象灾害又都发生在农村地区，尤其是西部地区。频繁发生的各类气象灾害使农村返贫现象严重，同时严重威胁人们的生命和财产安全。因灾致贫、因灾返贫、因灾积贫已成为阻碍当前国家减贫扶贫进程的一个重要因素。

（二）精准扶贫需要直面气候变化的挑战

IPCC第五次气候变化科学评估报告指出，气候变化的影响会延缓经济增长，威胁粮食安全，加重贫困地区福利损失，并会产生新的贫困，使扶贫脱困更加困难。2015年世界银行发布报告称，气候变化已经阻碍了脱贫步伐，如果措施不力，到2030年全球贫困人口将可能增加1亿多。

（三）精准扶贫需要综合运用自然资源禀赋

自然资源禀赋很大程度上决定了一个地区的生产力格局，对增加居民收入和减少贫困具有很强的约束性，也是导致贫困的重要原因之一。现阶段，我国多数贫困地区的产业结构仍然以传统农业为主，农业生产很大程度上“靠天吃饭”，经济潜力有限。在人口密集或生态脆弱的贫困地区，单纯依靠增加人均耕地面积并不能有效缓解贫困，农业生产效率难以提高，还可能会破坏生态环境，进一步加剧贫困地区的人口与资源矛盾。根据国家政策，推进精准扶贫也要兼顾“绿色”，但是贫困地区的生产消费结构却往往具有高碳刚性的特点，要让贫困地区从传统化石能源结构转变为低碳绿色的可再生能源结构，离不开政策、资金和技术支持，引导不当可能会加重贫困。气象要素是决定某一地区自然资源禀赋的本底性条件之一，在制定各贫困地区精准扶贫政策时，需要发挥在气候可行性论证等方面的专业优势，确保扶贫政策的科学性、合理性。

（四）精准扶贫必须加强生态保护与建设

一些贫困地区生态环境脆弱、生产生活条件艰苦，扶贫开发与生态建设任务不仅高度重叠，而且极为艰巨。据统计，95%的贫困人口和大多数贫困地区分布在生态环境脆弱、敏感和重点保护地区。生态保护区域与区内贫困个体之间的“绿色悖论”普遍存在。扶贫开发的产业政策有可能直接或间接损害生态保护。比如水力发电属于绿色能源，可是过多修建水电站，同样可能造成生态环境破坏。因此，气象部门也要发挥好在协调减贫和改善生态环境、实现可持续发展方面的作用。

（五）精准扶贫需要释放信息化红利

信息技术和电子商务给扶贫开发带来了新的机遇。信息扶贫已经由过去强调能力建设、网络覆盖推进到注重信息应用的阶段，信息扶贫已经成为时代发展的必然趋势。近年来，我国信息化建设成就显著，城乡之间的“数字鸿沟”呈现弥合态势，信息扶贫的基本条件已经具备。电子商务带动了涉农电商产业飞速发展。农村电子商务已经与“三农”、就业、经济转型、民生改善、公共支出乃至新型城镇化等政府中心工作愈发相关，越来越具有全局性、战略性意义。在气象领域，部分省级气象部门通过“农网”建设搭建起了为农服务的桥梁，为信息扶贫和电商扶贫奠定了良好的基础。

二、抓实气象助力精准扶贫的着力点

气象助力精准扶贫应从协作扶贫与精准扶贫入手，结合自身实际，推进主要贫困人口聚居区与贫困地区气象监测、预报、预警、服务、科研精准到位，增强广大民众对气象基本公共服务的获得感。

（一）监测精准到乡镇

乡镇是欠发达地区气象监测的基本单元。截至2014年，全国自动气象站乡镇覆盖率达到94.0%。592个国家扶贫开发工作重点县中设立国家级地面气象观测站的有570个，占比96.3%。虽然气象监测已基本实现了乡镇全覆盖，但还存在监测范围和要素覆盖不全，信息化水平和共享程度不高，监测数据质量有待提高等突出问题。这既影响了监测的科学性与权威性，又难以满足精准扶贫的现实需要。实现“监测精准到乡镇”，还需要结合贫困地区气象预报服务的需求，进一步融合气象、农业、生态、水文、交通、环境、地质等多源观测数据，逐步实现天-空-地基相结合的立体探测，打造智能监测信息获取，推进自然监测信息与社会监测信息综合利用，为精准脱贫气象服务奠定可靠基础。

（二）预报精准到村庄

村庄是村民居住和从事各种生产的聚居点。气象预报精准到村庄是精准扶贫的需求，也是气象现代化建设的价值体现。经过多年的发展，各省（自治区、直辖市）已基本建成精准化预报技术体系，形成省、市、县三级集约化预报业务平台，具备了发布行政村精细化要素预报的能力。但在一些偏远、贫困地区，还存在行政村精细化要素预报产品时间分辨率较低、预报间隔长、预报要素少等问题。为此，还需要重点推进精细化格点预报，强化强对流等灾害性天气预报能力，实现无缝隙精准化气象预报，提升灾害性天气中短期预报能力。

（三）预警精准到农户

农户是灾害损失的主要承担者，同时也是扶贫工作的重点对象。气象部门一直致力于解决灾害预警信息“最后一公里”问题，建成了国家突发公共事件预警信息发布系统。截至2016年初，全国有76.7万余乡镇气象信息员，覆盖了99.7%的村屯，已建成可用农村高音预警喇叭43.6万个，气象预警电子显示屏近15.3万块，乡镇气象信息服务站近7.8万个。通过这些努力，全国基本实现了气象预警信息发布乡镇全覆盖，但贫困地区的覆盖率仍相对较低，对预警信息的有效利用率也很低。帮助贫困人口及时、便捷、有效地接收和利用气象灾害预警信息，关涉贫困人口的生命财产安全。推进气象助力精准扶贫工作，应进一步深化气象与国土、水利、交通、环保、扶贫等部门之间的合作，大力推进融入式发展，推动国家突发公共事件预警信息发布系统落地，实现与国家“扶贫云”的衔接，探索“互联网+”扶贫新模式，利用贫困地区日益完备的网络基础设施资源扩大气象信息覆盖面，使气象预警信息传递到每一个贫困户。

（四）服务精准到产业

产业扶贫是精准扶贫的有效途径。农牧业是广大贫困地区的基础产业，也是最能够直接惠及广大贫困人口的民生产业。当前，农业公司、合作社、家庭农场、大户等新型农业经营主体正在改变传统农业生产组织方式，涉农电子商务迅猛发展，传统农业产业体制正在转变。以往的气象为农服务存在针对性不强、科技含量不高、与农户对接较差等问题，已难以满足新形势下精准扶贫的需要。同时，气象助力精准扶贫还面临着贫困地区林业、光伏、旅游、电力、交通、物流、仓储等对精准专业化气象服务的新需求。因此，要进一步充分挖掘和发挥“气象大数据”价值，搭建开放式的气象服务众创平台，建立基于“互联网+气象+各行各业”的发展模式，充分利用社会资源发展个性化、互动式、精准化的气象服务，建设智慧、集约、多元、规范、长效的中国特色新型气象为农服务体系。

（五）科研精准到片区

科技创新是核心生产力。以往，气象科研工作主要围绕天气气候区域特征进行布局，总体上对各地经济社会发展以及相应的气象服务需求考虑较少。当前形势下，气象科研也应更加精准地反映各地的气象服务需求。虽然已经有不少基层气象部门通过“气象+企业/基地/

合作社+科研”的方式探索开展了一些服务本地特色作物的气象科研服务，也取得了良好的经济社会效益，支持了当地的脱贫减贫战略，但是总体来说，连接点面之间的精细化气象科研服务还比较少，气象科研与减贫扶贫实际需求的结合还不够深入，科研成果转化利用率不高。因此，气象助力精准扶贫也应进一步围绕全国各地主体功能区规划，突出气象科研与当地扶贫开发导向的精准对接功能。比如，可以考虑以农牧产业为突破口，研究连片特困地区农产品种植与气象要素的关系，建立相应的气象服务指标，开发智能气象服务系统，提供全产业链服务。

三、气象助力精准扶贫的建议

“十三五”时期，气象工作助力精准扶贫需要坚持普惠性、保基本、均等化、可持续的方向，从解决贫困地区最关心、最直接、最现实的问题入手，增强基本气象服务供给能力，提高公共服务共建能力和共享水平。

一是主动融入专项扶贫、行业扶贫、社会扶贫互为补充的国家大扶贫格局。借助大扶贫格局来整合扶贫力量，统筹社会资源，建立扶贫脱贫的互助合作机制，促进基础设施资源共建共享与基础资料的共享共用。

二是积极融入各级各类脱贫攻坚工程。融入贫困村“一村一品”产业推进行动，加强气象服务于国家自然资产收益扶贫项目，如光伏扶贫工程等，加强卫星遥感、通信技术在贫困地区的应用，开展高分辨率产品的扶贫应用示范。

三是做好易地搬迁迁出区与安置地天气气候灾害监测和影响评估。开展生态环境承载力气候可行性评价，为移民安置整体规划提供科学支持。

四是加强生态建设和环境保护气象保障能力。推动建立国家与地方气候适应机制，促进贫困地区生态环境保护与建设。协助政府对生态严重退化地区的修复治理，加强气候资源开发利用。

五是深入发掘气象信息的价值。充分利用气象数据时间跨度长、权威度高、科学性强的特点，为各地区扶贫开发行动提供技术和决策支撑。

六是增进公共气象服务有效供给。将公共气象服务纳入各级政府基本公共服务体系，明确中央与地方项目和标准，融入国家基本公共服务清单，纳入相关规划。建立完善政府购买公共气象服务体制机制，鼓励和引导各类市场主体参与，增加公共气象服务和产品供给。

（来源：《咨询报告》2016 年第 11 期）

报告执笔人：林　霖　张德卫

课题组成员：张洪广　林　霖　张德卫

宁夏气象助力精准脱贫的做法与启示

摘　要：宁夏回族自治区气象局结合地方实际和自身能力，抢抓机遇，主动作为，创新思路，推进气象监测精准到乡镇、预报精准到村、预警精准到户、服务精准到产业、“研服产”精准到点，力争将宁夏中南部贫困地区打造成全国气象助力精准脱贫示范区。宁夏回族自治区党委和中国气象局主要领导对宁夏积极推进气象助力精准脱贫给予了充分肯定。中国气象局发展研究中心会同宁夏回族自治区气象局就气象助力精准脱贫进行专题调研，调研组认为，宁夏气象助力精准脱贫的探索，点找得准，力用得足，思路举措对路，为深化省部合作内涵、大力发展智慧气象、强化脱贫气象科技支撑、协调推进基层气象现代化、突破为农服务“两个体系”建设瓶颈、推动气象融入式发展等提供了借鉴。

打赢脱贫攻坚战，是实现第一个百年奋斗目标的重要标志。基本实现气象现代化是气象部门做出的庄严承诺。能否有效助力脱贫是贫困地区气象现代化的目标导向和检验标准之一，是推进气象供给侧结构性改革、补齐基层气象现代化质量效益最大短板的重要抓手。自2015年中央扶贫开发工作会议以来，中国气象局发展研究中心认真研究国家政策，支持和配合宁夏回族自治区气象局开展气象助力精准脱贫相关政策举措研究。在中国气象局与宁夏回族自治区人民政府深化省部合作座谈会上，明确提出将宁夏中南部贫困地区作为全国气象助力精准脱贫示范区。随后，中国气象局发展研究中心组织有关人员赴宁夏进行了专题调研，并与宁夏回族自治区党委政研室、政府研究室、扶贫办、发改委、财政厅、农牧厅等部门领导和专家进行专题座谈，形成报告。

一、思路和举措：以“精准”为要，做好气象助力精准脱贫这篇大“文章”

宁夏属西部地区、民族地区、革命老区、欠发达地区。1983 年，国家启动实施“三西”地区农业建设，宁夏成为全国最早开展有计划、有组织、大规模扶贫开发的省（自治区）之一，开创了全国扶贫开发的先河。2011 年，国家将六盘山区确定为全国 14 个集中连片特困地区之一。

宁夏地处西北内陆高原，属大陆性半湿润半干旱气候，气候贫困是造成贫困人口脱贫难、脱贫后又返贫的重要原因。根据宁夏回族自治区党委、政府的要求，宁夏回族自治区气象局积极主动探索，提出了一系列创新思路和举措。

（一）气象监测精准到乡镇

气象助力精准脱贫，监测精准是基础。经过多年的生态保护和易地搬迁扶贫，目前宁夏扶贫对象不仅包括在贫困县（区）的贫困户，还包括易地扶贫搬迁的贫困户，扶贫涵盖的区域也已经扩展至宁夏所有县区。目前全自治区已建成自动气象站 948 个、高空气象观测站 1 个、新一代天气雷达站 3 个、自动土壤水分观测站 37 个、交通气象观测站 10 个、固态降水观测站 47 个。虽然宁夏的气象监测已经实现了乡镇全覆盖，但是还存在自动气象站观测要素单一（温雨站达到 73%）、梯度气象观测站点稀少（仅 1 个）、农业等专业气象监测网规模小且不成体系、部分重点区域还存在气象监测空白、部分观测设备老化等问题，气象监测水平离精准脱贫的需求还有一定差距。宁夏回族自治区气象局以提质增效为目标，以业务服务需求为牵引，推进气象监测网优化调整。计划在未来 3 年，重点开展地面、高空、雷达、生态等监测网升级建设，优化站点的空间布局和观测要素的精准化配置，逐步建成地基、空基、天基相结合的立体化气象监测网，为精准脱贫气象服务奠定可靠基础。

（二）气象预报精准到村

气象预报是气象服务经济社会发展的重要基础，也是气象现代化的核心。宁夏回族自治区气象局根据精准脱贫对气象预报提出的新要求，强化创新驱动，以无缝隙、精准化、智慧型为发展方向，改革气象预报业务体制机制，开展了天气预报业务集约化调整，推进专业化天气预报业务发展。初步建立了客观化精准化预报技术体系。建立了宁夏区、市、县三级集约化预报业务平台，短时临近灾害性天气监测预警业务平台，宁夏极端气候事件监测预警业务平台，天气预报质量评定系统等业务系统，已经具备了发布行政村精细化要素预报、5千米×5千米格点化定量降水预报、11～30天长期天气预报等产品的能力。但2200多个行政村精细化要素预报产品时间分辨率较低，0～24小时预报为6小时间隔，24～168小时预报为24小时间隔，且预报要素少，仅有气温和降水两个预报要素，与精准脱贫对精准预报的要求还有一定差距。宁夏回族自治区气象局按照中国气象局第七次全国气象预报工作会议要求，加快推动预报预测精准、支撑技术先进、业务平台智能、业务布局和流程更为合理的现代气象预报业务体系建设，逐步实现预报“精准到村、精准到户、精准到位置”。2016年开始，重点推进精细化格点预报业务，已初步完成格点化天气预报客观方法研发，制作全区5千米×5千米、1千米×1千米格点化预报产品，其中，0～2小时临近预报时间间隔缩短至10分钟，2～12小时短时预报时间间隔1小时，12～72小时预报时间间隔3小时，4～10天预报时间间隔6小时，并正在组织开展检验评估和方法优化工作。开始发布全区精细到乡镇的灾害性天气预警产品，气象扶贫试点县灾害性天气预警产品精细到行政村。针对贫困地区冰雹、局地暴雨频发等情况，正在组织分灾种灾害性天气预报模型、定量化预报指标技术研发与完善。

（三）气象预警精准到户

长期以来，气象部门一直把不断扩大气象预警覆盖率作为最重要的气象服务目标。根据多年的实践，在解决气象灾害预警信息服务“最后一公里”问题上，目前气象部门大多只能做到保证至少有一种手段将气象预警信息在10分钟内发送到县乡政府、行政村以及相关部门的负责人手中，这个目标基本实现了100％全覆盖，但对社会公众的覆盖率只有90％，这显然还达不到助力精准脱贫的要求。帮助贫困人口及时便捷地接收和利用气象灾害预警信息，关涉贫困人口的生命财产安全，对扶贫脱贫特别是防范“因灾致贫、因灾返贫”非常重要。如何解决贫困人口及时接收和利用气象灾害预警信息的问题，成为宁夏回族自治区气象局在气象助力精准脱贫中考虑的一个重要问题。宁夏贫困地区人口256万，占全区总人口的40％，全区建档立卡贫困人口达到58.12万。宁夏回族自治区气象局已经提出了气象预警精准到户的目标。为确保这一目标的实现，宁夏回族自治区气象局正在从落实机构、人员、运行体制机制等方面着手，推动国家突发公共事件预警信息发布系统在宁夏落实落地，并以此为抓手，逐步完善基层气象防灾减灾体系。此外，宁夏回族自治区气象局大力推进融入式发展，除继续与国土、水利、交通等部门深化合作外，推动与扶贫办等部门的对接，已经成功实现与自治区精准扶贫云的衔接，获得了全区建档立卡贫困户准确信息，并正在开发与之关联的气象服务手机应用软件(APP)。利用智慧气象建设成果和贫困地区日益完备的网络基础设施资源扩大气象信息覆盖面，实现气象服务信息可发布到每一个贫困户和新型农业经营主体。

（四）气象服务精准到产业

产业发展是实现脱贫的重要出路。传统气象为农服务产品，主要为大宗农业服务，产品形式除预报预测外，再就是农业气象情报、分析和评估，同质化严重，针对性不够强，实用性较低。显然，传统为农服务内容和形式均难以满足精准脱贫的要求。宁夏回族自治区气象局认识到这是气象为农服务的供给侧出现了问题，必须从体制机制上予以解决，做到气象为农服务机构、队伍、科研和技术的专业化。宁夏回族自治区气象局抓住自治区政府贯彻落实《国务院办公厅关于发挥品牌引领作用推动供需结构升级的意见》（国办发〔2016〕44 号）与《农业部等九部门关于印发贫困地区发展特色产业促进精准脱贫指导意见的通知》（农计发〔2016〕59 号）的有利时机，发挥气象服务的品牌引领作用，主动融入自治区特色产业、设施农业、休闲农业等的发展，被宁夏回族自治区党委、政府确立为特色产业扶贫成员单位之一（宁夏特色产业扶贫“9+1”模式）。气象产业扶贫纳入自治区贫困地区发展特色产业促进精准脱贫规划，提出了建设“两基地、五中心”的任务，即宁夏人工影响天气作业基地和特色农业气象试验基地；枸杞、酿酒葡萄、马铃薯、草畜、新能源 5 个专业气象服务中心。两类基地由宁夏回族自治区气象局统一组建，突出集约化和规模化发展；5 个中心分别由 5 个市气象局以区级专业业务机构的规格组建。以融入九部委产业扶贫工作为切入点，以智能化综合气象业务服务共享管理平台为依托，以气象科技创新为支撑，上下联动、左右互动、试点先行、以点带面、整体推进，逐步建立基于“互联网+气象+各行各业”“分布式布局、集约化发展、全链条服务”的宁夏特色优势产业气象服务众创模式，从体制机制上有效推动基层气象服务供给侧结构性改革，逐步解决各层级和同级各单位气象服务产品同质化、一般化的弊端，探索解决核心业务向省级集约之后市、县气象局出现的空心化问题。目前，宁夏回族自治区气象局已制定完成自治区“1+4”特色优势产业服务方案，积极开发马铃薯、枸杞、酿酒葡萄等农业气象服务指标，加强与自治区农牧厅、农科院和农业企业等的合作，启动了精准农业气象服务平台建设，并正在按照这一思路逐步推进 5 个专业中心的建设。宁夏精准服务不局限于农业产业，还围绕特色林业、光伏产业、旅游、电力、交通、物流、仓储等开展专业化精准气象服务。

（五）“研服产”精准到点

接地气，是一些地区过去气象为农工作取得成功的重要经验，不接地气则是近年来少数地区气象为农服务出现停滞的主要原因。为农服务能不能形成规模、能不能为广大农民接受、能不能深入发展，关键还在于发挥品牌引领战略，打造试点、形成示范、做出样板。在推动气象助力精准脱贫工作中，宁夏回族自治区气象局提出了“气象+企业+科研”，气象“研服产”（科研、服务、产品）精准到点的工作思路。目前，宁夏气象“研服产”精准到点的示范工作已经启动，针对西吉县的马铃薯产业，已经建立了马铃薯生长全过程的气象服务年度方案，并把该县一家种薯薯业有限公司和原州区彭堡蔬菜产业基地作为气象助力精准扶贫“研服产”示范点，以马铃薯产业为突破口，重点研究不同生长环境、不同播种期获得的产量、不同生长发育期、不同病虫害等与气象要素的关系，建立马铃薯气象服务指标，开发智能化气象服务系统，提供全链条服务。宁夏回族自治区气象局还主动融入贺兰山东麓百万亩酿酒葡萄文化长廊建设，与宁夏葡萄酒产业发展局、宁夏大学及酒庄合作，在易地搬迁移民安置区——闽宁镇启动了宁夏贺兰山东麓酿酒葡萄气象野外试验示范基地和实验室建设，重点梳理和完善酿酒葡萄气象服务指标，研发更专业化的服务产品，初步建立酿酒葡萄智能化服务平台。与当地贺兰山山洪易发区监测预警、光伏日光温室现代农业气象服务和气象信息服务站等系列气象服务相配套，初步探索了宁夏气象助力移民搬迁安置区扶贫的“闽宁模式”，为当地易地搬迁移民贫困户提供了基本公共气象服务，并有效应对了因灾返贫的问题和气象助力发展特色优势产业脱贫的问题。一个示范点做出样板，以点带面，整体推进，就会有效带动其他地区气象扶贫工作的纵深开展。

二、认识和启示：气象助力精准脱贫有责任、有支持、有干劲、有前景

宁夏气象助力精准脱贫的做法得到了宁夏回族自治区党委、政府高度重视和大力支持。通过总结宁夏气象助力精准脱贫做法，主要有以下启示：

（一）气象助力精准脱贫首要的是一项政治任务

习近平总书记强调："反贫困是古今中外治国理政的一件大事。消除贫困、改善民生、逐步实现共同富裕，是社会主义的本质要求，是我们党的重要使命……脱贫致富不仅仅是贫困地区的事，也是全社会的事。要更加广泛、更加有效地动员和凝聚各方面力量"。李克强总理指出："打赢脱贫攻坚战是实现全面建成小康社会目标、基本跨越'中等收入陷阱'的重大任务"。各部委将精准扶贫、精准脱贫作为"十三五"时期的重大政治任务来抓，陆续出台了一系列政策措施。贫困地区各级党委、政府把脱贫攻坚更是作为重中之重的工作和第一民生工程来抓。长期以来，全国气象部门在防灾减灾、人工影响天气、服务"三农"、应对气候变化、新能源开发利用等领域为贫困地区脱贫致富发挥了不可替代的兜底性和保障性作用，最大限度地减轻了"因灾致贫、因灾积贫、因灾返贫"的问题。全面推进气象现代化是重大任务，不是目的，为全面建成小康社会提供有力支撑才是全面推进气象现代化建设的根本目的之所在。新时期气象助力精准脱贫就是在补齐贫困地区气象现代化建设的短板，就是在补齐全面建成小康社会气象保障的短板。中国气象局在2016年全国气象局长会上对气象扶贫工作进行了部署，随后又出台了《打赢脱贫攻坚战气象保障行动计划（2016—2020年）》，号召全国气象部门积极参与脱贫攻坚。气象服务涉及对象最广、涵盖面最大，防灾减灾脱贫、特色产业脱贫、易地搬迁脱贫、生态保护脱贫、发展教育脱贫以及关注气候安全、应对气候贫困等，都需要气象部门提供科技支撑和服务保障。气象助力精准脱贫工作领

域宽广、大有可为。做好气象助力精准脱贫工作，是党中央国务院赋予气象部门的政治责任和神圣使命，对于贯彻落实中央扶贫开发工作的重大部署、全面建成小康社会具有重大的现实意义。

（二）气象助力精准脱贫能够深化省部合作

2016 年 3 月 9 日，中国气象局与宁夏回族自治区人民政府在北京召开了深化省部合作座谈会，双方决定共同推进精准气象助力宁夏精准脱贫，启动气象助力宁夏精准脱贫行动计划，并将宁夏中南部贫困地区作为全国气象助力精准脱贫的示范区，在政策、项目、资金、科技和人才等方面给予特殊支持。中国气象局先后派出多批调研组和专家队伍到宁夏调研指导，推动气象助力宁夏精准脱贫工作。宁夏回族自治区气象局作为中直部门，主动作为，第一个向自治区党委、政府请缨，承担精准脱贫任务。在广泛调研、充分论证的基础上，制定《气象助力宁夏精准脱贫行动计划（2016—2020 年）》，被自治区党委列入自治区 13 项脱贫行动计划之一，重点部署实施。最近，气象工作又被纳入自治区贯彻落实农业部等 9 部委发展特色产业促进精准脱贫的部署和相关规划当中。省部合作的进一步深化，极大地提振了宁夏气象干部职工参与气象助力精准脱贫工作的信心。2016 年 6 月 15 日，宁夏回族自治区政府召集气象局、扶贫办、发改委、财政厅等部门和贫困地区代表在固原市西吉县召开气象助力宁夏精准脱贫工作会议，自治区政府副主席曾一春专门就会议召开作了批示，要求各地参加。

（三）气象助力精准脱贫是基层气象现代化建设提质增效的重要抓手

气象助力精准脱贫极大加深了地方政府和部门对气象工作的了解，进一步提高了地方各级党委、政府推动宁夏特色气象现代化建设的积极性。宁夏回族自治区气象局秉承“开门办气象”的理念，在制订规划、提出方案、确定任务时，均及时向自治区领导汇报，并邀请自治区政府有关部门的领导和专家参加起草和论证，推动气象助力宁夏精准脱贫工作实现“八有”，即政策文件有气象、领导讲话有气象、发展规划有气象、重点项目有气象、财政保障有气象、政府考核有气象、干部交流有气象和信息宣传有气象等，有力地推动了宁夏特色气象现代化建设。政策文件有气象：发展智慧气象和建设特色产业专业气象服务平台被写入自治区党委1号文件，气象脱贫行动计划被写入自治区党委9号文件，农业气象服务体系和农村气象灾害防御体系建设被列入自治区2016年农业农村工作要点，《气象助力宁夏精准脱贫行动计划（2016—2020年）》成为首个正式印发的自治区脱贫行动计划等。领导讲话有气象：自治区主要领导多次在会议讲话中提到气象工作，在文件上对气象工作作批示。发展规划有气象：宁夏气象现代化有关任务和项目纳入自治区"十三五"规划纲要；《宁夏"十三五"气象事业发展规划》成功列入自治区政府总体发展规划。重点项目有气象：宁夏农业气象服务体系和农村气象灾害防御体系建设、人工影响天气能力建设、智慧气象等工程项目已纳入宁夏"十三五"期间的重大基础设施建设项目。财政保障有气象：继2015年12月宁夏回族自治区气象局本级职工地方津补贴和一次性奖励项目资金全额纳入自治区财政预算之后，2016年3月29日，自治区政府发文进一步落实双重计划财务体制，2/3的市、县（区）气象局已落实地方津补贴缺口资金，并列入地方财政年度预算。政府考核有气象：自治区政府加大了对市、县级人民政府气象工作的考核力度。干部交流有气象：经自治区党委组织部同意，宁夏回族自治区气象局一名处级干部到自治区信息化建设办公室挂职，推动智慧气象深度融入智慧宁夏建设。信息宣传有气象：自治区党委、政府及扶贫办及时反映气象助力精准脱贫的动态信息。

（四）气象助力精准脱贫是实现融入式发展的有效途径

宁夏回族自治区气象局围绕建设宁夏特色气象现代化，推动气象监测精准到乡镇、气象预报精准到村、气象预警精准到户、气象服务精准到产业、气象"研服产"精准到点，这些都是气象服务在新形势下的创新和转型发展。气象服务要成功实现这一转型，离不开大力发展智慧气象和推动科技创新来支撑，也离不开全面深化气象业务、科研、服务、管理体制等的改革，更离不开与其他行业和部门的融合发展。汪洋副总理指出："气象就像炒菜的'盐'，大家很少提到，更多讲'食材'和'佐料'，但是少了盐可不行。"随着"互联网+气象+各行业"宁夏特色优势产业气象服务众创模式的不断完善，气象与政府各部门和其他行业的融合也将更加契合，必将在精准脱贫中产生重大影响和显著经济社会效益。由此，就不难理解自治区党委、政府为何如此重视气象助力精准脱贫工作，也不难理解宁夏气象干部职工为找到展现作为的新平台而信心倍增。一线同志普遍反映，现在干气象工作有干头、有前途、有存在感。

（五）气象助力精准脱贫必须大力发展智慧气象

打铁还需自身硬。宁夏回族自治区气象局在气象助力精准脱贫的探索和实践中意识到，传统气象业务和管理模式已经难以适应精准扶贫、精准脱贫的高要求。因此，必须大力推动实施智慧宁夏气象行动计划，以信息化、集约化、标准化的理念，设计和建设宁夏智能化综合气象业务服务管理平台，发展智慧气象业务、智慧气象服务和智慧气象管理，全面推进宁夏特色的气象现代化。宁夏回族自治区气象局"提出了"4321"工作思路，即：坚持"4个面向"——面向宁夏气象现代化，面向智慧宁夏建设，面向中国气象云建设，面向中阿合作和开放宁夏建设；开展"3项建设"——建设智慧业务、智慧服务、智慧管理；打造"2个平台"——对内一平台（智能化综合气象业务服务管理共享平台），对外一朵云（气象服务云平台）；依托"1项工程"——"互联网气象+"工程。此外，还大力推动融入式发展，结合全区贫困村4G网络建设、精准扶贫云等项目提供的智能手机、网络基础设施和贫困人口信息等资源，逐步实现气象产品制作自动集约化、服务精细智能化、专家农户互动化。

(六) 气象助力精准脱贫必须强化科技支撑

宁夏回族自治区气象局以贯彻落实全国科技创新大会精神为契机，以支撑气象现代化为方向，以气象服务供给侧结构性改革为切入点，以省部共建中国气象局旱区特色农业气象灾害监测预警与风险管理重点实验室为平台，大力推动气象科技创新，不断增强气象科技的有效供给。2016 年 5 月底，召开了重点实验室启动会和第一届学术委员会会议。重点实验室紧扣宁夏特色气象现代化建设中的关键问题，进一步明确定位，明确重点，明确任务，明确责任。同时，坚持双轮驱动，出台了科技贡献奖励办法等 8 项规章制度，逐步建立了业务瓶颈与科技创新有效对接、气象部门内部上下联动创新、气象部门与社会力量协同创新以及绩效结合的激励机制，营造了问题导向、智慧众筹、开放共赢、科研与业务紧密结合的气象科技创新氛围和人才成长环境，为气象助力脱贫攻坚提供有力的科技支撑。自治区党委、政府也非常关心重点实验室的发展，在特色农业气象野外试验基地用地、基础设施建设、科研经费等方面给予了大力支持。

宁夏气象助力精准脱贫的探索和实践值得我们思考和借鉴，建议中国气象局及时关注，指导全国气象部门深入开展气象精准扶贫工作。

（来源：《咨询报告》2016 年第 4 期）

报告执笔人：林　霖　张德卫

课题组成员：张洪广　姜海如　辛　源　林　霖　张德卫

从气象助力精准脱贫到气象可持续减贫

摘　要：新时代、新形势下气象部门如何贯彻落实习近平总书记关于精准脱贫重要指示，服从于新时代中国特色社会主义战略布局，服务于国家扶贫、减贫、脱贫攻坚大计，为巩固脱贫成果确保不返贫做贡献？本文紧紧围绕党的十九大报告关于精准脱贫、可持续发展和乡村振兴战略的有关精神，提出重视气候贫困、降低返贫风险、推进气象可持续减贫的有关思考和建议。

党的十八大以来，以习近平同志为核心的党中央把脱贫作为全面建成小康社会的底线任务和标志性指标，摆到治国理政突出位置。国家推动脱贫攻坚力度之大、规模之广、影响之深，前所未有。中国气象局认真落实党中央、国务院的战略部署，高度重视脱贫攻坚工作，出台了《打赢脱贫攻坚战气象保障行动计划（2016—2020年）》，将宁夏回族自治区中南部贫困地区打造成“全国气象助力精准脱贫示范区”，推动国家扶贫开发工作重点县和连片特困地区县所在的22个省（自治区、直辖市）气象局建立相应领导机制，组织全国气象部门做好脱贫攻坚气象保障，在项目投入、科技创新、人员招录与激励保障等方面加大对中西部省区、贫困地区的政策倾斜，推动气象助力精准脱贫不断取得实效。

一、从助力精准脱贫到气象可持续减贫

（一）气象助力精准脱贫扎实推进

党的十八大以来，在中国气象局高度重视和统一组织下，全国气

象助力精准脱贫工作取得了重大成效，积累了宝贵经验。一是以“两个体系”为抓手，积极参与各地脱贫攻坚行动。中国气象局与国务院扶贫办联合推动贫困地区气象信息服务工作，对发挥驻村扶贫干部在基层气象防灾减灾中的作用、构建适合贫困地区特点的预警信息发布网络等提出了要求。各贫困县积极开展面向生产一线的直通式气象服务，将11.5万新型农业经营主体纳入服务对象；气象监测到乡镇、预报到村、预警到户、服务到产业等各具特色的气象服务在基层有序推进。二是积极发挥科技支撑功能和公共服务职能。近年来，中国气象局组织对全国贫困县气候资源和气象灾害进行普查和评价，用权威的气象数据和方法全面分析全国贫困地区气候概况及气象灾害情况，提出气象防灾减灾及气候资源开发利用建议。2016年，宁夏回族自治区气象部门成功组织硒砂瓜霜冻预警服务，及时停止破膜放苗，减少经济损失1.2亿元。三是发挥气象资源优势助力各地形成特色产业。中国气象局从全国层面组织了贫困地区清洁能源开发利用气象服务，推进太阳能、风能资源丰富地区精细化到行政村的普查和开发利用评估。陕西省气象局编写了苹果产业发展建议书，促成全省苹果新增面积达300万亩[①]，推动40多家果品企业和合作社认证，平均提升15%附加值。甘肃省气象部门通过祁连山区人工增雨（雪）体系工程项目，大幅度提高河西地区降水效率，人工影响天气作业保护粮食作物投入产出比达1∶415，苹果投入产出比达1∶4150。宁夏回族自治区气象局依托农业优势特色产业综合气象服务中心，开展了枸杞、酿酒葡萄等特色产业气象服务。贵州气象部门结合当地特有的避暑气候资源优势，打造“凉都”，推动旅游产业发展。上述种种探索，切实发挥了气象在助力精准脱贫过程中“趋利避害、减灾增收”的独特作用，气象服务民生取得了良好的社会效益。

---

① 1亩≈666.67平方米。

（二）气象可持续减贫的内涵与意义

当前，气象助力精准脱贫正在有序推进，但也面临着对气象与贫困关系及作用的认识不够深刻、气象融入国家与地方扶贫开发战略布局较为不易、统筹利用扶贫脱贫政策资源渠道相对不畅、综合展现气象趋利避害成果的平台有限、气象助力精准脱贫的长效机制还不健全等问题，困扰着气象助力精准脱贫向纵深发展。

党的十九大报告明确提出了新时代中国特色社会主义建设宏伟目标。面对坚决打好 2020 年精准脱贫攻坚战的要求，以及到 21 世纪中叶建成社会主义现代化强国的宏伟目标，气象如何更好地助力国家减贫、脱贫攻坚大计？如何巩固脱贫成果、尽力减少或不返贫？这些问题都需要更深入的思考。

研究认为，可持续减贫主要强调让消减贫困的成果与努力能够长期维持，防止或尽可能减少贫困反复，使贫困群体的能力、权利和福利可持续、有增长，并进入良性发展、逐步向好的发展态势。气象可持续减贫的主要目标是发挥气象科学服务和良好治理作用，趋利避害、超前预判，保障减贫脱贫成果可持续（图 1）。

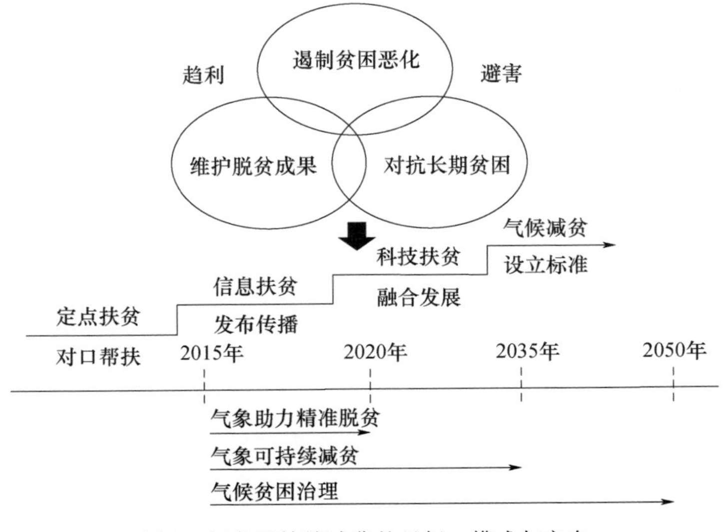

图 1　气象可持续减贫的目标、模式与方向

从助力精准脱贫向气象可持续减贫拓展，有利于针对长期顽固性贫困和高脆弱性贫困的脱贫需求，突出生态文明建设、绿色发展、灾害风险防范等新理念、新要求，综合发挥气象的科技和治理作用，保障脱贫成果、遏制气候贫困，降低返贫风险，从而实现基本消除贫困的目标，为可持续发展和乡村振兴奠定基础。

二、气象与可持续减贫的关系

（一）气象灾害是可持续减贫面临的重大挑战

中国是世界上自然灾害最严重的国家之一。气象灾害及次生、衍生灾害损失占自然灾害70%以上。2006—2015年，由气象灾害导致的直接经济损失年均3254.4亿元，约占自然灾害年均直接经济损失的75%；除去2008年死亡人口（因汶川大地震导致死亡人口激增），因气象灾害死亡的人口约占自然灾害死亡人口的80%。

我国农村地区尤其是西部地区，深受气象灾害之苦。频繁发生的各类气象灾害是农村贫困人口返贫的重要原因之一，严重威胁着人们的生命和财产安全。这进一步凸显贫困人口在灾害面前的脆弱性，因灾返贫、因灾致贫、因灾积贫已成为影响减贫成效的一个不可忽视的因素。因此，为确保脱贫成效可持续，避免因灾返贫，必须重视气象灾害风险，减轻气象灾害的影响。

（二）气候变化直接或间接加剧贫困

IPCC第五次气候变化评估报告指出，气候变化的影响将减缓经济增长和减贫进程，进一步削弱粮食安全，引发新的贫穷。2015年，世界银行研究指出，气候变化已经阻碍了脱贫步伐，如果没有快速、包容性和气候智慧型发展，如果没有有力保护穷人的减排努力，到2030年全球贫困人口将可能增加1亿多。世界气象组织也指出，气候领域的极端事件影响着数百万人的粮食安全，对最脆弱群体尤为如此。联合国粮农组织评估发现，发展中国家中农业（含农作物、牲畜、渔业、水产业和林业）损失的26%与中到大尺度风暴、洪水和干旱密切相关。

中国是受气候变化影响最严重的国家之一，气候变化会直接或间接加剧贫困。比如，气候变化导致极端天气气候事件增多，会使暖时更暖、旱时更旱、涝时更涝，将对公众生命财产造成巨大的直接损失；在间接影响方面，气候变化会逐渐改变人们赖以生存的自然环境条件，以农业为例，气候变暖背景下中国农业气象灾害的演变趋势、强度和类型发生显著变化，使得当前为避免灾害而设置的种植制度面临调整的风险。

总之，气候变化会严重影响国家粮食安全、生态文明建设和精准脱贫战略部署，是推进可持续减贫必须考量的重要因素。

（三）气候资源开发利用有利于资产收益扶贫

自然资源禀赋很大程度上决定了一个地方的生产力格局，对增加当地居民收入和减少贫困具有很强的约束性。我国许多贫困地区的自然资源丰富，但贫困人口并没有分享到资源开发收益。2013—2015年，全国农村居民人均可支配财产净收入占比约为2.1%，比城镇居民低了7个百分点（表1）。为此，《中共中央 国务院关于打赢脱贫攻坚战的决定》明确提出要探索资产收益扶贫，让贫困人口分享资源开发收益，改善贫困村的生产生活条件。

表1 2013—2015年城乡人均可支配收入状况

	年份	人均可支配收入（元）	人均可支配财产净收入（元）	人均可支配财产净收入/人均可支配收入（%）
城镇居民	2015	31 195	3042	9.75
	2014	28 844	2812	9.75
	2013	26 467	2552	9.64
农村居民	2015	11 422	252	2.21
	2014	10 489	222	2.12
	2013	9430	195	2.07

数据来源：国家统计局

中国地域广，气候资源丰富，尤其是风能、太阳能等具有巨大开发潜力，空中水资源有待更好调控。以风能、太阳能为例，2016年全国陆地70米高度层的风功率密度图谱显示，全国年平均风功率密度为每平方米238.7瓦，大值区主要分布在三北地区、东部沿海、青藏高原、云贵高原和华南山脊地区；太阳能资源总体上呈现高原和少雨干燥地区多，平原和多雨高湿地区少的特点。这种资源分布特征与部分贫困地区存在重合，且开发利用气候资源既符合精准扶贫、精准脱贫战略，又符合国家清洁低碳绿色发展战略，是具有“无悔行动”特征的可持续发展举措。因此，在制定各贫困地区的减贫脱贫政策时，需要理顺贫困地区资源收益分配机制，发挥气象在风能、太阳能等气候资源可行性论证等方面的专业优势，推动气候资源真正成为国家的基础性自然资源、战略性经济资源和公共性社会资源，促进各地落实精准脱贫政策的科学性和合理性。

（四）气候是影响中国生态系统的本底性条件

生态环境脆弱是中国基本国情之一，消除生态贫困是21世纪初期中国减贫的最大挑战和重大任务。据清华大学国情研究院估计，全国生态贫困人口约2亿，相当于国际贫困线人口的两倍，所在地区占全国国土面积的44%，占全国总人口的15.4%。目前，全国95.0%的绝对贫困人口和大多数贫困地区分布在生态环境脆弱、敏感和需要重点保护的地区。一方面，生态环境已经越来越成为诸多致贫因素中的突出因素，这些地区脱贫难度大，是扶贫攻坚最难啃的“硬骨头”。另一方面，这些地区的最大优势往往是生态资源。如果在实践中只强调消除贫困，不注意保护生态，将威胁国家生态安全，也很难彻底消除贫困；如果只讲保护生态，不考虑消除贫困，又难以实现共同富裕的奋斗目标。

气候是影响中国生态系统分布的主要因素之一。特别是在全球气候变化影响下，贫困地区的生态脆弱性会加剧，进一步增加贫困地区的脱贫难度。有研究表明，全球气候变化可能使中国生物群落发生改变，林地及荒漠面积增加，草地、永久冻土以及水域面积可能会减少；生态系统的碳固定量可能会有所增加，但是冻土融化将排放更多温室气体。气候变化的影响存在很大程度的不确定性，且呈现出明显的区域性特征，这种区域性特征在农业和水资源可用性方面表现得更加突出，其影响程度取决于受影响对象的适应能力。以牺牲生态环境的可持续性来换取经济增长的农村发展和脱贫模式，显然不符合可持续减贫的需要。因此，在制定减贫脱贫政策时，深入分析深度贫困地区的气候特征，综合考虑气候对生态和贫困的影响，具有重要价值。

三、气象可持续减贫的着力点

（一）完善气象防灾减灾可持续机制建设

将灾害风险防范与减贫相结合，关键在于机制创新，也即从规划、管理、组织、资源配置到人力安排部署等一系列过程管理中的机制创新。从理论上看，由于灾害风险与减贫在时间维度上具有一致性、在降低贫困人口脆弱性上具有相似性，在自然灾害频发区与贫困地区高度重合的情况下，防灾减灾与扶贫开发可以形成一种相互融合和良性循环的体系（图 2）。因此，要实现灾害风险防范与可持续减贫相结合的战略目标，必须有一套有效、可持续的实施机制。从战略角度考虑，

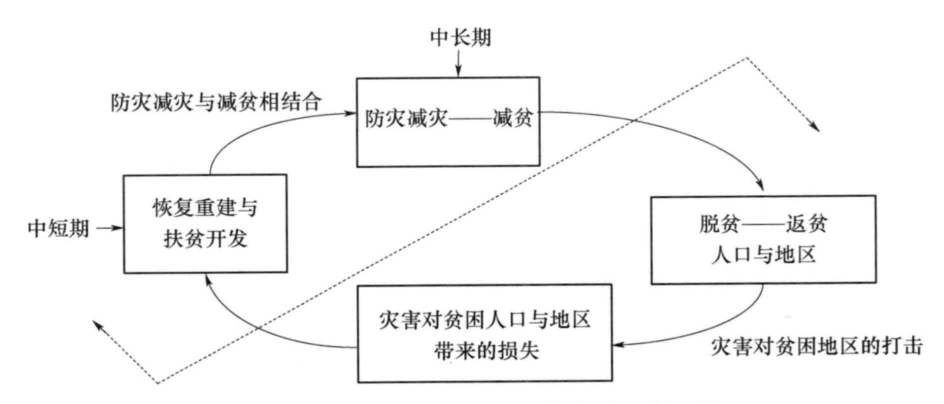

图 2　防灾减灾与扶贫减贫相结合的互动机制

应不断推动建立贫困地区灾害风险防范与减贫战略机制，努力实现从注重灾后救助向注重灾前预防转变，从应对单一灾种向综合减灾转变，从减少灾害损失向减轻灾害风险转变，更加注重“全民、全程、全域”气象防灾减灾，探索建立贫困地区气象信息员公益性岗位，完善气象防灾减灾体系，提高防范和抵御风险能力。

（二）挖掘贫困地区气候资源

因地制宜挖掘气候资源潜力，对贫困地区发展、贫困人口脱贫意义重大。当前，中国75%的贫困县太阳能资源较为丰富，其中54%的贫困县每年可利用光伏发电资源均在每平方米1500千瓦时以上。此外，许多地区的贫困县风能资源丰富。这些气候资源优势为贫困地区发展特色产业、脱贫致富提供了有利的资源禀赋。气象部门已经开展了全国太阳能资源年辐射总量分布评估和全国风能资源评估，为风能、太阳能等气候资源开发利用提供了科学依据。需进一步完善气候容量估算、气候承载力分析和气候可行性论证等制度和技术标准，推进气候变化影响评估和清洁能源普查评估，为贫困地区经济社会发展和应对气候变化提供更好支撑，促进区域协调发展。

（三）开展特色产业气象服务

产业是一个地方经济发展的核心和基础，形成本地特色产业是关键。推动实现可持续减贫关键还是要建立起符合本地自然特征的特色产业体系。发展农业特色产业是增强贫困地区发展内生动力的重中之重，也是扶贫开发的重点领域。扶贫开发的过程中，各地应基于本地资源禀赋、生态环境和国家主体功能区的定位要求，积极培育壮大当地农业特色产业，为区域发展和贫困人口脱贫致富提供支持。开展特色农业气象服务要服务于贫困地区优势产业选择、培育、发展全过程（图3），助力乡村振兴战略，融入农村一、二、三产业，为农业特色产业发展提供科学支撑，切实推动贫困地区生态效益、经济效益和社会效益同步提高。

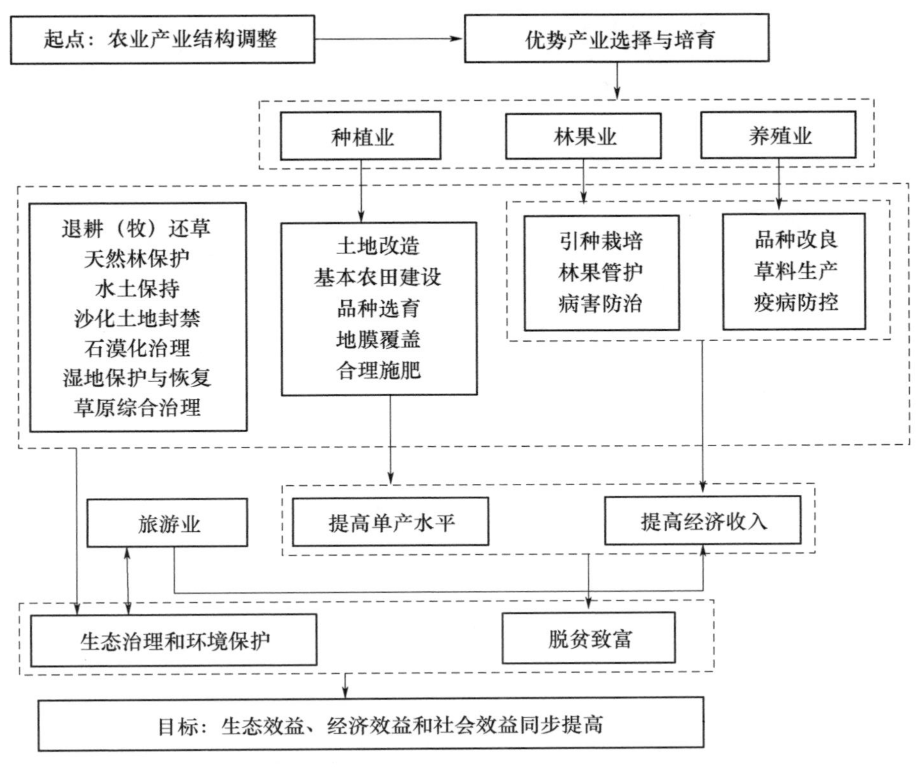

图 3　贫困地区优势产业选择与气象服务对象

（四）加强人工影响天气工作

人工影响天气是我国防灾减灾和空中云水资源开发利用的重要手段，对缓解贫困地区水资源短缺和冰雹灾害，保障粮食安全和生态安全有重要价值。2007—2016 年，全国年均开展飞机人工增雨作业 929 架次，增雨目标区面积约 458.5 万平方千米，防雹作业可保护面积约 55.8 万平方千米。2013—2016 年，年均增水量 467.25 亿吨，每平方千米平均增水 0.97 万吨（表 2）。推动气象可持续减贫，应按照贫困地区特色产业发展布局，将区域内农业、生态、水源保护等纳入人工影响天气保障范围，保障重要生态系统保护和修复重大工程，科学合理开发空中云水资源，降低气象灾害风险，不断提高贫困地区人工影响天气的整体科技水平和作业效益，为可持续减贫提供更多优质生态产品。

表 2 2007—2016 年人工影响天气作业变化概况

年份	防雹作业保护面积（万平方千米）	增雨作业目标区面积（万平方千米）	飞机人工增雨作业（架次）	增水量（亿吨）	增雨作业目标单位面积增水量（万吨/平方千米）
2007	47	370	676	—	—
2008	48	379	645	—	—
2009	52	457	840	—	—
2010	51	519	1049	—	—
2011	61	470	1010	—	—
2012	52	466	955	—	—
2013	56	462	980	474	1.03
2014	71	506	1151	484	0.96
2015	61.4	517	1006	502	0.97
2016	59	439	980	409	0.93
平均	55.8	458.5	929	467.25	0.97*

注：＊为 2013—2016 年增雨作业目标面积人工影响天气增水量的算术平均数。

数据来源：《气象统计年鉴》（2007—2014 年）与《中国公共气象服务白皮书》（2013—2016 年）

（五）加快气象科技成果转化应用

科技创新是核心生产力。推进气象可持续减贫，应围绕主体功能区与扶贫开发规划，突出气象科研与地方产业发展的交互对接，推进气象科技成果转化应用，完善共建、共享、共赢机制和协同创新机制，服务脱贫攻坚主战场。例如，农业方面，针对地方特色优势农产品进行天气气候认证，开展优势产区气候评定，建立农产品生产、存储、运输等气候溯源机制，推进集中连片特困地区气象要素综合应用，建立智能化气象服务系统。在生态服务方面，利用气象在生态遥感与人工影响天气方面的技术优势，融入美丽中国建设，服务山水林田湖草系统治理，保障国土绿化行动，形成可持续减贫的天气气候指南。

（六）探索气候贫困治理对策

气候贫困是基本生存环境的贫困，是造成贫困地区生产落后、生活困顿、生态恶化的重要原因。改善治理方式，从政策层面防范气候贫困，是推进气象可持续减贫的重要抓手。推进气候贫困治理，有必要开展气候贫困与气候减贫研究，找出气候变化与贫困形成的内在关系与传导方式，制定气候贫困人口识别与测度办法，建立明确可量化、可操作、可核实的指标体系、分级方法、考核标准，客观反映气候贫困规模大小、地理分布、贫困特征，开展气候变化条件下的情景模拟分析，为制定不同地区发展与减贫目标提供科学依据，指导未来扶贫政策进行合理调整。此外，还要加大贫困地区适应气候变化能力建设，综合发挥气候减贫的工程与非工程性措施效益，推广和应用气候减贫的经验成果，为参与全球气候治理提供中国方案。

四、推动气象可持续减贫的建议

（一）不断深化对气象与贫困关系的认识

深入学习党的十九大报告，全面贯彻新时代党的基本理论、基本路线、基本方略，将脱贫攻坚与生态文明建设、乡村振兴战略、全球环境治理、提高防范和抵御安全风险能力结合起来。根据《联合国2030年可持续发展议程》《巴黎协定》《2015—2030年仙台减轻灾害风险框架》等确定的人类社会可持续发展核心目标，加强对社会公众、政策制定者进行减贫、减灾与气候关系的科学普及和宣传。应适时制定《中国落实2030年可持续发展议程国别方案——气象行动计划》，推动可持续发展、消除贫困、减轻灾害风险、适应气候变化、生态环境保护和基础设施建设等多战略的融合。

（二）促进气象积极参与国家总体战略设计

国家层面的各类规划具有战略导向作用，气象部门应争取更多参与和更多体现。按照《国家综合防灾减灾规划（2016—2020年）》的设计，努力将气象防灾减灾工作纳入各级国民经济社会发展总体规划中，促进综合立法研究，适时修订《中华人民共和国气象法》。推动气候资源管理纳入国家自然资源管理体系，让气候资源真正成为国家基础性自然资源。深化气候容量与生态保护红线的关系研究与动态评估，努力推动气候容量成为国家制订战略和政策的依据或标准之一。推动公共气象服务纳入各级政府基本公共服务体系，增进贫困地区公共气象服务有效供给。

（三）推动气象主动融入大扶贫格局

主动融入专项扶贫、行业扶贫、社会扶贫互为补充的国家大扶贫格局，借助大扶贫格局来整合扶贫力量，统筹社会资源，建立扶贫脱贫的互助合作机制，促进基础设施资源、基础资料共建共享共用。参与或联合制定贫困地区相关基础设施建设的规划、工程与方案，加强贫困地区农村气象服务体系和灾害防御体系建设。结合《全国生态保护与建设规划（2013—2020 年）》，主动服务生态保护脱贫，强化生态建设的气象保障。推动设立国家级气候贫困与气候减贫研究计划，适时制定中国气候减贫行动计划，总结气候减贫典型经验，推进气候与贫困治理的国际合作、交流与宣传。

（四）进一步完善气象综合展示平台

加强国家突发事件预警信息发布系统能力建设，健全统计制度，编制国家突发事件预警信息发布白皮书，大幅度提高全民对预警系统、风险信息和评估结果的可获得性、便利度和利用率。联合推进全国自然灾害综合数据库管理系统建设，完善灾害损失与社会影响评估技术方法。推动卫星减灾应用信息综合服务平台建设，加强生态遥感应用，为国家与地方提供灾害遥感监测信息服务。综合运用国家科技基础条件平台与中国天气网数据资源，服务地方产业发展需要，助推地方农网建设，推动新型媒体融合应用，增强气象可持续减贫趋利避害的显示度。

（五）健全气象可持续减贫长效机制

建立政府主导、部门协同、社会参与的气象可持续减贫机制，凝聚减贫的合力。探索建立气象可持续减贫考核评估体系，引入“第三方”开展气象服务效益评估，科学指导地方分类施策。建立完善政府购买公共气象服务体制机制，鼓励和引导各类市场主体参与。健全气象可持续减贫政策、科技、人才支撑体系，深化开放合作，拓宽资金与政策渠道，鼓励项目、资金、人才资源向贫困地区倾斜。完善气象科技协同创新机制，推进气象科技成果转化应用，形成一支懂气象、知农业、会服务的基层工作队伍。

（六）积极发挥气象可持续减贫的科技支撑作用

主动服务贫困地区特色产业发展，增加气象附加值。推进气候资源精细化区划，合理规划光、风、热、温、水等气候资源。开展气候可行性评价，服务主体功能区，推动建立国家和地方气候适应机制，促进贫困地区生态保护与修复。充分利用气象数据时间跨度长、权威度高、科学性强的特点，为扶贫开发提供技术支持和决策支撑，减轻灾害损失。统筹利用计算资源，开展全球变化下的经济、社会、生态测算。建设一批气象服务试验示范基地，创新一批气象服务方式，推广一批气象科技适用技术。

（来源：《咨询报告》2017 年第 12 期）

报告执笔人（课题组成员）：林　霖　辛　源　张　冰　张玉兰
张德卫

西藏全面推进气象现代化建设调研报告

摘　要：西藏气象现代化建设是全国气象现代化建设的重要组成部分，全面推进西藏气象现代化建设具有重大的战略意义。当前，西藏气象现代化取得了长足的进步，但依然是全国唯一一个没有达到基本实现气象现代化目标的省份。建议重新审视西藏气象事业发展的功能定位，建立起“提质、增效、减负、革弊、赋能、添力”的发展思路；补足西藏气象现代化的短板与弱项，解决基层反映的突出问题；实施项目、科技、人才、智力的精准援藏；提前谋划好西藏自治区“十四五”气象发展规划。

2019年“不忘初心、牢记使命”主题教育期间，中国气象局发展研究中心调研组于7月23—28日深入西藏气象部门，采取实地调研、查阅文件、座谈交流和个别交流等方式，调研2个市气象局、5个县气象局，听取西藏自治区科技厅、农业农村厅、自然资源厅、交通运输厅等8个部门的意见，同自治区气象局领导、相关单位负责人座谈，就西藏全面推进气象现代化建设开展了深入调研，并作了一些思考与分析。

一、全面推进西藏气象现代化建化具有重大的战略意义

从政治的高度看，很重要。西藏是重要的国家安全屏障、重要的生态安全屏障、重要的战略资源储备基地、重要的高原特色农产品基地、重要的中华民族特色文化保护地、重要的世界旅游目的地、重要

的“西电东送”接续基地、面向南亚开放的重要通道。正如习近平总书记在中央第六次西藏工作座谈会指出的“西藏工作关系党和国家工作大局”。做好西藏工作对维护祖国统一、促进民族团结、反对分裂、巩固党的执政地位和中国特色社会主义制度具有特殊重要的战略作用。

从科学的角度看，很关键。就天气气候而言，青藏高原被称为“世界的第三极”。西藏是青藏高原的主体、我国天气系统上游和策源地，是我国乃至东亚气候系统的关键区，也是全球气候变化敏感区和脆弱区，对我国乃至全球的天气气候变化的影响巨大，具有重要科学研究价值。同时，西藏也是我国天气气候复杂、气象灾害和次生衍生灾害易发、多发、重发区。做好西藏气象工作，不仅是研究和把握全球气候变化规律的迫切需要，也是保障西藏经济社会发展和长治久安的迫切需要。西藏气象工作具有特殊重要性，不但与西藏的稳定与发展紧密相连，也与全球气象发展有着极为密切的关系，直接影响到全国气象事业的发展。

从发展的方位看，很紧迫。西藏气象现代化建设是全国气象现代化建设的重要组成部分，没有西藏的气象现代化，全国气象现代化就不完整。西藏达不到率先基本实现气象现代化的目标，我们说实现《国务院关于加快气象事业发展的若干意见》（国发〔2006〕3号）确定的奋斗目标，也难以服人。按照中国气象局发展研究中心对全国气象现代化水平评估的结果，西藏是全国唯一一个没有达到基本实现气象现代化目标的省份。正是基于上述考虑和基本现实，中国气象局发展研究中心将开展“不忘初心、牢记使命”主题教育调研的地区选在自然条件最艰苦的西藏，针对的问题是全国全面推进气象现代化的最短板也是最难的一块——西藏气象现代化。

在中国气象局党组和西藏自治区党委、政府的正确领导下，在全国各省（自治区、直辖市）气象部门的大力支持下，经过广大气象干部职工的努力，西藏气象现代化建设取得了长足的进步。气象监测预报预警准确率和精细化水平不断提升，气象服务保障能力和服务效益显著提高，气象事业发展环境明显改善，职工工作、生活条件得到较大改善，党的建设和精神文明建设持续加强，西藏气象工作面貌、气象服务面貌、干部职工精神面貌、基层台站现代化面貌都发生了很大变化。尤其是调研过程中，调研组所到的基层台站主动干事创业的风貌出人意料，气象现代化基础建设的成效出人意料，自治区相关厅（委、办）对气象工作的高度评价与深刻认识出人意料。可以说西藏气象现代化从无到有、从落后向先进的跨越和转变，是几代高原气象人砥砺奋进、逐梦前行的壮美篇章，创造了全系统在起点特别低、条件特别苦、难度特别大的情况下，矢志不渝、顽强拼搏、艰苦奋斗推进气象现代化的鲜活典范。

从西藏气象人干事创业的精神状态看，很振奋。一是调研组所到错那、隆子、加查、朗县、米林县气象局，每周组织全体职工一次大扫除，打扫办公院所，并形成惯例。在当下，机关事业单位后勤普遍外包的情况下，这是极为少见的，彰显出艰苦地区整个基层台站的朴素踏实的精神风貌，以及视单位为家、视事业为生命的凝聚力和向心力。二是隆子县气象局建站伊始，就开始认真编写并妥善保存台站日志，期间从未中断，党员活动室设施简易，展示各个时期气象观测预报服务的仪器装备，墙面悬挂县气象局历任领导名录，留住点滴历史再集中展现并持续更新是最好的职工教育。三是朗县气象局作为新成立仅两年的县气象局，5 名干部职工全是党员，虽然在县委、县政府大院内一个 30 多平方米的房间内办公，仍积极开展气象服务，与县保险公司合作开展气象灾情服务，为辣椒种植基地提供气象服务专题预报，干事创业冲劲与动力让人印象深刻。此类例子在调研组所到的台站比比皆是，“行之于小，显之于大”，西藏基层的精神风貌与其使命责任让人为之振奋。

到 2020 年实现全面推进气象现代化的基本目标，一个也不能少，这是全国气象部门必须承担的历史使命。要深刻认识到西藏与全国同步基本实现气象现代化，责任是全国的、影响是全球的、发展是全面的、推进是全方位的，这是全系统不懈奋斗的宏大目标。当前，离2020年的时间节点还有一年多，西藏气象现代化的问题和困难还有很多，发展的障碍与瓶颈也有很多，需要我们锚定目标不放松，突出重点补短板，接续奋斗，精准发力。

二、西藏全面推进气象现代化存在的一些突出问题

（一）西藏气象发展的功能定位问题

什么样的定位决定了什么样的发展方向，也决定了什么样的发展要求。西藏自治区人民政府和中国气象局分别于2012年和2018年签署了省部合作协议，对西藏气象发展进行了全景式的功能定位。但在业务管理与指导过程中，考虑到西藏工作环境艰苦，职能管理部门极易将西藏气象发展的功能定位于传统的基本气象观测，认为西藏只要做好观测就行了，现在观测都自动化了，不需要那么多人了，继而忽视西藏气象服务保障的功能。实际情况是西藏气象的服务保障功能并不亚于基本观测功能，西藏的天气气候预报预测需要也不亚于基本观测需要。产生这一问题的核心在于对西藏气象的发展认识与发展理念上。调研过程中，西藏自治区交通厅的专家结合西藏交通运输网络的气象需要，高度肯定了西藏气象部门的工作，并从交通建设、运输、运营、养护角度对气象服务保障提出了迫切的需求。交通仅仅是一个方面，西藏生态修复环境保护、农牧业和农村牧区发展、能源安全，都有着大量的气象服务需求，都需要投入更大的力量发展专业气象服务。当前，西藏正处在向全面建成小康社会迈进的过程中，西藏经济社会高质量发展对气象服务保障需求愈加旺盛，急切需要气象部门统一对西藏气象发展功能定位的再认识，转变固有思维定式，聚焦到西藏气象全方位发展的思路上来。

（二）西藏全面推进气象现代化的突出问题

党的十八大以来，西藏气象部门积极落实自治区党委、政府和中

国气象局党组的决策部署，全面推进气象现代化建设，取得了突出成绩，气象服务保障能力显著提升，但也存在一些较为突出的问题。

一是气象基础设施建设仍待加强。站点稀少一直是制约西藏气象业务服务能力提升的瓶颈之一。调研发现，西藏地区的人口及城市主要分布在雅鲁藏布江河谷地带，周围多高山阻挡，便于设站的地点有限。此外，西藏的国境线非常长，邻近的边陲小镇地形复杂，配套的交通、通信、电力等基础设施建设与公共服务的提供难度大。这些都决定了西藏建站数量、布站密度、信息化水平等与其他省（自治区、直辖市）有很大差别。目前功能型县气象局的业务服务能力参差不齐，部分基层台站的综合改造仍未完成，农牧业气象基础设施条件较差，无人区观测站网建设、维护、数据传输等方面有不少困难，职工工作、生活条件相对较差，环境依然十分艰苦。

二是气象预报预警业务能力有待提高。从全国角度看，西藏的预报预警业务能力仍比较弱。决定预报预警业务能力的强弱是综合因素影响的结果。西藏气候地理环境差异大、灾害多发频发重发，客观上造成西藏自身的观测站网布局、信息化、人员等诸要素配置具有难以克服的障碍。更为重要的是，全系统适用于青藏高原预报预警的技术方法与成套体系较少，制约西藏气象预报预警能力的提升。

三是气象核心业务科技水平亟待提升。2016 年，西藏自治区气象局成立假拉创新创业工作室，主攻高原天气研究，解决西藏高原灾害性天气预报技术难题。但西藏气象科技水平的创新能力仍然较弱，支撑气象预报预测、公共气象服务等主要业务的关键技术发展滞后，气象预报预测的精细化水平和精准率不高，气象服务的针对性、多样性和科技含量与日益增长的服务需求有较大差距。西藏气象科技创新能力亟待进一步提升，科技人员培训交流需加强，科技成果奖励机制需完善，科技成果转化应用力度需加大。西藏天气气候变化规律研究和预报预测能力提升仅靠西藏自身的力量是远远不够。

三、推进西藏基本实现气象现代化的思考与建议

(一)转变西藏气象事业发展的思路

重新审视西藏气象事业发展的功能定位。要将西藏地区打造成为全球大气科学的研究高地、将西藏气象打造成为西藏地区经济社会发展的安全屏障、将西藏基层气象台站气象业务从以基本观测为主打造成为监测预报预测一体化高质量发展的业务体系、将西藏气象打造成为艰苦条件下全国推进气象现代化的典范，建议在全面推进西藏气象现代化过程中，建立起“提质、增效、减负、革弊、赋能、添力”的发展思路。

一是提质，提升气象预警预报质量。结合西藏气象观测的薄弱环节和关键区域，用最先进的技术、最好的装备优化西藏气象观测网布局；联合高水平的国家级气象科研院所，持续开展高原科学观测试验和科学研究；联合最高水平预报技术单位，开展高原气象核心预报技术攻关。

二是增效，增强西藏智慧气象服务水平和效益。面向西藏地区经济社会发展和趋利避害需求特点，结合现代气象监测预报能力提升和服务手段发展，开展气象服务供给侧结构性改革和开展基于影响的专业化气象服务技术研究。

三是减负，减轻基层台站工作人员的劳动负担。自然条件无法改变，但在减轻基层台站工作人员负担上应当而且能够有所作为。这既包括减轻实际工作负担，也包括减轻心理负担，让西藏艰苦地区基层工作人员可以安心、专心、舒心、顺心地开展气象工作。

四是革弊，革除不适于现代气象业务发展的思想观念与体制机制弊端。改变过去对西藏气象发展的思维定式，考虑西藏的特殊重要性，通过体制机制的改革，建立更加适应艰苦气象台站工作的针对性政策。

五是赋能，赋予基层气象台站开拓创新能力。以现代化气象技术和信息技术赋能，以上级部门技术指导和科研带动赋能，以资源调配

和政策跟进赋能，让基层台站做其应做、能做之事。例如，气象业务观测自动化后，通过资源和职能调配，观测人员也可以配合从事高原需要的气象科学观测和资料分析等更具技术含量的工作。

六是添力，增强基层干部职工干事创业的活力与动力。配置好各种资源，激活基层“小实体”，促进气象事业更好发展。例如，通过文章署名、致谢和联合申请项目等方式，调动基层台站工作人员参与高原科学观测和资料分析研究的积极性，有利于台站人员了解所从事工作的意义，更好地成长。同时也可以考虑建立在藏工作满30年、40年的气象工作者荣誉制度。

（二）补足西藏气象现代化的短板与弱项

中国气象局发展研究中心编制的《西藏自治区气象现代化阶段目标第三方评估报告》已初步理清了西藏气象现代化的短板与弱项，建议从以下几个方面发力：

1. 夯实基础，完善气象观测站网建设

一是着力重点地区、重要气象要素地面观测多覆盖。对接国家与自治区战略安排，完善天气系统发生发展关键区和气候变化敏感区的站网布局，完善偏远地区、边境地区、无人区等气象观测站建设，填补气象观测盲区。争取实现与现有C波段天气雷达组网观测。

二是加强与其他行业部门的合作共享。不断完善生态、交通、国防气象观测站网布点，在自治区国道、省道重要路段建设交通气象观测站，以提高交通气象灾害的应急处理能力。

三是争取气象基础设施建设的多元投入。争取中国气象局、地方财政和援藏单位的经费投入、设备支持和人力支持等，充分用好“三农”气象服务专项和山洪地质灾害防治气象保障工程经费，完善气象基础设施建设。另外，通过省部合作新建的县气象局，其软硬件条件均需通过多种手段加强和提升，从而有效提升西藏县气象局基层服务能力。

2. 集中攻关，提高气象预报预测水平

一是推进以智能网格预报为基础的预报业务。推进建设卫星、雷达、自动站和其他探测资料并重的预报业务体系。利用援藏或局校合作等方式开展推进智能网格短时临近预报业务系统的研发。大力推进智能网格客观化气候监测预测业务，开展西藏本地的客观化气候监测预测系统建设，使用气候信息交互显示与分析平台（CIPAS）系统增强本地气候监测与预测的能力。通过与西南区域气象中心合作，加强资料同化和数据融合技术应用，推进智能网格实况融合分析产品精度。

二是完善模式产品释用和评估工作。联合各方力量，研究复杂地形条件下多模式客观权重集合预报方法，开展要素预报释用技术，卫星反演资料特别是云降水模拟技术的释用。集中力量攻关复杂地势条件下的中尺度模式产品降尺度处理和解释应用效果不理想问题。

三是建立基于多模式的集成预报产品。利用多模式产品对高原不同地区预报的优缺点，积极开展气候预测精细化格点技术研究和月动力延伸预报（DERF）数据应用，对气候预测和气候系统模式的误差及其稳定性进行检验。

3. 创新驱动，提升气象科技创新能力

一是继续推进科技创新体制改革。主动对接国家和地方中长期科技发展规划，深化西藏高原气象科研机构改革，构建布局合理、开放高效、支撑有力、充满活力的气象科技创新运行机制，统筹配置科技资源，充分有效地利用人工智能、大数据等现代信息技术，把有限的资源和力量投入到核心业务服务能力的提升上。

二是加强高原气象基础理论研究和核心技术攻关。着力加强西藏高原天气机理和气候变化基础研究；加强数值预报和多源资料融合技术在气象预报预测业务中的应用研究；加强数值预报产品释用、智能网格精细化预报和强对流短时临近预报技术研究；加强交通旅游等个性化、分众化的气象服务产品制作关键技术研发和智能化推送应用技术研究。

三是加强与相关部门的科技合作。加大与相关科研院所的合作，建立良好的科研协作关系。积极组织参与第二次青藏高原综合科考和第三次青藏高原大气科学试验，继续提升气象科技创新能力，实现西藏高质量和高效益推进气象现代化工作。

（三）解决基层反映的突出问题

对于基层反映的关于人才、投入、政策执行等方面的突出问题，着力从以下几个方面研究解决：

一是积极研究西藏县气象局（站）编制问题。西藏气象工作的定位已经发生变化，应充分考虑基层气象预报服务需求变化，保障基层气象部门人员编制到位。

二是精准制定和实施人才政策。第一，实施精准对口帮扶，压实对口省（市）的责任，针对具体的业务服务能力需要提升的领域，选调一些西藏急需的专业技术人才。第二，帮助、鼓励和带动基层台站人员积极参与各项科学研究、发表论文，提升科研活力，助力个人成长，减轻心理和精神负担。第三，提高培训的针对性，培训机构应专门针对西藏高海拔地区人员，制定相应的培训标准和培训内容，以适应西藏气象人员的实际情况。

三是适当提高台站建设维护经费额度。考虑自然环境、人力资源的特殊性，在自动站建设时应尽量选用好用和耐用的设备，提升装备的稳定性和可靠性，减轻维护成本和人员维护压力。

四是创造条件鼓励落实地方政策。针对西藏干部职工反映的同城不同待遇的突出问题，积极研究落实地方好的政策。

（四）实施精准援藏

转变援藏观念，着眼于全面推进西藏气象现代化建设的实际，实施精准援藏，有效实现“局部”与“全局”、“当前”与“长远”、“输血”与“造血”有机结合。

一是项目援藏。将项目资源向西藏与第三极研究方向倾斜，解决好西藏气象现代化发展过程中的“卡脖子”问题。

二是科技援藏。以实际业务运行人员学懂弄通运用机理，并独当一面为标准，设计科技援藏工作时间，确保“传帮带”真正到位。把援藏工作纳入国家级业务单位的现代化指标体系。

三是人才援藏。适当调整援藏人员队伍结构，突出科技人才支持，增加高层次专业技术人员比例，提高人才援藏的针对性以及工作效率和效益。

四是智力援藏。发挥好中国气象局发展研究中心的智库作用，加大对西藏气象事业发展战略与政策的智力支持。用好远程教育平台，主动推送高原气象的培训专辑，建立课时考评与培训运用双评分奖励制度，选优业务培训内容，鼓励西藏基层工作人员主动培训。将气象系统的项目、科技、人才、智力优势向西藏最为薄弱的环节配置，全部门遴选最好的力量开展对口支援。

（五）提前谋划西藏气象发展

进一步把西藏气象工作纳入全国气象发展大局，加强对西藏气象事业发展规划的指导。

一是推动中国气象局召开西藏气象现代化专题会。认清形势，立足实际，理清西藏自身发展优势，找准制约西藏区、地、县三级气象现代化协调发展的短板。

二是谋划好西藏自治区“十四五”气象发展规划。争取在第七次西藏工作座谈会之前，做好西藏自治区“十四五”气象发展重大问题研究。争取将西藏气象发展的内容写入西藏经济和社会“十四五”规划纲要，争取与自治区发改委联合发布“十四五”规划。

三是做好西藏气象事业发展的政策研究和政策解读。西藏很特殊，西藏气象发展也需要特殊政策。要加强西藏特殊的财政政策、人才政策、技术政策研究，为西藏气象事业发展和现代化建设提供有力、有效的好政策。也要在西藏气象部门广泛宣传党中央支持和帮助西藏经济社会发展和长治久安的一系列方针政策举措，让西藏各族气象干部职工牢固树立“四个意识”，坚定“四个自信”，做到“两个维护”。同时，也要深入解读中国气象局党组关于气象改革发展的政策文件，做好政策沟通的桥梁，使西藏各族气象干部职工在推进西藏气象现代化建设和确保西藏气象事业改革发展稳定上知做、会做、能做。

（来源：《咨询报告》2019 年第 8 期）

报告执笔人：张洪广　吴乃庚　陈鹏飞　林　霖　王　喆

“倒春寒”与资本市场波动的成因、思考与建议

摘　要：自2018年5月初开始，因天气气候原因，我国大宗商品苹果期货的价格和成交量迎来一波飙涨行情，引来大量投机资金，造成我国金融市场波动，引起社会高度关注。监管层连续发布多项举措，以稳定期货市场。本文从天气气候引起苹果期货飙涨的事实出发，研究了农产品与自然灾害及金融风险的相关性，提出了强化重要农产品天气气候灾害风险研判，发挥气象在保障国家经济安全中的重要作用，促进气象与金融的对接和融合，推进气候数据资源产权制度改革等对策建议。

2018年1月5日，在学习贯彻党的十九大精神研讨班开班式上，习近平总书记深刻分析了中国面临的诸多风险挑战，他特别指出要高度重视金融风险和自然灾害风险。5月以来，作为全球首个鲜果商品期货品种、2017年年底才上市的苹果期货一路飙涨，涨势已经达到令人咋舌的地步。看似平常的雨雪降温天气，引发了这场苹果期货市场的火爆行情，剧烈价格波动背后的原因及影响，值得剖析。

一、行情：“小苹果”掀起我国资本市场大风浪

苹果是我国北方地区主要种植水果，对于陕西、甘肃、山西、山东等省农村地区的就业和民生起到很大作用。苹果还是天然的“扶贫果”，其主产区与我国重点扶贫区域高度重合。2017年12月22日，苹果期货作为全球首个鲜果期货品种在郑州商品交易所正式挂牌上市，填补了全球期货市场鲜果类产品的空白，为贫困地区产业企业和果农

提供了定价和避险工具，有利于支持贫困地区优势产业发展、稳定贫困地区果农收入，是资本市场服务实体经济和国家脱贫攻坚战略部署的重要举措。

（一）突然“火爆”起来的苹果期货

自苹果期货2017年年底在郑州商品交易所上市后，走势一直差强人意。然而进入2018年4月，苹果期货却开启了一波波澜壮阔的上涨行情。一是价格突飞猛进，主力合约从4月9日6575元/吨的报价，在之后两个多月的时间，最大涨幅已超过40%。二是成交量从4月初的不足20万手，飙升至5月15日的287.5万手，5月16日更是突破400万手。三是持仓量增长10倍以上，4月初为3万余手，5月15日达到30万手，5月25日高达45.5万手。

以2018年5月15日的30万手持仓量为例，换算成成交额是2528亿元，而A股沪深两市在5月15日的成交额分别只有1629.9亿元和2151.2亿元。5月16日苹果主力合约的成交额再创新高，高达3628亿元，占整个商品期货市场的25.3%，可谓异常火爆，而沪深两市5月16日当天的成交额分别为1746亿元和2273亿元。也就是说，苹果主力合约凭借一己之力，连续两个交易日超过了沪深股票市场的各自成交额。

（二）监管层连下六道金牌灭火降温

苹果期货走出了逆天行情，资金疯狂入场，价格屡屡攀高，金融风险隐患加剧，对此，监管层轮番出手稳市、控制风险。

2018年5月19日，郑州商品交易所发布《关于调整苹果期货相关合约手续费标准的通知》，宣布自5月22日起，苹果期货1807合约、1810合约、1811合约、1812合约、1901合约、1903合约、1905合约日内平今仓交易手续费调整为20元/手。这已是近10个交易日内交易所就苹果期货推出的第4项调控措施。

此前郑州商品交易所分别于2018年5月11日、16日、18日连下3项调控措施和1道风险提示，大幅度提高苹果期货全部合约日内平今仓交易手续费，提高交易保证金标准，旨在抑制市场交易过热，为市场交投热情降温灭火，确保苹果期货稳定运行，避免发生金融风险。

在监管层5道金牌灭火降温下，苹果期货出现了近1个月的横盘修整。但从6月8日起，苹果所有期货合约再次掀起飙涨行情，连创历史新高。为此，郑州商品交易所于6月11日又一次下发调整苹果期货合约交易保证金标准和涨跌停板幅度的通知，将1807合约交易保证金标准从15%调整为25%，期货合约交易保证金标准调整为9%，涨跌停板幅度调整为6%，再次启动了期货交易风险控制的调节措施，严防苹果期货引发金融市场风险。

（三）苹果期货飙涨背后的市场疑问

苹果期货出人意料地成为近期商品期货市场最大的明星，资本市场对苹果的关注可谓空前。风险似乎正在靠近，全社会都在好奇：苹果期货到底还能“红”多久？大涨苹果的天空在哪里？小苹果大疯狂，凭啥秒杀沪市又超深市？苹果期货是否过度炒作？如何冷静呵护苹果期货健康发展，防范可能引发的金融风险？一只看似不起眼的“小苹果”，如何引爆整个投资圈？什么原因导致苹果期货成为近期整个金融市场最火的交易品种？

二、“倒春寒”天气：苹果期货一路飙涨的导火索

资料显示，2017年全球苹果产量约8000万吨，中国4400万吨，占全球苹果产量的50%以上。作为全球最大的苹果生产国，中国足以成为全球苹果定价中心。同时，苹果又是我国产量最大的果品（不含瓜类），在我国水果产业中具有重要地位。而苹果作为农产品，天气气候因素对苹果的产量和价格有很大影响。

（一）“倒春寒”天气是苹果期货大涨的导火索

2018年3月中旬，我国北方地区快速升温，陕西、甘肃、山西、河南苹果花期明显提前，这意味着结果的花蕾提前盛开。4月6—7

日，受较强冷空气影响，我国大部分地区自西向东出现明显的大风降温和降水天气，甘肃、青海、宁夏、陕西、山西、河北北部、北京以及南方大部分地区平均气温下降 6～10 ℃，局地降温幅度超过 10 ℃。伴随着大风降温，华北地区中北部以及吉林、辽宁、陕西北部、甘肃等地出现雨夹雪或小到中雪天气，吉林东部、山西北部、河北西北部等地局地出现中到大雪。紧接着，4 月 11—14 日我国大部分地区自西向东又出现了一轮大风降温和降水天气，东北地区、华北、西北等地出现了大面积的雨雪或雨夹雪天气。

此时，陕西、甘肃、山西等苹果主产区正值果树开花时节，连续两轮大幅度降温、雨雪天气，给正值盛花期的苹果生长带来重大影响。尽管气象部门已提前做出预报、预警，但是由于苹果多是大田作物和露天种植，以绝大部分果农现有的天气灾害防御手段，很难有效抵御“倒春寒”天气对盛花期苹果造成的影响，只能眼睁睁看着产量受损。

突如其来的“倒春寒”天气对于正值盛花期的苹果来说堪称灾难，但是对资本投资市场却意味着一次“机会”，成为引爆苹果期货做多行情的导火索。

（二）因天气原因造成减产预期是苹果期货连续大涨的最大推手

陕西、甘肃、山西、河南的苹果产量占全国产量的一半左右。在遭遇 2018 年 4 月的两场“倒春寒”天气之后，中国苹果网公布数据认为，从对甘肃、陕西、山西、山东、辽宁、河南、河北七省主要苹果产区的坐果情况调研看，预估全国苹果将减产 30%。

减产预期进一步引发了期货市场对苹果坐果率以及优果率的悲观预期。苹果生长周期长，坐果率高低与苹果产量密切相关，花期苹果一旦遭灾，会对当年产量带来不可逆的影响。在遭遇“倒春寒”天气之后，各苹果主产区坐果率普遍降低，部分地区甚至出现绝收、果农放弃果园管理等情况。苹果在我国居民水果消费中占据很大比重，部分消费者的苹果消费需求具有“刚性”。“倒春寒”天气直接导致市场对于符合交割标准的优质苹果产生了强烈减产预期，并迅速推动苹果期货价格大幅度走高，成为苹果期货火爆行情的最大推手，市场做多热情被瞬间点燃，期货价格开始大幅度飙升。

（三）暴涨的苹果期货是农产品天气炒作的又一典型案例

本次暴涨的苹果期货是农产品借天气炒作的又一典型案例，与2010和2018年的棉花、2012年的美国大豆期货走势非常类似，都是因为天气气候原因引发行情波动，进而突破关键市场技术阻力，之后展开了一波凌厉的上涨行情。

农产品是典型的供给价格弹性较大的商品，对生长期的天气气候情况进行炒作，往往会引发商品期货行情的大幅度波动。天气气候炒作的最大特点就是“买预期”，在预期被证伪或者改变之前，市场趋向很难被逆转。对于刚上市不久的苹果期货，非常适合这种操作。由于刚上市，产业的集中度较低，关于苹果基本面的数据还比较匮乏。比如，一些不同生长期内的异常天气对苹果产量的具体影响（可量化的数据）、历史上各个主产区的产量数据和天气气候数据及其相关性、优果率产量及可交割品的实际成本等，都缺少翔实数据支撑。在这种信息不透明、信息不对称情况下，稍有天气气候方面的风吹草动，市场对于苹果产量的预期都可能出现剧烈价格波动。

三、启示与对策建议

“倒春寒”天气引发了苹果期货市场的火爆行情，造成剧烈的价格波动，也导致了潜在的金融风险。这启示我们，在应对自然灾害、化解金融风险的攻坚战中，气象完全可以有所作为。

（一）强化重要农产品天气气候灾害的风险研判、风险评估研究

农作物生长具有季节性，消费者对农产品的需求具有“刚性”。也就是说，无论农产品价格如何大幅度波动，短期内产量也不会产生巨大改变。这不像工业品，价格因素能较快指导实际产量调整。因此，

在部分农产品上曾出现了“蒜你狠”“豆你玩”“姜你军”等价格上涨现象。试想，如果因天气气候事件导致口粮减产，危及生命，理论上价格会无限上涨，这是农产品的典型特征。可见，天气气候事件极易引发农产品价格波动，影响经济发展进程。2018 年 4 月 2 日、4 月 9 日，中国气象局针对两次大风降温降水天气过程，分别以《重大气象信息专报》第 12 期、第 13 期形式向全社会作预警和决策服务，相关地区气象部门也给各地政府提供了决策咨询服务，但是对气象灾害可能引起的农产品受灾预期、对大宗商品期货的风险研判、受灾体的风险评估等明显不足。建议今后加强对重大天气气候灾害的风险研判、风险评估，提高决策气象服务的质量和效益。

（二）气象应在保障国家经济安全中发挥重要作用

习近平总书记多次强调指出，金融风险是当前最突出的重大风险之一。在相对宽松的全球货币环境下，大量投机资金涌入国际商品期货市场，大宗农产品的金融属性不断强化。异常天气、极端气候事件频发，增加了大宗农产品供求关系的不确定性，进一步扩大了市场投机炒作空间。加之媒体的持续关注，使人们对天气气候事件更加敏感，放大了金融市场的波动，增加了金融风险、社会稳定的隐患，影响国家经济社会安全。据《中国经济周刊》《环球财经》等报刊披露，2003、2004 年，美国正是以天气影响、气候干旱为由，先后调低、调高大豆产量数据，操纵大豆商品期货暴涨暴跌，整体“逼仓”我国大豆贸易商，导致我国大豆压榨产业长期被国外大型跨国粮商控制。因此，高度警惕天气气候事件引发的“黑天鹅”“灰犀牛”事件，化解异常天气、极端气候事件等自然灾害的风险及其可能引发的金融风险，抓住战略主动权，需在提高气象预测预报预警能力基础上，加强气象与大宗农产品商品期货的关系研究，拓展专业气象服务领域，提高气象服务水平，为维护国家经济安全做出应有贡献。

（三）促进气象与金融的对接和融合

气象与金融的融合，应是气象服务农业提质增效的新空间，是气象助力精准扶贫的新领域。美国之所以成为农业强国，除了得天独厚的地理条件，与其强大的芝加哥农产品金融交易市场、农业信息化建设密不可分。美国各类农业资讯机构有数万名雇员分布在全球各地，为市场及时收集各地农业和天气气候数据，引导农产品期货价格走势，帮助农民作种植决策，合理分配资源。这为气象与金融的融合提供了很好的借鉴。当前，为进一步服务实体经济、防控市场风险，郑州商品交易所在大力推进棉花、白糖“保险+期货”试点的基础上，提出将适时扩大范围，把苹果纳入“保险+期货”试点范围，加大扶持力度，创新试点模式，充分发挥相关市场主体作用和期货市场优势，助力农业生产经营主体稳收增收。天气气候因素天然是农产品价格波动的助推器。基于此，建议气象部门加强对“保险+期货”试点工作的调查研究，制定出台“天气+保险+期货”“气候+保险+期货”等政策举措，推动天气气候数据与农产品数量、产量、价格数据的融合，保护农民利益，促进气象在助力农业生产经营主体稳收增收、防控市场风险、扶贫攻坚上发挥重要作用。

（四）加强气候数据资源的用途管制、气候数据资源资产产权制度改革

天气气候问题实质是天气气候数据问题，气候资源问题实质是气候数据资源问题。目前，气候数据已经成为气象服务业的重要资产和核心竞争力。为充分发挥气候数据价值，保值增值气候数据资源资产，应建立气候数据资源的用途管制制度，加大气候数据资源的开发利用和监管力度，推进气候数据资源资产的产权制度改革，激发各类市场气象服务主体的活力，有力推动气候数据产业发展，提高气候数据资源开发利用效益。

（来源：《咨询报告》2018 年第 10 期）

报告执笔人：李　栋　辛　源

发展通用航空气象专业化服务正当其时

摘　要： 航空气象服务在全球气象服务中的比重最大、影响最大、收益也最大，而我国在这方面处于劣势。气象服务是通用航空飞行必备的最重要的基础安全保障，日益成为制约我国未来通用航空业发展的瓶颈。民航部门已经着手破解，但目前尚无成熟可行的解决方案出台。本报告研究指出，只有依托气象部门现有业务基础和站网资源，尽快构建全国通用航空气象服务体系，才是唯一途径。同时，气象部门以通用航空气象服务为切入点、着力点和突破口，尽快实施业务结构性升级和流程再造以及行业资源整合，是加快推进实现智慧气象的有力、有效举措。

国务院办公厅2016年5月13日出台了《关于促进通用航空业发展的指导意见》（国办发〔2016〕38号，以下简称《意见》），标志着通用航空作为国家战略性新兴产业，步入快速发展阶段。《意见》提出，到2020年，全国地级以上城市、农业主产区、主要林区和50%以上的5A景区，基本都拥有可用于通航的机场，通用航空飞行器超过5000架，年飞行量200万小时，整个产业经济规模超过1万亿元。同时，国家鼓励和支持通用航空企业依托“一带一路”倡议和自由贸易区政策优势“走出去”，积极开拓国际市场。大势之下，气象部门机遇和挑战并存。

一、我国通用航空气象服务面临难得的发展机遇

随着经济社会发展和科技进步，人类活动向空中拓展成为必然。通用航空是指除了军事、警务、海关缉私飞行和公共航空运输飞行以外的航空活动，广泛应用于工业、农业、林业、渔业、矿业、建筑业和医疗卫生、抢险救灾、气象探测、人工增雨、海洋监测、科学实验、遥感测绘、航拍摄影、教育训练、文化体育、旅游观光等各个领域。通用航空所使用的飞行器包括各类飞机（含无人机和滑翔伞翼）和气球飞艇（含无人驾驶和地面系留）等，其中，以各类固定翼小型飞机和直升机为主，主要涉及3000米乃至1000米以下低空空域。与民航运输相比，通用航空的飞行器功能配置简易、抵御危险气流的能力较差，加之经常在没有地面保障的临时场地起降，飞行高度低、易受复杂气流和地形影响，飞行路线短、时间随机、有时需要在恶劣天气下飞行等原因，通用航空飞行对气象服务的依赖度很高。

（一）我国通用航空发展道路曲折，通用航空气象服务尚处探索阶段

通用航空是国家实力和空间能力的象征，发达国家和发展势头良好的发展中国家一般都放宽低空管制，其通用航空业非常兴盛。我国通用航空几乎与欧美发达国家同时起步，但由于低空管制和市场意识等原因，与国外通用航空和国内民航运输业相比，通用航空产业发展速度和规模明显滞后。2015年年底，我国通用机场300个，通航企业281家，在册通航飞行器1874架，年飞行量73.2万小时，与发达国家相比，规模和质量都有较大差距。

近年来，通用航空发展势头加快，我国低空领域已经放宽到3000米，但通用航空气象服务却一直十分薄弱，成为制约未来通用航空产业发展的瓶颈问题之一。我国通用航空气象服务一般由民航场站气象机构提供，主要是场站空域的气象信息，场站空域外的航线服务则难以保障。通用机场和通航企业没有气象设施和信息链路，飞行器缺少

气象信息接收终端和通信手段，气象信息内容、频次和精准度无法满足需要等情况非常普遍。气象部门发展通用航空气象服务具有一定基础。自1958年开始，气象部门一直开展飞机增雨作业，长期为最恶劣天气条件下飞行提供全程气象服务，积累了丰富的经验。目前，气象部门已经形成了集飞行全程气象保障、飞机定位监控、空地实时通信等功能为一体的现代化业务系统，气象信息内容丰富、频次和精准度高、传输便捷快速。

（二）美国通用航空十分发达，通用航空气象服务模式值得借鉴

美国幅员辽阔，经济社会发展水平高，通用航空十分发达，通用航空飞行器数量占全世界的2/3，达25万架，有通用机场1.8万个，通用航空企业1.5万家，飞行员76万人，年飞行量2800万小时。美国通用航空气象服务通过联邦航空局设置的180个飞行服务站（FSS）和58个自动飞行服务站（AFSS）提供，直接面向飞行人员。除了天气讲解，还提供飞行申请服务，用户可以到现场咨询，也可通过免费电话和网络获得服务，还可空地通信实时进行咨询。与我国不同，美国航空局提供的这种气象服务与国家气象系统是密切关联的。首先，美国航线服务是由航空气象中心（AWC）提供的，AWC是国家环境预报中心（NCEP）的9个中心之一，NCEP隶属国家气象局（NWS），NWS是国家海洋和大气管理局（NOAA）的6个部门之一。其次，美国机场空域气象服务是航管中心气象组（CWSU）和AWC、天气预报所（WFO）协调提供的，而CWSU虽然是航空局高空管制中心内的气象组，但与WFO同属国家气象局的第三类地方气象分局，国家气象局通过6个区域气象总部对地方分局进行管辖，并通过NCEP的9个中心和两个海啸中心等全国性支援中心为地方分局提供支援。第三，美国航空局的航空气象信息是CWSU为其提供的。由此可见，美国通过FSS和AFSS将以气象服务为核心的通航服务集中实现，但前提是依托NWS的业务基础和站网资源，并非像我国一样将气象业务条块分割。

（三）我国通用航空气象服务发展的现实问题不容忽视，未来发展任务艰巨

我国通用航空气象服务的薄弱之处在于：一是民航气象技术水平提升滞后于国家气象现代化进程，所能提供的气象服务有限；二是民航场站密度难以满足低空气流的小尺度特征要求；三是通航气象保障和限飞条件仍属于原则要求，缺乏实际指标和具体标准。另外，对气象部门而言，即使像美国那样理顺了体制机制，单从现有业务技术结构和运行流程看，仍无法满足对全国性通用航空气象服务体系的支撑保障。主要有三方面原因：一是观测内容和信息解析存在缺失，难以实现对小尺度低空大气流场状态的诠释和预测，甚至对大、中尺度的航空危险天气识别、预报也存在明显不足；二是数值预报信息的应用不足，缺乏制作通用航空气象服务产品的指标和方法；三是现有业务流程难以满足实时连续提供通用航空所需气象信息的要求。

二、加快构建我国通用航空气象服务体系的重要意义

加快构建我国通用航空气象服务体系是国家发展通用航空新型战略产业的需要，也是气象部门稳步改革和加快实现以智慧气象为特征的现代化的需要。

（一）通用航空气象服务是促进通用航空业发展的重要基础条件

目前，制约我国通用航空产业发展的主要因素是航空管制放开和安全监管问题，这两方面都与气象有关，核心是安全。由于对安全的顾虑，限制了管制放开的步伐，管制放不开限制了资本投入和市场发育，从而限制了基础设施建设和人力资源的培养，并限制了技术进步和产业链的延伸。影响通用航空安全的因素很多，包括航空器、场站设施保障、维修维护、空中交通管控、驾驶技术和经验、通信监控以及气象服务能力等。其中多数因素可以通过管理和现有技术解决，唯有气象服务仍受管理和技术体制机制限制，成为制约通航产业发展的主要瓶颈。

（二）通用航空气象服务可带动相关科技研发和成果转化

按照《意见》的相关要求，气象部门可联合民航部门，在现有人工影响天气业务系统基础上组织力量，把播报、通信、导航、监视等系列功能集成为标准化机载模块装备，把呼叫应答、航行服务等集成为业务系统，把类似美国 AFSS 的自动答讯开发成定型设备（如“12121”、短信和手机客户端），为业务部署、布局、运行等提供支撑。

（三）通用航空气象服务可带动相关产业借助“一带一路”走出国门

气象部门可以组织引导社会力量研发通航气象信息服务、导航、监控、通信等一体化设备，经完善，时机成熟可随我国自主生产的通用航空飞行器或者作为独立标准机载设备，借助“一带一路”走向国际市场。同时，经完善定型的我国通用航空气象服务模式、气象科技成果、气象相关监测设施设备以及系列标准、方法、规范等，都可以借助“一带一路”走出国门。

（四）通用航空气象服务可促进气象“大数据”信息潜力的挖掘

一方面，通用航空气象服务对气象业务、科技提出新的要求，促使气象部门投入更大精力挖掘现有观测数据和数值模式输出数据的信息潜力。特别是在大、中尺度天气基础上，提高对小尺度气流、气团的识别、判断和跟踪、预测能力。另一方面，需求牵引之下，更加明确未来气象观测方面需要填补哪些空白。同时，通过开展通用航空气象服务，可使现有气象台站功能进一步强化，站网资源优势更加突出，为今后气象部门改革创造有利条件。

（五）通用航空气象服务可全面提升气象社会化管理

我国的空中管制是由军方逐步让渡的，低空放开实际就是由军方将空管权限逐步授权给民航部门。气象部门参与通用航空管制，具有一定的法律依据。早在 2003 年，中央军委和国务院联合出台的《通用航空飞行管制条例》，就已经把升空气球的管理权赋予了气象部门。如果未来能够建立起通用航空专业化气象服务体系，实际上等于气象部门的管理范畴和管理内容又得到进一步的拓展和丰富。气象部门组织社会力量从事定向研究的过程，既是气象主管机构对社会科技力量的引导和整合，也是对相关产业和资源的引导和整合，都能够体现气象行业管理的创新和实践，这些都是在为气象部门今后改革的职能定位创造条件。当然，气象部门在推进通用航空气象服务体系建设过程中，通过强化气象行业管理，整体接收民航气象，也是可能和合理的。

三、采取积极有效措施，大力发展通用航空气象服务

通用航空气象服务不同于一般的专业气象服务，是一项统一布局的基本业务，是气象业务体制改革、创新的重要突破口，涉及部门内外的资源整合，技术挑战大、政策协调难，要实现预期目标，应采取有效策略和有力措施。

（一）定位为先

近年来，民航部门不断探索研究通用航空气象服务模式，各类方案几乎都是在民航气象机构及其业务设施基础上进行的扩建升级，甚至要求新建通航机场都建设气象设施和机构，而把国家气象部门只作为共享数据的提供者，即“民航+气象”的模式。这种由民航系统重构一套气象业务的构想，从资金、技术、人才以及国家气象现代化主流方向上考虑都不可取。每个通用航空机场都建气象观测站和气象台，更不现实。因此，我国未来通用航空气象服务只能通过行业间资源整合、优势互补的方式实现，即“气象+民航”的模式。一是气象部门先从职能上获得授权开展这项业务。二是将民航气象机构和职能划归国家气象主管机构管理，或借鉴美国 CWSU 方式，民航与气象建立紧密的气象业务关联和信息链接。三是气象与民航联合建立通用航空服务站（运行可委托当地气象部门）。

（二）技术先行

气象部门宜尽快组织部门内外科技力量，在国家人工增雨现有业

务系统基础上，从技术路线、技术方法、系统装备和业务流程等方面进行定型，建立相应的标准和规程，研发类似 AFSS 的自动答询设备，取得准用许可，为早日在全国气象台站推行通用航空气象服务这项新业务做好必要的技术储备。同时按照大气层结全面解析的思路，整体规划、顶层设计，补充完善基础功能，实现我国气象业务能力的跨越式提升。

（三）政策跟进

气象部门宜及早责成专门机构、组织专人，对《意见》等相关政策进行研究和梳理，找到切入点，争取在国家层面、部门之间获得足够的政策认同，建立话语权和有效的参与机制，融入《意见》执行体系，并且争取在气象部门“三定”职能范畴内得到体现。

（四）多措并举

一是气象与民航部门以国家名义合作编制《国家通用航空气象服务体系建设发展规划》，联合发布实施。二是组织气象全行业资源开展大气层结全面解析的科研和全国各典型区域低空垂直探测为主的大气探测试验。三是利用创新基地和众创平台等，引导社会力量参与设备研发、制造和系统开发，形成通用航空气象服务的延伸产业，努力提升国际竞争力。四是有关科技成果优先试用于飞机人工增雨业务。五是选择适宜地点，气象与民航部门联合开展通用航空气象服务试点，边总结、边培训、边推广。

（来源：《咨询报告》2017 年第 9 期）

报告执笔人：施　舍　林　霖

第三部分 智慧气象

信息化是当今世界经济社会发展的大趋势，是推动经济社会变革的重要力量。气象信息化在全球信息化大背景下发展，信息技术全面渗透深刻影响着气象事业发展理念、发展方式、业务结构、服务模式和气象管理工作方式，气象发展必须适应信息化时代的特征。因此，《全国气象发展“十三五”规划》明确提出构建智慧气象和实施“互联网+”气象战略。近年来，我国以智能观测、智能预报、智慧服务和智能运控构成的智慧气象取得了重大发展，极大地提高了现代气象业务服务能力和效益。本部分对涉及智慧气象、气象大数据、“互联网气象+”战略、区块链技术应用、气象部门应用人工智能、新一代信息技术对气象事业发展的影响、气象信息数据资源整合、国家气象数据中心建设和基于5G发展影响等研究基础上形成的咨询报告，进行了汇集。

实施智慧气象战略的思考与建议

摘　要：在云计算、大数据、物联网、移动互联、智能技术的推动下，信息化已经发展到“智慧”时代。国内外各行业、各部门纷纷结合“智慧”主题制定新的发展战略。智慧气象是基于互联网、物联网、云计算、大数据等新的信息技术广泛和深入应用，使气象系统成为一个具备自我感知能力、判断能力、分析能力、选择能力、行动能力、自适应能力的系统，气象业务、服务、管理活动全过程充满智慧，真正落实“公共气象、安全气象、资源气象”发展理念，实现气象在促进经济社会发展、保障国家安全和可持续发展中效益最大化。智慧气象是全面推进更高水平气象现代化的具体体现，将智慧气象确定为发展目标和发展理念条件已成熟，针对智慧气象战略的实施提出三方面建议。

自20世纪中叶以来，信息技术革命给人类生产生活带来了前所未有的改变。迄今，这股信息技术革命浪潮未见弱化迹象，反而更显现出生机勃勃的活力，推动人类社会向“智能化”阶段迈进，开启了“智慧”新时代。各行各业纷纷围绕“智慧”主题谋划战略发展方向。在这一背景下，将智慧气象作为一种发展理念和目标推动未来中长期内气象事业发展，具有紧迫而现实的重要意义。

一、为什么要实施智慧气象的发展战略

（一）“智慧”是信息化的未来阶段

“智慧”，指包含感知、知识、记忆、理解、联想、情感、辨别、

判断、逻辑、计算、分析、决策等多种能力在内的高级综合能力。不同时期的信息技术有不同侧重点，当前信息化已经发展到以可感知系统、物联网、云计算、大数据等为代表的阶段。这些技术的融合与广泛应用，将实现人与人、人与物、物与物之间的互联互通，实现对现实世界到虚拟世界的全面感知，即实现“智慧”技术。信息技术还在快速发展，实现智慧气象现在以及未来并不缺乏技术支撑，缺乏的是理念和思路。

（二）“智慧”是社会发展的未来形态

物质、能量、信息三种资源共同构成世界赖以存在和发展的基础。“智慧”技术为“信息资源”的高级表现形式，预示着人类文明由“体力时代”向“物力时代”、再向“智力时代”进化升级的大趋势。树立智慧气象的发展理念以及确立智慧气象的发展目标，既能够促进气象发展跟上时代的潮流，也能够为我国气象赶上发达国家以及在未来五年确立我国在国际气象竞争中的新优势提供可能。毕竟在此方面大家还都处于同一起跑线上，而且我国政府对于推进信息化战略和实施“互联网+”行动计划十分坚定。

（三）智慧气象是顺应社会潮流的必然选择

“智慧”作为信息化未来形态，国内外已广泛围绕“智慧”大做文章，气象事业发展必须适应这股潮流。2008 年 11 月，国际商业机器公司（IBM）在全球首次提出智慧地球概念；德国“工业 4.0”主打智能制造战略，将智能工厂、智能生产、智能物流作为三大主题来提升和确保德国制造的全球竞争力。国内，各类“智慧”战略层出不穷：智慧城市理念已被广泛接受，《国家新型城镇化规划（2014—2020 年）》中明确提出“推进智慧城市建设”，国家发改委也下发了《关于印发促进智慧城市健康发展的指导意见的通知》（发改高技〔2014〕1770 号）；国务院于 2015 年 5 月 8 日公布的《中国制造 2025》将数字化、网络化、智能化作为我国制造业发展战略的基本方针；相关部委也纷纷提出了智慧交通、智慧旅游、智慧海洋、智慧林业等发展战略，将“智慧”主题作为推动改革发展、推进转型升级、提升部门实力的重要抓手（表1）。2015年，第七轮中美战略与经济对话框架下，战略对话也明确提出气候智慧型/低碳城市倡议。由此看来，智慧气象既不是孤立的，也不是概念化的或者说是无所作为的。

表1 相关部委（局）“智慧”战略一览

部委（局）	“智慧”战略	主要战略目标（措施）
国家旅游局	智慧旅游战略	将2014年定为“智慧旅游年”，推动电子科技与旅游资源有效融合，推进旅游转型跨越式发展
交通部	《交通运输行业智能交通发展战略（2012—2020年）》	到2020年基本形成适应现代交通运输业发展要求的智能交通体系，为21世纪中叶实现交通运输现代化打下坚实基础
国家海洋局	智慧海洋工程	通过加快建设以信息为主导的智慧海洋工程，全面提升经略海洋的能力，推动21世纪海上丝绸之路和海洋强国建设
国家林业局	《中国智慧林业发展指导意见》	打造智慧林业，建设生态文明的发展思路，明确到2020年智慧林业框架基本建成
……	……	

（四）智慧气象已有很好的实践案例

发展智慧气象，是云计算、大数据、物联网、移动互联、智能化为代表的信息化技术与气象工作相结合的产物，体现了气象现代科技的基本特征，是全面推进气象现代化的体现。发展智慧气象，目的是打造更加智能、高效、精准的现代气象业务体系，提供更加及时、普惠、智能的气象服务。各级党委、政府高度重视智慧城市工作，许多地方将智慧气象作为智慧城市的重要组成部分，纳入相关专项规划或计划。在此背景下，一些基层气象部门根据当地社会需求，也出台了各种智慧气象实施方案，并在某些领域取得了一定成效，受到地方党委、政府的充分认可（如上海、广东深圳、浙江宁波、山东青岛、广东佛山等)。此外，近年来社会上的智能气象服务也发展迅速，社会化气象数据采集蓬勃发展（如海尔“空气盒子”、墨迹“空气果”等），智能气象产业初见端倪，将为气象改革发展带来新机遇和新途径。以智慧气象为指针培育社会化气象服务、打造智慧气象产业，为社会经济发展创造新的经济增长点，是新时期气象事业从点到面、从内到外全面发展的战略机遇。由此也能够扩大气象的经济社会发展影响力，提升气象的国际国内地位。

二、什么是智慧气象

“智慧”的概念来源于人，是指人对事物的正确判断的能力。智慧的标志是在选择手段和目标的过程中其判断力的圆满性，以及其在实践事务方面的圆满感。智慧是人在生存中形成的正确观念、丰富知识、卓越能力和优良品质，是人的灵性的集中体现，是理智的优化和最佳状态。

智慧城市目前通行的定义是利用智能传感设备将城市公共设施物联成网，并与互联网系统完全对接融合，政府、企业、个人在此基础设施之上进行工作和生活创新应用，城市的各个关键系统和参与者进行和谐高效的协作，进化出新的城市形态。

对于智慧气象的定义，应该结合“智慧”以及气象工作的功能和目标来阐述。气象工作的功能和目标应该是按照“公共气象、安全气象、资源气象”发展理念，全面提升气象事业对经济社会发展、国家安全和可持续发展保障与支撑能力，为全面建成小康社会提供一流的气象服务。所以，智慧气象是基于互联网、物联网、云计算、大数据等新的信息技术广泛和深入应用，使气象系统成为一个具备自我感知能力、判断能力、分析能力、选择能力、行动能力、自适应能力的系统，气象业务、服务、管理活动全过程充满智慧，真正落实“公共气象、安全气象、资源气象”发展理念，实现气象在促进经济社会发展、保障国家安全和可持续发展中效益最大化。

与传统的气象信息化相比，智慧气象至少在四个方面发生根本的变革：一是更透彻的感知，也就是目前气象综合观测系统通过物联网技术能够实现地球各圈层环境、系统本身以及用户需求等全面感知。二是更全面的互联互通，也就是实现与气象活动有关的人与物、人与人、物与物等之间以及气象工作各个环节之间全面的互联互通。三是更先进的智能应用，也就是将气象数据、行业数据、社会数据等通过运用大数据、云计算等技术，让气象业务、服务、管理活动达到智能化、科学化、人性化等智慧状态，为决策者、社会公众和专业人员提供更便捷、更精准、更有效、更及时的气象服务。四是可持续的创新，包括科技创新、制度创新、管理创新、产业创新等。智慧气象体现了协同、集约、智能化、精准、开放等内在要求，最终目的是实现决策部门科学管理，整合优化现有资源，提供更好的公共气象服务，以及为社会广泛参与并获得优质气象服务提供产品、技术和制度。2015 年 5 月上旬，中国气象局党组召开中心组学习会，提出推动气象信息化要实现“互联互通、信息共享、集约高效、协同创新、高效管理、普惠服务”的目标，深刻描绘了智慧气象应实现的目标。

——*互联互通*：通过“互联网+”的“云+网+端”，实现与气象活动（业务、服务、管理等）相关的人与人、人与物、物与物之间的互联互通，实现对气象工作现实世界到虚拟世界的完全映射和全面感知。改变目前气象应用系统和信息在跨部门、跨机构之间存在割裂、流转不畅的局面，实现观测预报服务贯通、各机构协同、跨部门联动。

——*信息共享*：在实现互联互通的基础上，能够从各种终端持续不断获取全面感知数据，通过对各类数据和信息“融合贯通”以及数值模式、大数据技术等应用，实现数据和信息的集中、整合、共享、挖掘应用，真正使数据和信息资源成为提高气象预报预测精准化程度、气象服务针对性、气象管理科学化的重要生产要素。

——*集约高效*：改革气象业务服务体制机制，推动观测、预报、服务业务横向一体化集成和国家、省、市、县业务布局纵向垂直整合，实现气象信息流、业务流、管理流的高效顺畅，实现全流程、自动化的气象业务服务管理链条。

——协同创新：建立面向世界、部门内外的气象科技协同创新平台，建立协同创新机制，吸引全社会资源参与到气象观测、预报预测、模式和软件研发等气象科技创新活动中，提升气象科技创新能力。

——高效管理：通过充分利用数据挖掘和分析工具，智能分析海量的结构化和非结构化数据，实现对气象业务服务、防灾减灾、行政事务、社会管理、资源配置等科学管理、精准管理，大幅度提高管理的效能。

——普惠服务：建立气象服务交互平台，打破信息不对称，消除服务与用户的距离，让用户直接表达需求，参与服务产品的设计，直接根据用户的需求定制个性化的气象服务产品，为人们保护生命财产安全、指导生产生活等提供个性化的气象服务。

总之，智慧气象是运用新的信息技术手段和信息管理理念，通过资源集约、系统智能化、流程优化以及平台的综合化、软件的构件化、运维的统一化等途径，将气象部门打造成一个完整的、内在联系的“感知系统”，进而使气象工作达到观测弹性化、预报精准化、服务敏捷化、创新便捷化等目的。

智慧气象内涵、特征的解读还处在初步构想阶段，在未来发展过程中还会面临一些大的挑战，如信息共享和业务协同程度不高、新技术应用能力不足、感知体系不完善、数字鸿沟悬殊等，这些问题和挑战需要在智慧气象的实践过程中进行总结和深入研究。

三、怎样推进智慧气象战略

（一）明确将智慧气象作为新时期我国气象事业的发展战略

进入 21 世纪以来，气象部门在总结过去发展经验的基础上，结合行业特点和职能提出了“公共气象、资源气象、安全气象”发展理念，指明了气象事业发展方向，确定了气象的基本功能和作用，但是信息化迅猛发展的时代，需要思考采取什么样的发展路径和理念顺应社会潮流来推动气象事业又好又快地发展。许多部门与行业都十分善于结合社会潮流及时进行战略升级，例如林业部门已将数年前的数字林业战略升级为智慧林业战略，紧密结合时代特征。因此，建议将智慧气象作为新时期我国气象事业发展战略手段来落实“公共气象、安全气象、资源气象”的发展理念，更好体现时代特征和科技进步。通过智慧气象来全面推进气象现代化，让“智慧”贯穿于气象业务现代化、气象服务社会化、气象工作法治化的各个环节，真正让气象业务、服务、管理体现“智慧”特征，为新时期气象发展赋予新的内涵，为气象现代化确立更高的目标要求，使“智慧”真正成为气象的品质。

（二）按照智慧气象的战略要求尽快着手开展下一代气象信息化顶层设计，把“智慧”注入气象业务、服务、管理等各个方面

信息化是全面推进气象现代化的内在要求，智慧气象应当成为未来气象信息化建设的指导思想和工作方向，纳入全面推进气象现代化建设任务。目前，中国气象局层面尚未有智慧气象方面的权威界定，各地气象部门为配合地方相关智慧城市提出的智慧气象谋划目标不一致、标准不统一、定位各有侧重，有的侧重于精细化预报业务、有的侧重于移动智能服务、有的侧重于防灾减灾、有的侧重于重大活动气象保障，智慧气象的顶层设计和整体规划亟待加强。在“智慧”战略层面上，气象部门已经比其他部门及地方政府规划落后一步，因此必须尽快组织力量，加快推进智慧气象顶层设计，尽早出台指导意见，并作为全面推进气象现代化重要建设任务。

（三）促进智慧气象与智慧城市以及智慧交通、智慧农业等相融合，充分展现智慧气象的广阔前景和无限价值

国家明确提出推进智慧城市建设，相关部委也提出了智慧旅游、智能交通等发展思路和战略。气象与国民经济各行各业以及人们生活均关系非常密切，正如汪洋副总理把气象比喻成“盐”的作用一样，但气象必须融入经济社会才能真正发挥其保障作用，体现其价值。要推动智慧气象融入国家智慧城市、智能交通、智慧旅游等方方面面，指导人们生产生活，促进经济社会发展，只有这样才能让各行各业真正离不开气象这把“盐”，让“1+1”的效果远大于“2”。由于天气气候及其影响无所不在，可以预见，没有智慧气象的融入，任何一种“智慧”都将缺色少味。传统气象将很难完成这一历史使命，我们应该主动有所作为，将智慧气象融入其他“智慧”项目建设中。完全可以期待智慧气象大放异彩，为其他一切“智慧”增色、增味、增值。

（来源：《咨询报告》2015 年第 4 期）

报告执笔人：张洪广　沈文海　胡爱军　辛　源　魏文华　杨诗芳

智慧气象理念的内涵与特征再认识

摘　要：2015 年全国气象局长工作研讨会提出了智慧气象的内涵、特征及其在气象现代化和改革发展中的地位与作用。为此，中国气象局发展研究中心在《实施智慧气象战略的思考与建议》（本部分第一篇）的基础上，借鉴目前智慧城市、智慧旅游、智慧林业、智慧交通等领域新的研究成果，结合气象信息化发展的自身特点，进一步凝练出智慧气象的内涵，即智能的信息获取、精准的气象预报、开放的气象服务、高效的科学管理、深度的产业融合、持续的科技创新，具有无处不在、充分共享、高度协同、全面融合、安全可控五个主要特征，为推进智慧气象健康可持续发展提供基础理论支持。

当今，信息化发展已经历三个阶段，即从数字化到网络化再到智慧化。对此，我国政府给予了高度重视，在国务院文件中提出了发展智慧城市、智慧旅游、智慧环保、智慧物流、智慧医疗、智慧能源、智慧国土等若干政策措施。此外，多个政府部门还从自身发展需求出发，提出了智慧林业、智慧农业、智慧交通、智慧水利等若干行业的智慧化发展战略或开展了相关研究。发展智慧气象，既是形势使然，也是气象事业发展的必然。深入研究并明确智慧气象的内涵与特征，有助于统一思想，形成共识，促进智慧气象的发展。

一、智慧气象的内涵

智慧气象应包括：智能的信息获取、精准的气象预报、开放的气象服务、高效的科学管理、深度的产业融合、持续的科技创新 6 方面主要内涵。首先，智慧气象离不开气象“主业”，智慧业务、智慧服务和智慧管理是其 3 个主要方面，并可分为智能的信息获取、精准的气象预报、开放的气象服务和精细的科学管理 4 项内容。其次，智慧气象不应局限于气象“主业”，只有与农业、工业、交通、能源等其他产业融合，与智慧城市、智慧政府等协同发展，才能实现智慧气象并体现其价值，因此深度的产业融合也是智慧气象的必要内容。此外，智慧气象不是一成不变的，而是一个持续发展的过程，要以科技创新为动力，因此持续的科技创新也是其重要内容之一。

（一）智能的信息获取

智能的信息获取是对现有综合观测业务的延伸。

一是信息获取的目的更加多样。不仅要具有感知自然界气象要素的能力，还要具备感知社会对气象服务新需求，以及气象业务系统自身实际状态的能力。

二是信息获取的内容更加广泛。既包括比现在更加丰富的气象要素、运行状态信息，还包括国民经济数据、地理环境数据、其他产业数据、社交媒体信息等。

三是信息获取的方式更加灵活。除了通过综合气象观测设备采集和部门共享数据外，物联网、移动互联网和大数据分析等也将成为信息的重要来源。

四是系统运作更加智能。要实现业务灵活组织（如自动按需调整自动观测或互联网数据收集的内容、频次等），并可以在一定程度上实现有用信息的自我发现（如通过数据挖掘自动识别出公共服务新需求）。

五是数据质量更有保障。传感器、物联网、数据关联分析等领域的技术进步和应用，将在减轻工作人员劳动强度的同时，实现数据质量的不断提高。

（二）精准的气象预报

一是预报内容更加丰富。既包括气象预报（包含气象要素的预报、气象灾害的预报、基于影响的预报等多个层次），又包括用户潜在服务需求预报、业务服务潜在风险和影响预报等。

二是预报质量更加精准。精细化包括时空分辨率、气象预报的更新频次的提升等，准确则是指上述气象预报在时效、趋势、范围和量级等方面都能做到更加准确。

三是预报技术更加先进。将云计算技术、大数据处理技术、数据挖掘技术、可视化技术等信息技术与传统气象预报技术相结合，既可以增强数据处理能力，又有可能催生新的科技理论和预报方法。

四是预报结果展示更加生动。能够将现实与虚拟实景相结合，以任意视角、任意切割方式、任意的视觉映射方式交互地展示预报结果。

（三）开放的气象服务

更开放的服务理念——深化合作、扩大开放、共享资源、共同发力，实施更加积极主动的开放战略。

更开放的服务市场——打破垄断，服务市场机制更加完善，并逐步形成“大众创业、万众创新”的新局面。

更开放的监督管理——中国气象局作为行业主管机构，负责引导气象服务市场健康发展，对气象服务市场的监管信息和监管程序也更加公开、透明。

更普惠化的公众服务——实现基本公共气象服务均等化，更加敏捷地响应社会需求，让人人都能享受到个性化、专业化的气象服务，并在生产生活中获得巨大价值和最佳体验。

（四）高效的科学管理

智慧气象强调协同发展、资源共享、深度互联，必定会冲击传统的管理思维方式。

一是变革管理理念。党的十八届三中全会首次在党的重要文献中提出了“政府治理”的概念，强调原来政府控制和管理的观念必须让位于规范、调控和服务的观念，政府管理由“自上而下”发号施令转变为政府、社会、市场、公民个人之间的合作与良性互动，建立新型的伙伴关系。

二是提高管理效能。重视数据的分析和使用，综合处理业务、服务、行政、财务等各类数据，为气象内部事务、社会事务、行政审批、事中事后监管等精准管理提供决策支撑，提高管理的针对性和有效性。

三是提高管理效率。通过信息化手段，减少人工处理环节，缩短处理流程，降低管理成本，在提高被管理者满意度的同时减轻管理者工作强度，使管理更加公平、公正、公开。

（五）深度的产业融合

产业融合可分为产业渗透、产业交叉和产业重组三类。对于智慧气象而言，产业渗透就是气象深度渗透融入智慧农业、智慧林业、智慧水利、智慧交通、智能家居、智能建筑、智慧城市等其他产业中；产业交叉是指气象与其他产业间功能的互补和延伸实现产业融合，如气象传感器的研发生产，将不再由传统气象观测设备厂商垄断，手机芯片厂商、智能家居厂商等也会加入其中，反之亦然；产业重组是指发生于气象和与气象具有紧密联系的产业之间，信息技术企业、气象服务企业、媒体服务企业、电子商务企业、清洁能源企业、交通运输企业等兼并重组，实现数据资源的整合，发挥更大效益。

（六）持续的科技创新

通过改善创新环境，实现以用户创新、开放创新、大众创新、协同创新为特征的以人为本可持续创新，创造并最大限度地发挥气象信息的价值，推动智慧气象可持续发展。为促进持续的科技创新，需要通过改善项目管理、加强成果转化，优化创新机制；通过共享气象数据资源、搭建开放的创新平台，改善创新环境，支撑万众创新；通过知识产权保护、市场公平竞争、收益合理分配，激发创新活力；通过创新成果智能发现、自由转让、有序转化，降低创新成本、提高创新效率。

二、智慧气象的特征

根据技术基础和内在要求，智慧气象具有无处不在、充分共享、高度协同、全面融合、安全可控5个特征。

无处不在是指实现与天气气候有关的人与人、人与物、物与物等之间的连接，气象感知无处不在，气象服务无处不在。充分共享是指在互联互通的基础上，在平台的支撑下，各类气象信息基础设施、数据信息资源、技术资源、研发成果都能充分共享。高度协同是指气象各业务之间，气象业务与科技之间，气象业务、服务、管理活动之间，气象系统与各行各业的经济社会系统之间能够和谐高效地协作，达到无缝连接、协同发展。全面融合是指智慧气象融入国民经济的各个领域和人们的衣食住行之中，促进气象数据的挖掘与应用，基于气象的影响来做出生产生活的正确决策，以“互联网气象+”改进决策、改进生产、改善生活、改造传统产业，使消费者在生产生活中深刻地体会到时时处处“离不开”气象。安全可控是指信息基础设施、气象数据信息资源、业务应用系统安全可靠，对新技术新应用应做到“先审后用、能控则放、用中管控、安全审计”，不断提高对风险隐患的智能分析与发现能力，趋利避害，把安全风险控制在可控范围内。

三、智慧气象与当前气象信息化的对比

智慧化是信息化发展的最新阶段。因此，现阶段的气象信息化建设可以被视为是发展智慧气象的前期准备，而智慧气象则是建立在现阶段气象信息化基础上的一种新状态、新阶段。与现阶段气象信息化建设相比，智慧气象阶段在主要目标、行为主体、关键技术、资源调度方式、创新模式等方面将有所改变。

在主要目标上，现阶段气象信息化侧重于用信息化手段提高工作

效率和质量；而智慧气象阶段则更加强调要深入挖掘和发挥气象信息蕴含的经济价值、社会价值。在行为主体上，现阶段气象信息化建设以气象部门为主体（也适度引入社会资源），气象部门内部又以国、省两级为主；智慧气象的建设主体则是社会各界力量，气象部门起引导和支撑作用，而在气象部门内部，省、市气象部门的作用将会更为突出，国家级气象业务单位的作用将由“主导”变为“引导”。在关键技术上，智慧气象涉及面更广，除现阶段信息技术、气象专业技术外，还包括大量与导航定位、人工智能、工业控制、微电子等有关的自然科学及社会科学领域的技术。在资源调度方式上，智慧气象将更加灵活、快捷，减少人工参与，由现阶段以静态、预分配为主的方式，向动态、智能、自组织方式发展。在创新模式上，智慧气象阶段“大众创业、万众创新”的创新模式将使科技创新具有很强的自发性，更贴近服务需求且能更快更好适应变化。

表面上看，智慧气象最关注的是产业创新和创造价值，强调物联网、云计算、大数据等信息技术应用，而不仅是数值预报等天气预报技术。但深入分析可以发现，观测质量和预报准确率才是发展智慧气象最重要的基石。智慧气象离不开信息化，而信息化以数据为核心。数据资产是智慧气象服务业创新和创造价值的源泉。没有高质量的观测数据和精准的气象预报，气象数据与其他领域数据融合分析就有可能产生偏离事实的错误信息，用于服务生活、指导生产则会造成严重损失。所以，智慧气象不能脱离气象“主业”，一定要重视气象业务质量的提高。

（来源：《咨询报告》2015年第6期）

报告执笔人：张洪广　周　勇　胡爱军　沈文海　杨诗芳　冯裕健　龚江丽

实施气象大数据战略的思考

摘　要：我国明确提出实施国家大数据战略，对气象数据的开放共享做出了明确要求。实施气象大数据战略，是适应大数据发展趋势、落实国家大数据战略的必然要求，对促进气象与经济社会融合、强化气象行政事中事后监管、促进气象预报准确率的提高都具有重要意义。气象大数据是实现智慧气象的核心要素。基于此，建议气象部门明确提出实施气象大数据战略，推动气象大数据中心建设，加强气象大数据应用能力、安全保障体系、人才队伍、制度建设，构建健康可持续发展的气象大数据生态系统，推动气象与经济社会的融合，提升气象在国民经济中的地位和作用。

在数字世界里，数据与物质、能量一样成为最宝贵的生产要素，是未来战略性资源。大数据被认为是世界下一个创新、竞争和生产力提高的前沿，世界主要大国纷纷把大数据上升到战略层面予以推动。我国也明确提出了实施国家大数据战略。为贯彻落实国家大数据战略、推动气象更好服务经济社会发展，气象部门应认真思考大数据对气象事业带来的影响，积极谋划气象大数据的构建与应用。

一、实施气象大数据战略的重要意义

问题导向和目标导向是实施气象大数据战略的出发点。从目前存在的问题来看，气象预报精准度不够，气象服务专业化程度不高、针对性不强，气象社会管理能力不足、内部管理粗放等，直接影响到气象现代化的进程。从气象事业发展目标来看，智慧气象是全面推进气象现代化的新境界。实施气象大数据战略，对于促进气象现代化进程中难点问题的解决、推动实现更高水平的现代化具有重要战略意义。

气象大数据是适应大数据发展趋势、落实国家大数据战略的必然要求。国家高度重视大数据战略，2015 年 8 月出台了《促进大数据发展行动纲要》（以下简称《纲要》）；党的十八届五中全会明确提出实施国家大数据战略，推进数据资源开放共享。《纲要》对“气象”的描述有四处，重点强调两个方面：一是气象数据的开放，要求建设国家政府数据统一开放平台，到 2020 年前气象等领域的数据面向社会开放；二是强调气象数据与其他数据的融合和协同创新，如探索开展交通、公安、气象、安监、地震、测绘等跨部门、跨地域数据融合和协同创新，促进农业环境、气象、生态等信息共享，构建农业资源要素数据共享平台。另外，IBM 公司出资 20 亿美元收购 Weather Company 数字业务，NOAA 于 2015 年 4 月实施了大数据工程。国家大数据战略以及国际上对气象数据的重视，迫切要求推动气象大数据战略。

气象大数据是促进气象与经济社会融合的强大引擎。气象与国民经济各行各业、人们的衣食住行关系密切，但气象必须融入其中才能真正体现价值。长期以来，由于缺乏经济社会数据和行业数据的支撑，建立基于影响的气象预报模型比较困难，气象预报服务真正在经济建设和人们生产生活中发挥的作用有限。由于缺乏用户数据，难以把握其活动特征，难以主动提供个性化气象服务产品。大数据发展成为促进气象与经济社会深度融合的强大引擎：一方面大数据解决数据开放共享问题，在数据共享、资源整合的基础上，通过数据的高级分析和挖掘应用，建立基于影响的气象预报、开展气象灾害风险管理、提供个性化气象服务等成为可能；另一方面，以数据流引领技术流、物质流、资金流、人才流，将深刻影响气象业务、服务、管理等社会分工协作的组织模式，促进气象业务、服务、管理的集约和创新，推动气象信息服务商业模式创新，不断催生新业态。

气象大数据是强化气象行政事中事后监管的有力手段。气象部门属于服务型部门，气象法律法规硬约束力有限，在国家行政体制改革要求简政放权的大背景下，如何加强气象社会管理职能有待探索。《中华人民共和国气象法》赋予了气象部门重要管理职能，如气象信息传播、气象防灾减灾、气象装备管理、气象探测活动管理等。大数据技术能够揭示传统技术方式难以展现的关联关系，推动数据开放共享，促进数据融合和资源整合，为气象部门进一步强化社会管理职能提供了新途径。建立“用数据说话、用数据决策、用数据管理、用数据创新”的管理机制，实现基于数据的科学决策，不仅将提升气象行政决策水平，更为气象部门转变管理方式、强化事中事后监管提供了有力手段。

气象大数据为促进预报准确率的提高带来了另外一种思路。一是社会化观测将弥补气象观测站网布局的不足。观测不仅是预报的基础，观测数据本身也可发挥预警作用，提供实况服务。在人人都可能是观测员的发展趋势下，社会化加密气象观测数据和灾情监测数据的应用为气象预报精准度的提高提供了可能。二是大数据技术将有力提升数值预报释用技术水平。数值模式是现代气象预报的基础支撑。但由于观测误差、模式误差和大气系统的非线性特性，数值模式结果的不确定性和预报误差的存在不可避免，预报员在其中发挥着重要的订正作用。大数据思维模式和技术的发展，对海量气象数据相关关系和规律进行分析与挖掘，有可能推动数值模式产品释用技术的进步，从而提高预报准确率。三是社会化观测数据、仪器设备本身的状态数据为加强气象观测数据质量控制提供了有力支撑，数据质量的提高对提高预报准确率有促进作用。

气象大数据是实现智慧气象的核心关键。智慧气象其“智慧”更重要的是体现在高度协同和全面融合方面。要达到气象各业务之间，气象业务与科技之间，气象业务、服务、管理之间，气象系统与经济社会系统之间高效协作，必须要整合部门各类数据，破除信息孤岛，优化业务流程，实现基于大数据的智能化协同，提高工作效率。让气象融入国民经济的各个领域和人们的衣食住行中，更需要国民经济社会数据、行业数据、互联网数据的支撑，挖掘气象数据与其他数据的融合价值，基于气象的影响来做出生产生活中的正确决策。所以，大数据是实现智慧气象的核心要素。

二、气象大数据的内涵、外延和本质

虽然目前对“大数据”还没有一个公认的定义，但大数据本质体现在以下几个方面：一是具有“4V”特征，是一类呈现数据容量大、增长速度快、数据类别多、价值密度低等特征的数据集；二是一项能够对数量巨大、来源分散、格式多样的数据进行采集、存储和关联性分析的新一代信息系统架构和技术；三是一种新的思维方式——大数据思维，帮助人们发现新知识、创造新价值、提升新能力、形成新业态。另外，气象数据也具有以下两个特点：一是不具有隐私性；二是独立存在的价值有限，配合其他数据就可以产生巨大价值。

气象大数据内涵：是指所有可能与气象业务、服务、管理相关，并以容量大、类型多、存取速度快、应用价值高为主要特征的数据集合，能从中发现新知识、创造新价值、提升新能力，是实现智慧气象的核心要素。

气象大数据外延：气象大数据应该包括气象行业数据、政府相关部门数据、气象敏感行业数据、互联网气象数据。继续细分则应该包括六类：第一类是气象观测数据，不仅包括气象要素观测数据，还包括仪器设备本身的状态数据，主要来源于自动气象站、雷达、卫星等观测；第二类是业务、管理系统中形成的数据，包括观测分析产品、预报产品、服务产品、管理信息系统数据以及系统运行日志数据等；第三类是空间地理数据，是基于地理位置气象预报服务的基础；第四类是受天气气候影响的行业数据，如水文、农业、交通、地质、旅游、电力、零售等；第五类是与气象社会管理相联系的政府相关部门数据；

第六类是互联网气象数据，包括移动终端搭载的气象要素传感设备的探测数据，网友“随手拍”并上传的天气状态、气象灾害灾情状态等照片，搜索引擎对气象相关敏感词的统计分析数据，气象信息传播主体、服务用户反馈信息等。

气象大数据本质：气象大数据关键在于应用创新，推动多源数据的融合，推动气象与经济社会的融合，从中发现新知识、创造新价值、形成新业态。

三、实施气象大数据战略的对策建议

当前发展气象大数据面临着巨大挑战：一是气象部门内数据分散、信息孤岛严重；二是与气象有关的数据收集缺乏全面性和系统性；三是大数据应用能力严重缺乏，没有大数据清洗、高级分析、挖掘、可视化等方面的技术储备和人才储备；四是数据开放共享、安全保障、资产保护等方面政策的顶层设计才刚起步。为此，提出以下建议供参考：

一是明确提出实施气象大数据战略。把数据作为气象部门的战略资源和核心资产，积极构建气象大数据体系，通过全面聚合、深度挖掘、高效应用，打造气象部门的核心竞争力，推动智慧气象的实现。气象大数据战略目标是构建一个包含数据获取、数据管理、数据加工、数据开放等方面健康可持续的气象大数据生态系统，推动气象数据与其他各类数据的融合，发现新知识、创造新价值、推动大发展。

二是推动气象大数据中心建设。根据国家关于“注重对现有数据中心及服务器的改造和利用，可以建设基于云计算的大数据基础设施和区域性、行业性数据汇聚平台，可以整合构建涉农大数据中心”的要求，推动气象大数据中心建设。气象大数据中心要建成气象大数据弹性汇聚平台、分析处理平台、开放服务平台，能够汇聚政府部门数据、行业数据、互联网数据等，能够采集社会气象观测数据、气象灾害灾情监测数据、气象服务市场数据、用户行为特征数据等；能够开展数据分析、数据挖掘、数据可视化等，支撑智慧气象服务、智慧气象管理等；能够为社会提供气象行业数据的开放共享，支持大众创业、万众创新，促进气象与经济社会融合。

三是加强气象大数据应用能力建设。大数据具有巨大的社会和商业价值，关键在于挖掘和运用。应完善气象大数据标准体系建设；开展气象数据治理，加强数据质量控制，建立数据全生命周期管理机制；加强大数据技术研究，重点加强数据处理、数据挖掘、数据可视化等技术的研究，推动大数据在质量控制、数值产品释用、基于影响预报、气象灾害管理、精准气象服务等方面的应用；推动气象数据开放共享，鼓励和引导大众创业、万众创新，促进气象与经济社会的融合，让数据在流动中、应用中创造无限价值。

四是加强气象大数据安全保障体系建设。建设异地灾备数据中心，确保气象实时业务安全；从硬件、软件、法律、标准等各个方面建立安全防护体系，覆盖数据采集、存储、挖掘和发布等关键环节，确保气象数据开放共享安全；建立预警信息发布传播的安全机制和责任机制，确保气象预警信息发布传播安全。

五是重视气象大数据人才队伍建设。提升气象干部职工数据意识，树立数据是核心资产、数据技术是生产力的核心等理念；从大数据的建设、维护、应用等方面成立相应的组织机构和专家委员会，推动气象大数据建设、发展规划、管理和运营工作；加强大数据建设和运营、数据清洗、数据可视化、数据挖掘、机器学习、数据安全维护等方面的人才培养，建立大数据分析团队。

六是加强气象大数据制度建设。制度建设是气象大数据构建与应用的重要保障。应加紧气象数据开放共享、安全保护、交易运营等制度建设，加紧气象大数据标准体系建设，重点做好数据标准、接口标准、质量标准、安全标准等的制定。

另外，实施气象大数据战略的同时，还需强调：发展气象大数据不能忽略气象“主业”，不能顾此失彼，不能用气象大数据发展代替气象核心科技的创新，要继续按照中国气象局党组部署推动数值预报模式、资料同化、质量控制等气象核心科技创新的突破，以此提高气象预报准确率和精细化水平。

（来源：《咨询报告》2015年第8期）

报告执笔人：胡爱军　张洪广　周　勇　沈文海　龚江丽

实施“互联网气象+”战略的建议

摘　要：国家实施“互联网+”行动计划为气象与经济社会融合发展提供了新的思路。“互联网气象+”的本质在于借助“互联网+”的技术和平台，信息充分开放共享，气象将作为一种生产要素，通过与行业深度融合，为人们生产生活决策发挥更大价值。“互联网气象+”，既包括“互联网+气象+X”模式，也包括“互联网+X+气象”模式，在与经济社会的融合过程中具有广阔的前景。实施“互联网气象+”战略，应树立融合发展理念，构建“互联网气象+”共享平台，培育气象服务市场，加大开放力度，完善政策支撑环境，促进气象服务市场健康、有序发展；同时，在开放气象服务市场、实现产业融合的过程中，要注重气象标准建设，重视气象数据和网络安全，加强风险防控。

互联网已经融入社会生活的方方面面，深刻地改变着人们的生产方式和生活方式。国家顺应信息化时代发展趋势，提出并实施“互联网+”行动计划，促进互联网和经济社会融合发展。“互联网气象+”是国家“互联网+”行动计划背景下，借助信息技术促进气象与经济社会深度融合发展的应用实践。

一、“互联网气象+”是气象与经济社会融合的新阶段

气象与国民经济各行各业关系密切，气象部门在千方百计提高气象预报准确率的同时，一直致力于推动气象与经济社会的融合，更好

地发挥气象在经济社会中的作用。气象与经济社会的融合模式也一直在发展和创新之中，“互联网气象+”是气象与经济社会融合的新阶段，是适应信息化发展趋势的必然要求，是体现气象价值的新业态。

“气象+”阶段：气象服务向行业拓展。“气象+”阶段，气象部门不再局限于单纯地向社会提供气象预报信息，而是针对天气高影响行业提供有针对性的专业气象服务。这个阶段专业气象服务的蓬勃发展，如农业气象服务，为整个农事生产过程提供专题服务；水文气象服务，涵盖洪涝、土壤墒情及干旱等监测服务；交通气象服务，提供道路天气监测和预报、道路气象灾害预报预警等。这个阶段的重要特征是促进气象与行业融合，推动的主体是气象部门，由于缺乏行业数据支撑，专业气象服务专业化程度不高、针对性不强成为短板。

“气象+互联网”阶段：气象服务方式不断丰富。“气象+互联网”阶段，气象部门利用互联网技术传输和共享行业数据，传播气象信息，为行业提供有针对性的专业气象服务。这个阶段的重要特征是气象数据、行业数据能够通过互联网进行流动，专业气象服务网站如中国气象网、中国天气网等蓬勃发展，社会上的网站也参与气象信息的传播，气象信息传播速度加快、覆盖范围扩大。不足之处则在于专业气象服务内容没有太多变化，推动的主体依然是气象部门。

“互联网+气象”阶段：气象服务方式向纵深发展。“互联网+气象”阶段正是目前阶段，充分利用“云物大移智”等信息技术来推动气象服务方式的深刻变革，典型的如墨迹天气、彩虹天气、中国天气通等，基于位置向用户提供准确及时的气象观测和预报信息，用户也能实时将一些实景观测数据上传。这个阶段的特征是信息新技术的应用，用户能随时随地获取气象信息，社会资源参与气象信息服务的热情高涨，用户能进行互动，服务方式更加体现以人为本、无所不在。不足之处在于气象服务内容还是以气象观测预报信息为主，气象与经济社会融合程度依然不够。

“互联网气象+”阶段：气象与经济社会深度融合。“互联网气象+”阶段，气象数据、行业数据、互联网数据充分共享，高天气影响行业和社会力量主动推动气象与经济社会的融合，挖掘大数据的价值，基于气象影响对生产生活进行决策，创造新价值，形成新业态，气象作为一种生产要素的地位和作用得到充分体现。“互联网气象+”阶段将会催生出气象信息服务业很多新业态，如“互联网气象+交通”“互联网气象+农业”“互联网气象+能源”“互联网气象+保险”“互联网气象+旅游”等。

二、“互联网气象+”战略发展前景

（一）将带来气象信息服务业“质”的飞跃

前期我国气象服务主要体现在服务方式的发展上，“互联网气象+”将为气象服务方式和服务内容都带来质的飞跃。通过“互联网气象+”服务综合平台，开展气象信息的多向应用，为气象与行业深度融合提供了发展思路和途径。

气象服务不仅仅是解决气象信息的传播问题，更重要的是提升气象服务质量，解决精准专业化服务问题。尽管通过多年来的发展，气象服务内容明显扩展，推出如穿衣指数、感冒指数、运动指数等与人们生活贴合度更高的产品，也开始融入各个行业中，但融合程度还远远不够，气象服务产品仍然是普适化的而非个性化的。

要达到气象服务精准专业化的目标，不仅需要海量的气象数据，还需要与社会数据、行业数据、地理信息数据等相融合，通过大数据分析，建立预报服务模型。“互联网+”、大数据、云计算、物联网、智慧智能等新技术的发展，为多层次、个性化气象服务发展提供了可能。

（二）气象在国民经济、社会发展中的地位将显著提升

“转变发展方式、提高预报服务水平”一直是近些年中国气象局改革、发展的目标。但是由于体制等多种原因，部门之间、行业之间的

相互割裂、数据信息不能共享，形成信息孤岛，气象与经济社会的融合很难深入，专业气象服务也很难取得突破性进展。“互联网气象+”，既包括“互联网+气象+X”模式，也包括“互联网+X+气象”模式，强调的是气象与其他行业的融合，真正达到“跨界融合、连接一切”的境界。

以“互联网+”为契机，将气象融入智慧城市、智能交通、智慧旅游等智慧项目建设中，形成“互联网+X+气象”的发展模式。另外，“互联网气象+”阶段，社会创新力量成为气象服务市场生力军，促进气象服务业的转型升级，气象向不同行业融合，形成“互联网+气象+X”的发展模式。“互联网气象+”阶段，气象将成为一种生产要素，通过市场的力量将气象转化为生产力，气象在促进国民经济社会发展以及人们生产生活的决策中将起到不可或缺的作用。

（三）促进气象信息服务新业态蓬勃发展

“互联网气象+”阶段，信息共享更加充分，气象应用更加丰富，气象与行业融合更加深入。这里仅以交通、保险、能源、旅游为例，探索“互联网气象+”与经济社会的融合前景。

*“互联网气象+交通”实现精细化气象信息随时获取。*高速公路实时气象监测信息将达到百米级、分钟级分辨率。新型车载气象移动感知装置将得到大量应用，社会化观测数据进入实时监测系统，“人人都是观测员”成为可能。车载导航系统根据前方实时天气状况和将会出现的灾害性天气及时提示司机做出研判，采取应对措施。“互联网气象+交通”将在公路运输、运营管理、应急救援、公路建设、公路交通工程规划和施工等方面创造出可观效益。

*“互联网气象+能源”推动清洁能源发展。*气象信息能够为风能、太阳能等清洁能源开发提供资源分析。以互联网为基础设施，通过传感器、控制和软件应用程序，将能源生产端、能源传输端、能源消费端数以亿计的设备、机器、系统连接起来，形成“物联基础”。通过运

行数据、气象数据、电网数据、电力市场数据等，进行大数据分析、负荷预测、发电预测、机器学习等，优化能源生产、提高能源消费效率，动态调整能源供应。

“互联网气象+保险”拓宽保险业务范围。天气指数保险是减少因气象灾害导致的经济损失的有效途径。气象在保险业中的应用十分广泛，如生活气象保险，为旅游出行、婚礼婚庆等提供保险；生产气象保险，为能源管理、空调生产等提供保险；农业气象保险，为种植业、林牧业等提供保险。通过互联网气象平台实现气象信息在勘灾、定损、理赔、防灾等各个环节的应用。同时，理赔可以与互联网金融相结合，形成“互联网+气象+保险+金融”多产业融合发展模式。

“互联网气象+旅游”实现个人最佳体验。前往一个地方旅游，人们最关心的往往是当地天气，其次是目的地景观是否达到预期设想。如观赏红叶，红叶景观如何？观赏雪景，该地是否有降雪？前往黄山，能否看到日出？这些无不与气象要素（温度、降雨、降雪、能见度、云）的预报有关。气象信息在景观预报中有着十分重要的作用，可以通过“互联网气象+旅游”平台，对景观进行预报，为游客提供咨询建议，让用户获得最佳体验。同时，通过平台还可以设置与用户行为相关度高的购物链接，如用户准备去雪场，可以向用户推荐滑雪装备；准备去登山，可以推荐登山鞋、护膝等，同样可以实现与更多产业的融合。

三、推进“互联网气象+”战略对策建议

一是树立融合发展理念。融合发展是“互联网+”时代的必然要求，气象部门要以更加积极主动的态度融入国家“互联网+”行动计划中。要扩大开放力度，深化与行业合作，共同发力，促进发展。融合发展体现在两方面：一是气象部门内部要实现融合，要推动现代气象业务、服务、管理与信息化的同步、融合发展；二是推动气象与国民经济各行各业的融合发展，推动气象在农业、交通、水文、海洋、

能源、卫生等行业的融合应用技术研究。

二是构建“互联网气象+”共享平台。建设“互联网气象+”共享平台，为气象服务市场提供数据和技术支撑。随着国家宏观政策导向及气象服务市场的逐步开放，社会资源参与气象信息服务已经是一种趋势。气象事业单位和社会多元主体需要发挥各自的优势，提高资源配置的质量和效益，共同做好公共气象服务。气象部门搭建互联网气象服务平台，为社会主体提供基础数据服务、技术服务。社会参与主体借助平台，积极利用气象开放数据，挖掘数据价值，拓展服务领域，创造新的商业价值。

三是完善政策支持环境。出台优惠政策，发挥“互联网气象+”优势，激发气象服务市场活力，促进气象信息服务业发展。一是依法有序开放气象数据，制定基本气象资料、产品开放目录和使用政策，引导社会力量加强气象数据应用。二是规范气象服务市场发展，制定出台气象服务市场准入退出、登记备案、服务监管、奖励惩罚等规则和办法。三是争取国家出台发展气象信息服务业优惠政策。为促进大众创业、万众创新，国家在信用贷款、税收、创新平台、数据开放等多方面为小微企业提供优惠政策。气象部门要力促这些优惠政策在气象信息服务业中的落实，扶持其发展。

四是加强气象标准建设。发展“互联网气象+”，要求气象数据开放共享，需要对各类气象数据的共享交换标准、交换协议等进行规定。如果数据标准不统一，数据链就难以打通，就很难实现相“+”。按照“共性先立、急用先立”的原则，加快基础共性标准、关键技术标准和重点应用领域标准的研制。随着智能感知技术的发展，新型气象移动感知装置将得到大量应用，需要建立传感器标准规范、传感数据格式规范等。在气象信息消费的过程中，涉及消费者权益、知识产权、服务标准规范等，同样需要加强气象服务法律法规和标准体系建设。

五是加强气象数据安全。“互联网气象+”是基于互联网和大数据的气象信息应用，完全依赖于互联网运行，包括数据存储、共享平台实现等，网络安全比以往任何时候都显得重要和迫切。气象数据与网络安全关系到国家安全，关系到气象业务、服务的实时开展。建立气象观测资料获取、存储、使用监管制度，维护国家气象数据安全。加强数据管理与网络安全，保证“互联网气象+”健康发展。

（来源：《咨询报告》2015 年第 7 期）

报告执笔人：杨诗芳　龚江丽　冯裕健　张洪广　胡爱军　周　勇

实施互联网气象平台战略的思考与建议

摘　要：以互联网为主的信息技术革命正深刻地改变着人们的生产方式和生活方式，互联网平台在其中发挥着基础性作用，为资源的优化配置带来革命性变革，开创了协同创新的新模式，是形成大数据的重要入口，是落实“互联网＋”行动计划的核心载体。国家高度重视互联网平台在资源配置中的作用，并出台政策文件予以扶持。大的行业和公司都积极把平台作为未来发展战略加以推进。气象部门正在加快推进气象业务现代化、气象服务社会化、气象工作法治化，针对气象现代化进程中面临的创新、服务、管理三大难题，建议积极运用平台思维，深入研究并组织实施互联网气象平台战略，来推动气象大数据体系建设，为气象协同创新注入强劲动力，努力强化气象部门的管理职能，不断提升气象社会影响力。在推进互联网气象平台建设过程中，全面深化气象业务、服务、创新体制机制改革，做好云计算和数据中心等基础设施建设。

阿里巴巴平台在2015年“双十一”一天的交易额达912.17亿元，这个数据充分展现了互联网平台在经济社会发展中的推动力和影响力。党的十八届五中全会明确提出，实施“互联网＋”行动计划，促进互联网和经济社会融合发展。2015年9月，国务院印发了《关于加快构建大众创业万众创新支撑平台的指导意见》（国发〔2015〕53号）。为适应新形势新要求，中国气象局党组提出要把云、大数据、互联网气象作为气象信息化的重点方向，把发展智慧气象作为全面推进气象现代化的重要突破。运用平台思维，建设互联网气象平台，对于气象部门落实“互联网+”行动计划、发展智慧气象意义重大，将推动形成气象事业发展新格局。

一、互联网平台的力量

互联网平台，实际上是在互联网上搭建一个平台，连接两个（或更多）特定群体，为他们提供互动机制，满足所有群体的需求。用农贸市场的例子可以形象地说明平台的内涵。商家在农贸市场摆设摊位卖商品赚钱，老百姓逛农贸市场花钱买商品，农贸市场管理者维护市场秩序。卖家与买家的互动使得农贸市场人气兴旺，互联网平台则能够通过网络效应发挥“四两拨千斤”的作用。

一是优化资源配置的有力手段。互联网平台将生产者和消费者以及其他市场群体直接连接起来，彻底打破了不同主体之间的信息不对称，为实现市场主体在信息上的平等与自由创造了条件，真正为劳动、信息、知识、技术、管理、资本等资源的配置带来了革命性的变革。

二是开创了协同创新的新模式。互联网能够直接打破空间界限，成为在线信息获取、交易、知识共享、协作创造的平台，促进沟通效率，降低协作成本，实现信息和知识的瞬间流动，为企业开放式创新模式提供了非常好的环境。

三是沉淀数据的重要途径。运用大数据推动经济发展、完善社会治理正成为趋势。但大数据来源于哪里？答案是各个行业业务数据、物联网的传感器数据、互联网大数据。互联网大数据离不开互联网平台的抓取和沉淀。阿里巴巴通过其平台，拥有中国大量电商数据，这些数据已经成为国家发改委判断宏观经济运行的重要依据。

四是落实“互联网+”行动计划的核心载体。“互联网+”的落地，必须创造价值，实现盈利共赢，落地的关键在于能体现开放、共享、共赢特征的核心载体，互联网平台正好能担负起核心载体职责，能整合资源、提高效率、驱动融合、创新模式。

2015年，国务院为了推动“互联网+”行动计划和大众创业、万众创新，陆续印发了一系列文件，都特别突出互联网平台的作用以及政策上对互联网平台建设的扶持。一些大的行业和公司陆续把平台建设作为未来的发展战略，如中国工商银行提出未来互联网金融战略计划，“三大平台”即“融e购”电商平台、“融e联”即时通讯平台和“融e行”直销银行平台，依托平台主打“三大产品线”即支付、融资、投资。

二、互联网气象平台的战略价值

建设互联网气象平台应该是由目标导向和问题导向所决定的。当前，气象部门正在大力推动气象业务现代化、气象服务社会化、气象工作法治化。建设互联网气象平台对于推进气象现代化、促进事业发展具有重要的战略价值。

一是有力推动气象大数据体系建设。大数据是推动气象与经济社会深度融合的基础，是实现智慧气象的基础。互联网气象平台将为收集社会化各类观测感知数据、建立与各行业各部门数据共享、连接气象服务市场和用户行为特征等提供入口，将成为推动气象大数据体系建设的重要平台。

二是为气象协同创新注入强劲动力。通过一个创新平台完全可能将国内外最优秀的气象科技人才汇聚起来，凝聚众智形成推动气象科技创新的强大力量，有利于科研成果直接接受业务实践的检验，真正实现气象协同创新。通过一个平台把气象服务市场的供给者与消费者连接起来，利用市场机制来激发市场主体的创业创新活力，围绕气象服务的大众创业、万众创新，汇聚众智、众资、众力，不仅能有效解决气象服务能力不足的问题，而且能开辟气象信息服务业发展的新局面。

三是强化气象部门的管理职能。平台如果连接了气象服务市场和用户，通过数据的追踪溯源为实现气象信息传播的事中事后监管创造了条件；平台如果接入气象装备生产信息、社会各部门气象观测台站信息和观测数据上网信息等，就能强化气象装备许可等方面的社会管理；平台如果将预警信息发布、责任人响应、灾情收集等接入，就能强化气象防灾减灾管理；等等。互联网气象平台实际上为气象部门转变管理方式、强化事中事后监管提供了有力手段。

四是提升气象社会影响力的重要平台。互联网气象平台是气象部门落实“互联网+”行动计划的核心载体，通过平台将国内国际气象科技创新人才连接起来，通过平台将气象服务的供给者、消费者全部连接起来，在网络效应推动下，必将大幅度提升气象部门的社会影响力。

互联网气象平台，实际上是抓住了信息化的“牛鼻子”，抓住了气象事业发展、与经济社会融合、强化气象管理的“突破口”，集中体现了对党的十八届五中全会提出的“创新、协调、绿色、开放、共享”五大发展理念的贯彻落实。

三、建设互联网气象平台的着力点

目前气象部门所建的网站、软件系统或者平台等与互联网气象平台相比尚有较大差距，主要表现在：一是目前气象部门内部建立的系统或者平台、网站都没有连接不同类型的用户群体，群体之间没有交互功能，不能协同，不能交互满足各自的需求；二是不具备数据收集沉淀机制和架构设计，利用平台进行数据挖掘更无从谈起。因此，建议通过建设互联网气象平台，推动气象服务模式、管理方式、业务模式、创新模式的转型升级。

一是建设互联网气象服务平台。平台具备以下功能：(1) 连接气象服务市场主体、气象服务用户对象、气象装备生产厂家等，为围绕气象服务的大众创业、万众创新提供平台；(2) 数据收集和共享功能，建立与经济社会系统数据、行业数据的共享机制，建立社会化气象观测数据、灾害监测数据等的收集机制，具备气象服务市场主体和用户相关数据收集功能，真正形成气象大数据体系；（3）利用大数据加强气象服务市场、气象装备许可、气象防灾减灾等的事中事后监管功能。

二是建设互联网气象创新平台。平台具备以下功能：（1）连接气象科技创新主体和应用主体，科技创新主体包括部门内人员、机构，部门外的人员、机构，应用主体是部门内人员和机构，为实现科技创新众创、众包提供平台；（2）科研数据的共享；（3）气象科技成果交易；（4）在线培训、知识共享功能。

三是建设互联网气象业务平台。平台具备以下功能：（1）连接气象业务、服务、管理人员；（2）实现业务上下游的协同，实现业务人员之间的协同，实现业务、服务、管理之间的协同，为气象部门内部人员众创提供平台；（3）随时随地能够开展气象业务、服务、管理工作。

四是推动气象体制机制改革。信息化必然涉及体制机制的变革。互联网气象服务平台牵涉到气象服务体制改革的方向，需要重新界定气象部门服务实体与气象服务市场的职责边界，需要打破垄断、引入社会力量共同繁荣气象服务市场等；气象部门要把精力放在平台建设与运营，而应用交给社会力量。互联网气象创新平台将涉及科技管理体制机制的变革，特别是科技成果评价机制和转化收益机制。建设互联网气象业务平台则触及气象业务布局和流程变革，要重新对气象业务布局进行规划，对气象业务流程、管理流程等进行再造。

五是做好云计算和数据中心等基础设施规划。数据是平台的核心资产，是保证用户黏性的重要内容，同时还是开展数据挖掘的基础。云计算是实现平台运行和数据挖掘的硬件支撑。要按照平台功能要求和安全要求，规划好云计算和数据中心等基础设施建设，谋划好大数据人才、技术储备。

六是寻求外部力量做好平台架构、规则设计。平台的精髓在于打造一个完善的、成长潜能强大的“生态圈”，拥有一套精密规范和机制系统，有效激励多方群体之间的互动，达成平台愿景。互联网气象服务平台要设计好数据接入规则、气象服务市场准入规则等；互联网气象创新平台则要认真贯彻落实国家有关科技成果转化政策文件，设计好成果交易规则、成果评价规则等来推动气象科技创新积极性和主动性；互联网气象业务平台重在气象业务、管理等人员的互动规则。从宏观层面和逻辑上建议中国气象局重视并实施互联网气象平台战略，具体互联网气象平台的功能设计、架构设计、机制设计非常复杂，需要借助外部力量予以实施。

（来源：《咨询报告》2015 年第 9 期）

报告执笔人：胡爱军　张洪广　周　勇　冯裕健　杨诗芳　沈文海　龚江丽

气象部门对区块链技术应跟进但不冒进

摘　要：区块链技术被外媒称为下一代颠覆性的核心技术，也是目前发展最快的技术领域之一。我国《“十三五”国家信息化规划》中明确将区块链同人工智能、大数据等技术视为战略性前沿技术。通过文献调研和专家访谈，结合专题报告，对区块链的技术特性和在气象领域的应用前景进行了分析，提出：一方面，区块链技术和产业发展迅猛、影响深远，需要给予重视并持续跟踪其发展动向；另一方面，区块链技术特性与当前气象主体业务需求关联度低，现阶段应用空间有限，预警信息发布、社会数据交易和装备保障应成为区块链技术的优先应用领域。据此，建议对于区块链技术“跟进但不冒进”，通过小额投资和设立研究专项，进行区块链技术业务适用性验证，再寻找切入点，试点推进。

《“十三五”国家信息化规划》中明确将区块链同人工智能、大数据等技术视为战略性前沿技术。工业和信息化部发布的《软件和信息技术服务业发展规划（2016—2020 年）》明确提出，力争到 2020 年，区块链等领域创新达到国际先进水平。为了解区块链技术和产业发展动态，展望其在气象领域的应用前景，2018 年 3 月 5 日，中国气象局发展研究中心邀请中国电子技术标准化研究院（《中国区块链技术和应用发展白皮书》编制单位）区块链研究室李鸣主任做了题为“区块链技术与应用”的专题报告。现结合前期文献调研和专家访谈情况，汇报如下：

一、区块链技术和产业发展迅猛、影响深远

区块链技术起源于化名为“中本聪”的学者在2008年发表的奠基性论文《比特币：一种点对点电子现金系统》。区块链真正引起全球关注则始于2015年下半年，在短短两年的时间里，区块链就被产业界和包括我国在内的多国政府视为有可能彻底改变业务乃至机构运作方式的重大突破性技术。

区块链不是单一技术，而是多种技术的整合。根据工业和信息化部《中国区块链技术和应用发展白皮书》给出的定义，区块链是分布式数据存储、点对点传输、共识机制、加密算法等计算机技术的新型应用模式。区块链涉及的各项关键技术早已存在并有成熟的算法、产品和应用，区块链的突出贡献是对上述技术进行了集成创新，使其更具应用价值。

区块链的突出优势在于：一是无“中心”，任一节点的损坏都不会影响整体运作，系统可靠性高、管理成本低；二是区块链中的数据按时间顺序像“俄罗斯套娃”一样层层嵌套、重重加密，解决了数据追踪、数据一致性和信息防伪问题。

区块链的主要缺陷在于：一是区块链中的节点要执行大量与用户业务无关的运算任务，所以计算资源消耗大、能耗高；二是一旦信息经过验证并添加至区块链，就会被永久存储，且在众多（乃至全部）节点存储相同的、包含全网全部交易记录的数据，所以存储资源利用率低。

区块链技术已被认为是继大型机、个人电脑、互联网之后计算模式的颠覆式创新，很可能在全球范围引起一场新的技术革新和产业变革。联合国、国际货币基金组织，以及美国、英国、日本等国家对区块链的发展给予高度关注，积极探索推动区块链的应用。目前，区块链的应用已从单一的数字货币应用，例如比特币，延伸到经济社会的各个领域。主要应用领域涉及金融服务、供应链管理、文化娱乐、智

能制造、社会公益、教育就业等与国民经济和人民生活密切相关的多个行业领域。

区块链并非独立发挥作用，需要云计算、大数据、物联网等其他新一代信息技术为其提供基础设施支撑。在新一代信息技术的融合发展中，区块链主要发挥数据组织的作用，而物联网、云计算、大数据、人工智能分别发挥数据采集、存储、处理、利用的作用。换言之，云计算、大数据等技术用于提升生产力，而区块链技术则用于改变生产关系，实现组织结构和流程的扁平化、并行化。

关于区块链技术的详细介绍，请见本文附件《区块链技术、应用及中国区块链技术发展路线图》。

二、区块链与气象主体业务关联度低，可优先用于气象服务和装备保障等领域

从信息技术角度看，气象业务的本质就是对数据的采集、传输、存储、处理和应用。提高综合观测、预报预测和公共服务的能力和水平，需要提升大数据存储能力、计算能力和通信能力。而区块链的技术特点与这些业务需求并不吻合，甚至相悖。此外，区块链可以保证数据不被篡改，但不能保证进入区块链的数据的真实性和数据质量。因此，区块链技术在气象主体业务中目前尚难找到“用武之地”。

气象服务正在向着普惠化、个性化和智能化的方向发展，为满足多样化的需求，要以多种技术为支撑。因此，气象服务领域往往会成为各种新技术的“试验田”。区块链技术也不例外，其所具备的防篡改、可追溯和智能合约等功能，在预警信息发布和社会数据交易中，有可能率先得到应用。

此外，区块链技术在气象部门资产管理和装备保障中也有潜在应用价值，并可能引发业务流程重构。以装备保障为例，如果把用户、运维单位（包括维修企业）、备件厂商，乃至智能化观测设备都接入区

块链网络中，一旦发生故障，各方将同时获悉，且能确保信息一致、无法篡改，相比当前各方“串行”式的业务流程，响应速度更快，且更易于监管。

三、气象部门区块链技术应用政策建议：跟进但不冒进

区块链有价值也有风险。2018年2月26日《人民日报》经济版整版刊发的区块链评论文章中指出，区块链技术目前还不太成熟，要警惕概念炒作。目前，区块链技术尚未建立统一的标准，也缺少权威机构对区块链产品进行评定，容易造成在涉及区块链的项目谈判、实施过程中出现问题。此外，量子计算技术的出现可能会对区块链的加密技术和不可篡改性带来挑战，所谓的安全和防篡改都是相对的。因此，提出以下建议：

首先，要正确看待区块链技术，既不要神化也不要妖魔化。既要认识到其在解决数据防篡改、可追溯、防缺失等问题上具有技术优势，在金融、卫生、教育等国民经济和生活息息相关领域有潜在颠覆性影响，在国家政策上已得到大力扶植；也要认识到其在存储容量和处理性能等方面存在技术缺陷，在对社会关系和生产关系的影响效果上存在不确定性，在气象领域的应用前景和效益尚不明朗。

其次，要持续跟踪区块链技术和产业的发展动态。作为新事物，区块链技术在产生初期必然会存在诸多问题和不确定性。随着社会关注度的提升和产业界投入力度的增大，区块链技术自身也在快速发展并不断完善，那些制约其推广应用的技术短板，也很可能会被克服。因此，区块链技术和产业的发展，值得跟踪研究，并及时把握时机，投入气象业务应用。

综上，作为高度依赖信息技术的行业部门，气象部门既不能对区块链技术的发展视而不见，也不要轻易冒进、徒增风险。建议现阶段先通过小额投资和设立研究专项，进行区块链技术业务适用性验证，再寻找切入点，试点推进。

附件：

区块链技术、应用及中国区块链技术发展路线图

一、术语解释

区块链：分布式数据存储、点对点传输、共识机制、加密算法等计算机技术的新型应用模式。

分布式：相对于集中式而言。《中国区块链技术和应用发展白皮书》指出，分布式是区块链的典型特征之一，对应的英文是 Decentralized，完整的表达形式是不依赖于中心服务器（集群）、利用分布的计算机资源进行计算的模式。

金融科技：通过科技让金融服务更高效，通常简称为 FinTech。

普惠金融：立足机会平等要求和商业可持续原则，以可负担的成本为有金融服务需求的社会各阶层和群体提供适当、有效的金融服务。

数字货币：货币的数字化，通过数据交易并发挥交易媒介、记账单位及价值存储的功能，但它目前并不是任何国家和地区的法定货币。

共识机制：区块链系统中实现不同节点之间建立信任、获取权益的数学算法。

智能合约：一种用计算机语言取代法律语言去记录条款的合约。

挖矿：比特币系统中争取记账权从而获得奖励的活动。

分布式账本：一个可以在多个站点、不同地理位置或者多个机构组成的网络中分享的资产数据库。其中，资产可以是货币以及法律定义的、实体的或是电子的资产。

二、分类与特性

区块链系统根据应用场景和设计体系的不同，一般分为公有链、

联盟链和专有链。其中：

公有链的各个节点可以自由加入和退出网络，并参加链上数据的读写，运行时以扁平的拓扑结构互联互通，网络中不存在任何中心化的服务端节点。

联盟链的各个节点通常有与之对应的实体机构组织，通过授权后才能加入与退出网络。各机构组织组成利益相关的联盟，共同维护区块链的健康运转。

专有链的各个节点的写入权限收归内部控制，而读取权限可视需求有选择性地对外开放。专有链仍然具备区块链多节点运行的通用结构，适用于特定机构的内部数据管理与审计。

三、区块链与其他新一代信息技术的关系

随着新一轮产业革命的到来，云计算、大数据、物联网等新一代信息技术在智能制造、金融、能源、医疗健康等行业中的作用愈发重要。从国内外发展趋势和区块链技术发展演进路径来看，区块链技术和应用的发展需要云计算、大数据、物联网等新一代信息技术作为基础设施支撑，同时区块链技术和应用发展对推动新一代信息技术产业发展具有重要的促进作用。在新一代信息技术的融合发展中，区块链主要发挥数据组织的作用，而物联网、云计算、大数据、人工智能分别发挥数据采集、存储、处理、利用的作用。

四、区块链典型应用场景

目前，区块链的应用已从单一的数字货币应用（例如比特币），延伸到经济社会各个领域。另外，需要特别说明的是，除金融服务行业的应用相对成熟外，其他行业的应用还处于探索起步阶段。

1. 金融服务

利用区块链技术的数据不可篡改和可追溯特性，实现点对点的价值转移的特点解决金融服务行业面临包括对账、清算、结算成本高，

资产管理凭证伪造，证券交易耗时长等问题。应用场景包括：

支付领域。在支付领域，区块链技术的应用有助于降低金融机构间的对账成本及争议解决的成本，从而显著提高支付业务的处理速度及效率，这一点在跨境支付领域的作用尤其明显。

资产数字化。各类资产，如股权、债券、票据、收益凭证、仓单等均可被整合进区块链中，成为链上数字资产，使得资产所有者无须通过各种中介机构就能直接发起交易。

智能证券。基于区块链的智能证券能通过相应机制确保其运行符合特定的法律和监管框架。

清算和结算。通过基于区块链技术的法定数字货币或者是某种“结算工具”的创设，与链上数字资产对接，即可完成点对点的实时清算与结算，从而显著降低价值转移的成本，缩短清算、结算时间。

客户识别。区块链技术可实现数字化身份信息的安全、可靠管理，在保证客户隐私的前提下提升客户识别的效率并降低成本。

2. 供应链管理

对于存在信息流缺乏透明度的行业，利用区块链技术可以促使该行业实现交易数据公开透明、数据不可篡改、交易可追溯等。应用场景包括：

物流。在物流过程中，利用数字签名和公私钥加解密机制，可以充分保证信息安全以及寄件人、收件人的隐私。另外，利用区块链技术，通过智能合约能够简化物流程序和大幅度提升物流的效率。

溯源防伪。区块链不可篡改、数据可完整追溯以及时间戳功能，可有效解决物品的溯源防伪问题。

3. 文化娱乐

行业中存在知识产权侵权现象严重、行政保护力度弱、举证困难、维权成本高等问题。利用区块链技术可以实现加速环节流通、缩短价值创造周期、数字内容价值转移、提升文娱行业存储计算能力等目标。应用场景包括：

改变音乐市场格局。利用区块链技术，使音乐整个生产和传播过程中的收费和用途都是透明、真实的，能有效确保音乐人直接从其作品的销售中获益。

文化众筹。基于区块链特性和虚拟市场规则，使得消费者能够参与知识产权（IP）创作、生产、传播和消费的全流程，而不需要依靠第三方众筹平台的信用背书。另外，利用区块链技术，添加信任的确权节点，进行IP及其相关权利的交易，以及权益分配等功能，可解决交易不透明、内容不公开等问题。

4. 智能制造

利用区块链技术的信息有效采集与分析、数据透明化、重塑价值链，解决实时制造信息获得难度大、互联互通效率低、实际应用受制约等问题。应用场景包括：

组建和管理工业物联网。区块链技术利用点对点（P2P）组网技术和混合通信协议，将显著降低中心化数据中心的建设和维护成本，有效阻止因网络单一节点的失败而导致整个网络崩溃的情况发生。另外，区块链能有效防止工业物联网信息泄露和恶意操控风险。最后，利用区块链技术能及时、动态掌握各种生产制造设备的状态，提高设备的利用率和维护效率，同时能提供精准、高效的供应链金融服务。

生产制造过程的智能化管理。区块链技术能够让企业、设备厂商和安全生产监管部门长期、持续地监督生产制造各个环节，提高生产制造的安全性和可靠性。同时，区块链有利于企业审计工作的开展，极大提高生产制造过程的智能化管理水平。

5. 社会公益

公益慈善行业中存在信息不透明不公开、信息披露所需人工成本高等问题。区块链技术既能保障公益数据的真实性，又能节省信息披露成本。

6. 教育就业

针对当前存在的学生信用体系不完整、个人信息造假、版权纠纷与学术纠纷等问题，利用区块链技术可以实现分布式账本记录信息、提供不可篡改的数字化证明、时间戳身份交叉配合生物识别等。应用场景包括：

教育存证。在教育存证场景上，基于区块链的学生信用平台可创建包含有关基本信息的数字文件，确保不会被恶意查询，交易输出将数字证书分配给需求方，如学生或者用人单位。

产学合作。通过引入区块链技术，实现学生技能与社会用人需求无缝衔接，可精确评估人才录用、岗位安排的科学性和合理性，能有效促进学校和企业之间的合作。

五、中国区块链技术发展路线图

根据工业和信息化部发布的《中国区块链技术和应用发展白皮书》，我国区块链技术的发展主要分为4个阶段：需求分析和技术体系研究、关键技术方案选型和平台建设、技术开源与优化、应用试点（表1）。

表1 中国区块链技术发展路线

阶段	工作重点	主要任务
需求分析和技术体系研究	广泛收集需求，充分考虑可行性高的核心技术及其可能的扩展或改变，需要将区块链系统的开发经验与对传统业务模式的理解这两者相结合	1. 研究典型应用场景需求及用例； 2. 研究提出通用的区块链技术架构； 3. 攻关解决区块链的核心关键技术； 4. 完善区块链技术的治理方案与安全机制； 5. 形成安全可靠的区块链技术和产品体系
关键技术方案选型和平台建设	对目标系统和底层技术平台须形成完整、准确、清晰、具体的要求，充分进行可行性验证，确保多个参与者形成一致认可	1. 对区块链各类关键技术的适用性与成熟性进行评估； 2. 进行技术方案选型与可行性验证； 3. 形成区块链技术解决方案； 4. 构建满足共性需求的区块链底层技术平台

续表

阶段	工作重点	主要任务
技术开源与优化	通过开源社区促进区块链生态的形成与完善，增强企业间的技术交流和合作，应对区块链技术的快速升级换代	1. 推动底层技术平台开放共享； 2. 推动技术解决方案的代码开源； 3. 建立开源社区，协作优化底层技术平台和技术解决方案
应用试点	促进技术与平台充分接受市场的检验，推动商用级、企业级或金融级的应用场景诞生，最终实现促进产业变革、切实为实体经济服务的目标	1. 推进典型应用场景在区块链开源底层技术平台之上的测试与试运行； 2. 根据应用场景试运行的需求与问题，持续迭代更新技术平台与技术方案； 3. 选择具备条件的行业开展应用试点，持续提升应用的成熟度

（来源：《咨询报告》2018 年第 6 期）

报告执笔人：周　勇　董　昊　唐　伟

气象部门应用人工智能须优先解决的基础问题

摘　要： 新一代人工智能具有深度学习、跨界融合、人机协同、群智开放、自主操控等特征，被认为是引领未来的战略性技术，对气象业务、气象预报方法、气象服务格局均可能产生广泛而深远的影响。本报告对人工智能技术发展现状、国内外气象领域应用情况、对气象的预期影响，以及目前在统筹管理、发展环境、高端人才等方面存在的须优先解决的基础性问题等进行了分析，提出应统筹建立人工智能公共数据集和技术标准、评估体系，加快培养和聚集人工智能高端人才，搭建用于人工智能的互联网气象平台和数据环境等建议。

人工智能的迅速发展将深刻改变人类社会生活、改变世界，因而被称为“改变未来的颠覆性技术”。近两年，美、日、中等国先后发布了国家层面的人工智能发展战略（见附件），围绕人工智能研发和应用的国际竞争日趋激烈。

为抢抓人工智能发展的重大战略机遇，构筑我国气象领域人工智能应用的先发优势，加快建设气象强国，经调研近期国内外战略规划、专业机构研究报告和气象领域研发应用案例，并咨询相关专家意见，分析了人工智能在气象领域的应用现状和对气象的预期影响，针对须优先解决的基础性问题提出了相关对策建议。

一、人工智能对气象事业发展的影响广泛而深远

人工智能发展进入跨界融合新阶段。经过60多年的演进，特别是在移动互联网、大数据、超级计算、传感网、脑科学等新理论新技术以及经济社会发展强烈需求的共同驱动下，人工智能技术加速发展并进入新阶段，呈现出深度学习、跨界融合、人机协同、群智开放、自主操控等新特征。现阶段的狭义人工智能（或称“弱人工智能”）在特定的、定义明确的领域中执行单项任务已经取得成效，其核心算法机器学习、深度学习将在2～5年内走向成熟。但是，在各领域普遍适用的通用人工智能（或称“强人工智能”）尚无突破性进展，距离实际应用仍需要几十年的时间。

人工智能在气象领域的应用已引起中外政府重视。2017年，国务院印发的《新一代人工智能发展规划》中明确提出，加强人工智能对自然灾害的有效监测，围绕地震灾害、地质灾害、气象灾害、水旱灾害和海洋灾害等重大自然灾害，构建智能化监测预警与综合应对平台。美国《国家人工智能研究和发展战略计划》中也提出，利用人工智能自动预判天气、交通和突发事件对物流的影响，改进供应链管理。

我国气象领域的人工智能应用程度步入世界先进行列。在科技领域，近5年来涉及人工智能相关算法的气象类科学引文索引（SCI）和国际会议论文中，我国发表数量和至少被引用一次论文数量在国际上都仅次于美国，且和美国的差距逐年缩小；国家气象中心和清华大学合作研发的回波外推成果，在人工智能领域A类国际会议2017年神经信息处理系统大会（NIPS）上取得最好成绩；清华大学研发的短时强降水定量预测方法在人工智能领域全球顶级学术会议2017年国际信息与知识管理会议（CIKM）挑战赛中排名第1。在应用领域，我国气象部门在观测识别、数据处理、短时临近预报、模式参数化、预报结果集成分析等领域，与清华大学、北京大学、中国科学院等科研院校以及阿里巴巴、百度、IBM等企业开展广泛合作，并已取得若干成

果：如国家气象中心基于深度卷积网络的雷达图像外推临近预报，公共气象服务中心基于深度学习的全国积雪监测和逐小时雨雪相态预报；国内的天气服务公司如墨迹、彩云公司也分别把人工智能技术用于精细化临近降水预报。

人工智能对气象业务、预报方法和人员岗位均有重大影响。在气象业务上，人工智能可提高从杂乱的社会化观测、互联网、社交媒体等多源数据中提取气象信息并预判用户需求的能力，通过人机协同提高对天气系统的判别能力，增强海量数值预报模式产品的集合和订正水平。在预报方法上，人工智能可以为解决混沌系统发展的不确定性问题提供新思路，为改进地球系统模式及其参数化提供新方法。此外，人工智能技术的广泛应用可能带来岗位技能需求变化和人力资源需求下降等影响，在数据开放和人工智能技术的双重促动下，目前的大部分公共气象服务需求将由用户自行满足，气象服务格局将发生深刻变革。

二、推进人工智能应用须解决一些基础性问题

虽然我国气象领域对人工智能的应用已经步入世界先进行列，但同时也要清醒地看到，和美国相比，我国在基础理论、核心算法等方面的差距仍然较大。这主要是因为在人工智能气象应用中存在着统筹管理、发展环境、高端人才三方面基础性问题。

一是统筹规划和顶层设计相对滞后。虽然中国气象局职能司已着手开展顶层设计，但仍相对滞后于技术发展，目前气象部门各单位和社会企业在推进人工智能气象研发和应用中，基本处于“各自为战、百花齐放”状态。这种方式虽可贴近业务需求，解决实际问题，但周期长、见效慢、投入大、“一家投入、集体受益”的基础性工作却往往被忽视。如人工智能训练和测试所需的气象领域公共数据集建设、成果评价和评估方法及相关标准制定、用于支持部门内外共享应用的人工智能基础平台和气象算法库建设等，至今尚属空白，不利于成果积

累和业务转化，有碍长远发展。

二是平台和数据环境缺失。人工智能研发和应用离不开平台支撑，如果没有自主可控的开发平台，就只能基于外部平台，不但要把数据提供出去，而且研发成果也会被迫留存于他人平台。人工智能研发和应用另一个不可或缺的要素是数据，数据的数量、质量和多样性对人工智能系统的性能有极大影响，而气象部门目前基于2015年《基本气象资料和产品共享目录》所开放的数据难以满足高校、科研院所及企业开展人工智能研发的新需求。

三是高端人才引进和培养困难。一方面，从全社会来看，人工智能专家的短缺现象严峻，研发人员供不应求，起薪很高，气象部门对高端技术人才缺乏吸引力。另一方面，目前气象部门推进人工智能研发和应用主要借助高校、科研院所及企业的技术力量，采取服务外包和科研合作项目的方式，气象部门主要提出业务需求并提供数据支持，能实际参与到核心软件开发的人员很少。此外，现有研发项目大量使用开源软件，虽然起点高、见效快，但是算法模型处于“黑箱”状态，即使是参与项目研发的人员也很难理解内部机制、掌握技术核心。

三、关于推进人工智能研发和应用的措施建议

基于上述分析，建议中国气象局在充分重视气象人工智能技术开发的同时，优先解决体制机制上存在的基础性问题。对此有如下思考与建议。

（一）统筹建立全国共用的人工智能公共数据集和技术标准、评估体系

一是由中国气象局统筹相关单位开发满足多样化气象应用场景的行业训练资源库，建立完整、一致的人工智能训练与测试公共数据集。二是加强人工智能标准框架体系研究，加快推动中国气象学会、中国气象服务协会制定相关标准，参与或主导制定气象应用人工智能的国

际标准，保证人工智能系统的安全性、可用性、可追溯性、隐私保护等要求。三是加强人工智能成果评估方法研究，开发相关的有效测试方法、量化指标和成果转化标准，评估人工智能的不确定性、可解释性以及与人的可比较性等。

（二）开发用于人工智能的互联网气象平台和数据环境

共享共用的互联网气象平台和数据环境是保证充分开发人工智能气象应用的重要基础设施，可以实现汇聚数据、人才和应用等多重功能：可以为收集社会化各类观测数据、与各行业各部门数据共享等提供入口；可以把国内外最优秀的气象科技人才和更多的人工智能专家汇聚起来；可以在平台上汇聚各种人工智能的气象算法和应用，并实现开源共享和激发创新。开发人工智能的互联网气象平台和数据环境，其建设思路应避免采用全部自建或全部依靠公共资源的方式，可考虑采用自建与公共资源相结合，平台架构宜采取分层分级模式，实现自主可控性、敏捷性、可扩展性和数据安全性等目标。

（三）加快培养和聚集人工智能高端人才

建议成立跨部门的多元化合作机构来开展跨学科气象人工智能技术研究。一是引导各单位和企业、科研院所成立合作机构，开展人工智能创新应用试点示范。可利用中国气象局中试基地的政策，在合作机构中建立灵活的薪酬机制以引进人工智能领军人才和团队，并通过合作来培养气象部门在人工智能领域的中坚力量。二是重视国际合作，可依托《气象“一带一路”发展规划（2017—2025年）》，推动建设气象人工智能国际科技合作基地、联合研究中心等。三是重视长远的人才培养，在教育部印发《高等学校人工智能创新行动计划》的契机下，支持气象相关高校促进气象和人工智能交叉学科发展，为气象应用人工智能做好长期人才储备。

附件：

人工智能的内涵和发展现状

一、人工智能的概念

自21世纪初以来，全球掀起了人工智能研发的第三次浪潮。研究界普遍认为，人工智能的迅速发展将有可能彻底改变我们的生活、工作、学习、沟通和发展的方式。今天的人工智能涵盖了计算机科学、统计学、脑神经学、社会科学等诸多领域，是一门典型的交叉学科。根据《人工智能标准化白皮书（2018版）》定义，人工智能是利用数字计算机或者数字计算机控制的机器模拟、延伸和扩展人的智能，感知环境、获取知识并使用知识获得最佳结果的理论、方法、技术及应用系统。

二、人工智能的层次结构

人工智能的结构化层次从下往上依次是基础设施层、算法层、技术层、应用层（图1）。其中算法层是人工智能的核心，主要包括机器学习和深度学习算法。常用的机器学习算法有逻辑回归（LR）、支持向量机（SVM）、随机森林（RF）、梯度提升决策树（GBRT）、神经网络（NN）等。其中，深度学习是机器学习中神经网络算法的最新分支，算法有深度玻尔兹曼机（DBM）、深度信念网络（DBN）、卷积神经网络（CNN）、循环神经网络（RNN）、长短期记忆网络（LSTM）等。其特点在于需要大量数据进行训练，训练要求很高的硬件配置，且模型处于“黑箱”状态，人们难以理解内部机制等。利用机器学习、深度学习算法，人工智能的主要技术应用方向包括计算机视觉（图像处理）、语音处理、自然语言处理、规划决策系统、大数据分析等。

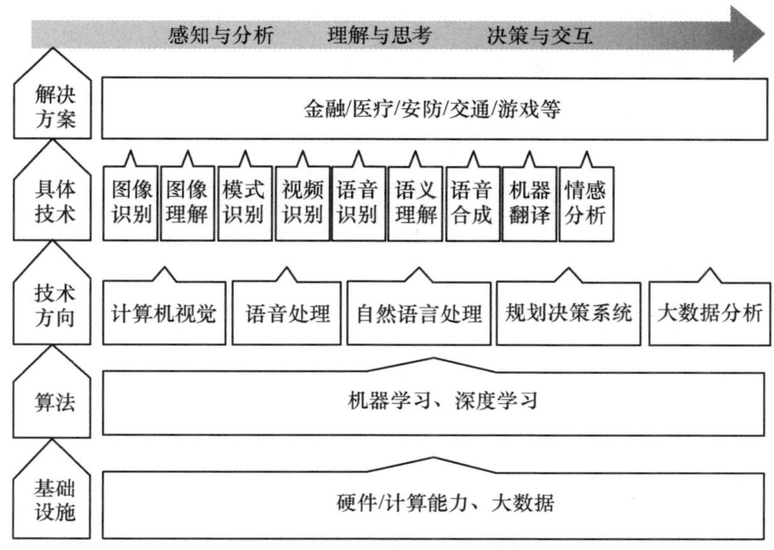

图1 人工智能的层次结构

（引自：腾讯研究院等．人工智能［M］．北京：中国人民大学出版社，2017）

三、新一代人工智能的特征

自21世纪初以来，人工智能正进入一个新的阶段，一般被称为“新一代人工智能”或“人工智能2.0”时代。这次发展浪潮和前两次有两点明显的不同：一是得益于21世纪以来硬件越来越便宜、大规模并行计算能力越来越强以及大数据的出现，人工智能在深度学习算法上取得突破性进展；二是这一次浪潮的影响已经远远超出学术界，政府、企业都开始谋划和投入人工智能技术和产业。经过60多年的演进，特别是在移动互联网、大数据、超级计算、传感网、脑科学等新理论新技术以及经济社会发展强烈需求的共同驱动下，人工智能技术加速发展并进入了新阶段，呈现出深度学习、跨界融合、人机协同、群智开放、自主操控等新特征。

四、人工智能技术的发展现状

人工智能的最新研究进展让其潜力变得乐观，使行业得到迅猛发展，并让人工智能方法变得商业化且能获得高额利润。所以产业界首先布局，大量资本与并购的涌入，加速了人工智能技术与应用的结合并蔓延升温，使人工智能成为2017年以来最热门的词汇之一。事实上，究竟哪些人工智能技术已经处于成熟期可以应用？哪些技术仍处于开发婴儿期被过度炒作？高德纳（Gartner）公司对人工智能技术的发展现状进行了技术成熟度分析（图2），发现87%的人工智能技术位于泡沫低谷期之前或之中：如人机回圈众包、人工智能（AI）相关的C&SI服务、人工通用智能、自然语言生产等技术处于技术萌芽期，深度学习、机器学习、自然语言处理技术等处于期望膨胀期，虚拟客户助理、增强现实、知识管理工具技术等处于泡沫破裂低谷期。仅13%的人工智能技术较为成熟，如GPU加速器、虚拟现实、集成学习技术处于稳步爬升复苏期，语音识别处于生产成熟期。高德纳预测，深度学习、机器学习、自然语言生成等技术，在未来2～5年将会到达技术成熟期。

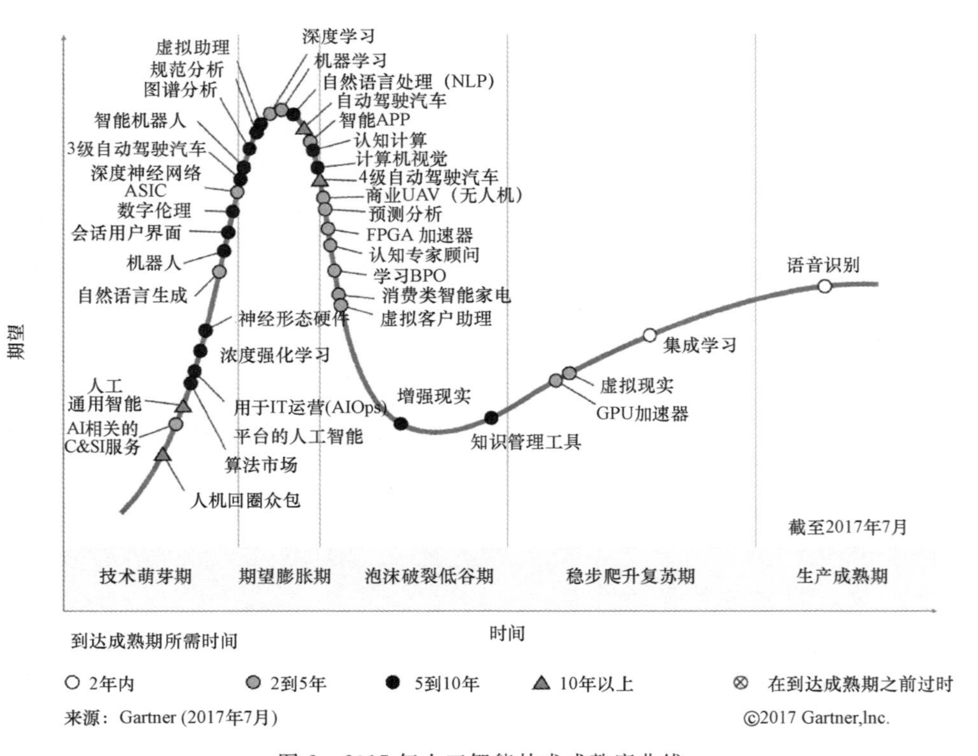

图2 2017年人工智能技术成熟度曲线

五、各国人工智能国家战略措施

人工智能被认为是引领未来的战略性技术。世界主要发达国家均把发展人工智能作为提升国家竞争力、维护国家安全的重大战略，加紧出台规划和政策，围绕核心技术、顶尖人才、标准规范等强化部署，力图在新一轮国际科技竞争中掌握主导权。

发达国家中，德国在2012年发布的10项未来高科技战略计划中，以“智能工厂”为重心的工业4.0是其中的重要计划之一，包括人工智能、工业机器人等在内的技术得到大力支持。欧盟早在2014年就启动了全球最大的民用机器人研发计划“SPARC”。日本政府于2015年1月发布《日本机器人战略：愿景、战略、行动计划》。美国于2016年5月成立了一个新的国家科学技术委员会（NSTC）机器学习和人工智能小组委员会，并于2016年10月印发《美国国家人工智能研究和发展战略计划》和《为未来人工智能做好准备》报告，将人工智能的战略规划视为美国新的阿波罗登月计划。英国科学和技术委员会于2016年10月发布“机器人和人工智能”报告，英国政府2017年1月发布“现代工业战略”，确定了人工智能的发展目标。

我国近年来部署了智能制造等国家重点研发计划重点专项，自2016年起陆续出台了《机器人产业发展规划（2016—2020年）》《“互联网+”人工智能三年行动实施方案》《新一代人工智能发展规划》等7项国家战略规划或政策，为在新一轮国际科技竞争中掌握主导权积极谋划。在2017年7月8日国务院印发的《新一代人工智能发展规划》中，提出6个方面的重点任务：一是构建开放协同的人工智能科技创新体系，从前沿基础理论、关键共性技术、创新平台、高端人才队伍等方面强化部署；二是培育高端高效的智能经济，发展人工智能新兴产业，推进产业智能化升级，打造人工智能创新高地；三是建设安全便捷的智能社会，发展高效智能服务，提高社会治理智能化水平，利用人工智能提升公共安全保障能力，促进社会交往的共享互信；四是加强人工智能领域军民融合，促进人工智能技术军民双向转化、军民创新资源共建共享；五是构建泛在安全高效的智能化基础设施体系，加强网络、大数据、高效能计算等基础设施的建设升级；六是前瞻布局重大科技项目，针对新一代人工智能特有的重大基础理论和共性关键技术瓶颈，加强整体统筹，形成以新一代人工智能重大科技项目为核心、统筹当前和未来研发任务布局的人工智能项目群。

其中，在人工智能标准化方面我国已经取得了初步成果。《人工智能标准化白皮书（2018版）》正式发布，梳理了人工智能技术、应用和产业演进情况，分析了人工智能的技术热点、行业动态和未来趋势，从支撑人工智能产业整体发展的角度出发，研究制定了能够适应和引导人工智能产业发展的标准体系。国家标准化管理委员会正式成立国家人工智能标准化总体组，总体组负责开展人工智能国际国内标准化工作，包括拟定我国人工智能标准化规划、体系和政策，协调相关国家标准技术内容和技术归口，建立人工智能基础共性标准与行业应用标准的传导机制等。

（来源：《咨询报告》2018年第9期）

报告执笔人：唐　伟　周　勇　董　昊　张定媛　赵文芳

新一代信息技术对气象事业发展的影响分析

摘　要：信息技术是推动气象事业发展的主导因素之一。以云计算、大数据、物联网等为代表的新一代信息技术和产业创新日新月异，对今后几年至十几年气象部门业务、技术和管理都有深远影响。本报告基于对近期政府文件、专业机构研究报告和社会关注热点的调研，并征询相关专家意见，从技术成熟度、行业适用性、产业现状、应用案例、预期影响等多方面进行了分析，提出气象部门应分类有序推进新一代信息技术应用、大力争取国家层面政策支持，以及吸引、带动企业和院校深度参与三方面的措施建议。

信息技术是推动气象事业发展的主导因素之一，对气象技术体制、业务体制和管理体制都有决定性影响。数值预报技术从理论走向实践、业务布局从零散走向集约、组织管理从粗放走向精细，都离不开现代信息技术的支撑。

当今，以云计算、大数据、物联网等为代表的新一代信息技术和产业创新日新月异，全球信息化进入全面渗透、跨界融合、加速创新、引领发展的新阶段。对气象部门而言，新一代信息技术能增强数据收集、传输、存储和处理能力，对气象事业发展有巨大的促进作用；反之，如果气象部门不能及时改进技术体系和业务体制，以适应新一代信息技术发展，则可能在国际竞争中落伍。

本报告基于对近期政府文件、专业机构研究报告和社会关注热点的调查，并征询国家信息化专家咨询委员会、赛迪研究院、高德纳公司、清华大学、北京邮电大学、中国气象局等单位专家意见，选定云计算、大数据、物联网、人工智能、边缘计算、区块链和量子计算为研究对象，从技术成熟度和行业适用性两方面加以分析，分类提出推进气象信息化建设的相应建议措施。

一、新一代信息技术热点

"新一代信息技术"频繁出现在中央领导讲话、政府文件和媒体宣传中，虽无严格定义，但有一些突出的关注热点。比如，国务院印发的《"十三五"国家科技创新规划》在"专栏5 新一代信息技术"中，列举出微纳电子与系统集成技术、光电子器件及集成、高性能计算、云计算、人工智能、宽带通信和新型网络、物联网、智能交互、虚拟现实与增强现实以及智慧城市10项内容。《国务院关于积极推进"互联网+"行动的指导意见》(国发〔2015〕40号)中提到，重点促进以移动互联网、云计算、大数据、物联网为代表的新一代信息技术与制造、能源、服务、农业等领域的融合创新。《"十三五"国家信息化规划》中提出，推动宽带网络、移动互联网、物联网、云计算、大数据、三网融合等新一代信息技术融合发展。此外，国务院还出台了促进物联网、云计算、大数据和人工智能发展的意见、纲要或规划。

除政府文件外，在赛迪、高德纳、麦肯锡等国内外研究和咨询机构发布的趋势咨文及新闻报道中，被普遍认为具有"颠覆性"影响的新一代信息技术主要包括：云计算、大数据、物联网、人工智能、边缘计算、区块链和量子计算。

二、新一代信息技术对气象事业发展的影响

基于对技术成熟度和行业适用性的分析，可以把上述热点技术分为三类：第一类技术成熟度较高且应用价值大，如云计算、大数据和物联网；第二类技术接近成熟且应用前景可期，如人工智能和边缘计算；第三类技术不成熟或应用前景不明，如量子计算和区块链。其中，

技术成熟度分析主要基于高德纳公司的技术成熟度分析报告，并参考赛迪、麦肯锡等其他国内外研究和咨询机构发布的趋势预测资料。行业适用性分析主要基于对国内外学术文献和应用案例的调研，以及行业需求分析。

（一）技术成熟度较高且应用价值大——云计算、大数据、物联网

1. 云计算

云计算就是把计算、网络、存储等资源统一调度、按需支配，使其像水和电一样方便获取和使用，为大数据、物联网、人工智能等新兴领域的发展提供基础支撑。工业和信息化部《云计算发展三年行动计划（2017—2019年）》在发展目标中提出，到2019年，我国云计算产业规模将达4300亿元。

云计算技术和产品已较为成熟并在气象领域得到广泛应用。国际上，相关企业正逐渐脱离试验阶段，开始寻求与云技术供应商建立战略合作关系，美国AccuWeather公司借助微软智能云，处理每天来自200多个国家、囊括100多种语言、高达100亿次的数据请求，在遇到恶劣天气时，能及时按需扩容到标准需求的3～4倍。在我国，阿里云已为浙江、广东、江苏、贵州、宁夏等地，腾讯云已为上海、广州、北京等地政府机构的政务云平台提供服务。气象部门内，国家气象信息中心已初步建成气象云国家级中心，以47台物理服务器虚拟成684台虚拟机，承载了276个业务系统，政务系统100％入云。

云计算将有利于促进气象部门集约化发展。在气象部门内部，仅需建设少数几个“云计算中心”就足以支撑全国业务，最终形成“云＋端”的全国业务架构；在气象部门外部，社会企业和各级政府提供的云平台资源日趋丰富，可以成为业务发展的有益补充，但由此带来的监管和安全问题也不容忽视。此外，国家和地方政府云平台的推广应用常带有强制性，可能会导致气象部门信息化基础设施建设项目审批难度增大。

2. 大数据

大数据最初是指以容量大、类型多、存取速度快、应用价值高为主要特征的数据集合。目前，大数据已经从单纯的信息技术上升到了国家战略高度。据中国信息通信研究院测算，我国大数据产业规模2017年已达4700亿元，到2020年将超过10 000亿元。

近期，国内外气象部门在大数据应用方面还主要处于打基础阶段，重点在于大数据采集、存储和处理平台的构建。美国主要依靠商业企业，我国主要依托政府信息化建设。国际上，美国国家海洋和大气管理局（NOAA）正在实施大数据工程（Big Data Project），与IBM、谷歌、亚马逊、微软等商业公司共同挖掘气象数据价值；IBM公司利用大数据技术向风力、光伏发电企业提供风、光高精度一体化发电功率预测解决方案，精确预测发电功率。在国内，中国气象局2017年底编发了《气象大数据行动计划（2017—2020年）》，明确了近几年气象部门大数据发展的目标和任务；阿里云与中国气象局合建“物流预警雷达”物流数据平台，为物流公司提供科学的、精细化的、更有针对性的气象服务；京东物流利用格点化天气预报优化仓储点运行。但截至2018年，真正出自大数据技术的突破性科研、业务和服务创新尚不多见，媒体宣传中存在“新瓶装旧酒”现象。

从长远看，气象行业应用大数据技术，主要是为了对数量巨大、来源分散、格式多样的数据进行关联分析，从中发现新知识、创造新价值、提升新能力。大数据正在改变着气象服务供需关系。气象部门已不再止步于气象信息的提供，而是希望获取更多的用户数据并进行融合分析，以提供更贴近应用需求的服务产品；而越来越多的用户则视自有数据为资产，希望从气象部门获得更多原始数据，自行加工处理。供需双方的界面正在相互融合渗透。大数据也将重塑气象服务产业格局。社会企业拥有大数据分析的基础设施、技术和人才优势，缺乏的主要是原始气象观测数据。随着气象数据共享开放程度的加大，企业拥有的气象数据从无到有、从少到多、从差到好，再辅以社会观测，经过一段时间的积累后，必将具有不低于气象部门的业务和服务能力。那时，若无政策支持，气象部门在气象服务产业中的地位可能会大为弱化。

3. 物联网

物联网主要解决“物与物”和“人与物”之间的通信连接。物联网的应用和发展有利于促进生产生活和社会管理方式向智能化、精细化、网络化方向转变。据高德纳公司预测，到2020年全球联网设备数量将达到260亿个，物联网市场规模将达到1.9万亿美元。我国已将物联网作为战略性新兴产业的一项重要内容。

物联网在气象领域早有应用，传统的天气雷达、自动气象站等观测站网就已初具物联网特征，而新的技术又拓展了其应用领域。IBM公司收购美国天气公司（The Weather Company）后，利用其物联网和云平台，获取了大量来自个人气象站、卡车、飞机和建筑物的观测数据，以及来自手表和手机的气压传感器数据和视频图像数据，并与零售销售数据和有关环境进行关联分析，以增强其对新业务的洞察力。中国气象局通过“人工影响天气装备弹药物联网能力建设”项目，初步实现了对人工影响天气弹药的全过程监控。

近期，物联网对气象的影响主要体现在综合观测领域，并在人工影响天气和业务系统监控管理中发挥重要作用。在气象部门内部，物联网技术和产品有助于增加综合观测的范围、密度、种类和时效，并提高数据质量；在气象部门外部，物联网将使企业和个人从数据消费者转变为兼顾数据生产者和数据消费者的双重角色，从而促成社会化观测的兴起。远期，物联网对气象的影响将转向服务领域。物联网将有助于气象部门及时了解社会需求，增强服务洞察力。另外，通过智能终端与周边物联网观测设备自动连接，获取实时观测数据，再借助边缘计算和简单外推算法，就可以在用户终端（如智能手机）上随时制作出以用户位置为中心（类似当前手机地图导航系统）的即时短时临近预报产品，气象服务效果将会明显优于现有定点、定时的格点化预报。

(二) 技术接近成熟且应用前景可期——人工智能、边缘计算

1. 人工智能

在多学科新理论新技术以及经济社会强烈需求的共同驱动下，人工智能技术加速发展并进入了新阶段，呈现出深度学习、跨界融合、人机协同、群智开放、自主操控等新特征。高德纳公司研究认为机器学习和深度学习技术将在2～5年内走向成熟。国务院印发的《新一代人工智能发展规划》中提出，到2025年，人工智能核心产业规模超过4000亿元，带动相关产业规模超过5万亿元；到2030年，人工智能核心产业规模超过1万亿元，带动相关产业规模超过10万亿元。

人工智能在气象领域的应用还处在研发探索阶段，鲜有能够业务应用的技术。国内气象部门基于业务需求的相关预研大多从2017年开始，目前还没有能够业务化应用的模型或技术，主要的研发内容有三类：一是基于机器学习的雷达图像外推短时临近预报，如国家气象中心，上海、福建、广东省（市）气象局；二是基于机器学习方法的数值预报订正，如北京、上海、福建省（市）气象局；三是基于自然语言生成技术的预报产品生成，如国家气象中心、上海市气象局。据公开发表的文献分析，美国的相关工作比中国超前不多，2016年开始有部分研发成果升级到业务试运行阶段，如基于机器学习的风暴持续时间预测和冰雹预测方法在NOAA的灾害天气试验台中已经应用，取得了良好的预测效果。

未来，人工智能对气象部门的影响广泛而深远，主要体现在：近期在“事”，中期在“人”，远期在“体制”。今后几年可称为人工智能与气象结合的“蜜月期”，气象部门与人工智能企业（含研究机构）都愿主动合作，前者需要技术，后者对数据需求很大；此阶段过后，随着实用性人工智能技术投入业务应用，可能带来人力资源需求下降和岗位技能需求的变化，干部职工转岗、转型和安置问题将会日益突出；更长期来看，人工智能产品将得以普及，在数据开放和智能技术的双

重促动下，目前的大部分公共气象服务需求将能由用户自行满足，气象部门的职责和定位将被迫调整，体制机制改革势在必行。

2. 边缘计算

边缘计算是一种在网络边缘执行计算的新型计算模型。所谓“边缘”是个相对概念，指从数据源到云计算中心之间的任意计算资源和网络资源。边缘计算的基本理念是将计算任务放到接近数据源的计算资源上运行。边缘计算与云计算是行业数字化转型的两大重要支撑，二者相辅相成，共同为万物互联时代的大数据处理提供软硬件支撑平台。高德纳公司认为边缘计算还需2～5年才能走向成熟。

边缘计算正加快向智能制造、智能家居等领域渗透。目前，微软、谷歌、亚马逊、IBM等全球互联网龙头都在积极发展边缘计算，重点是在工业物联网、智慧家居、智慧通信等领域的边缘计算应用。

边缘计算对气象观测和服务技术体系可能具有重要影响。在气象观测领域，边缘计算技术有助于增强观测设备端的数据质量控制能力，使数据质量控制业务“前移”。在气象服务领域，如本部分（二）3.“物联网”一节所述，边缘计算和其他相关技术相结合，可实现以用户位置为中心自主制作即时短时临近预报产品，彻底改变现有定点、定时的气象预报和服务模式。

（三）技术不成熟或应用前景不明——量子计算、区块链

1. 量子计算

量子计算机是量子力学与计算问题相结合的产物，是近几年的研究热点，已被列为国务院《“十三五”国家战略性新兴产业发展规划》的“超前布局战略性产业”之一。量子计算机不同于常规计算机的体系架构，具有极强的计算能力，从而能够实现真正意义上的“并行计算”。理论上，一台64位量子计算机的数据处理速度将是目前世界上最快的“天河二号”超级计算机（每秒33.86千万亿次）的545万亿倍。以量子计算为基础的信息处理技术的发展有望引发新的技术革命，

为金融、交通运输、气象、医疗等领域的研究提供前所未有的强有力手段。

当前量子计算研究国际竞争激烈，大公司纷纷介入，有人甚至将量子计算提到了“量子霸权”的高度。但总体上量子计算仍然处于探索性研究阶段，目前世界上并没有一台真正意义上的量子计算机出现。中国科学院量子信息与量子科技创新研究院院长潘建伟院士认为，要造出有一定应用价值的量子计算机，还需要10～20年的时间。

量子计算对气象技术体系的影响体现在：直接影响方面，随着计算能力的飞跃，即使现有预报原理和算法未变，天气预报业务水平也能得以提高，但其提高程度将受限于预报方法自身能力；间接影响方面，量子计算拓展到大数据处理和人工智能等领域，进而促成预报技术方法的变革，有望突破当前数值预报的技术瓶颈。此外，量子计算还可能对气象部门的业务体制造成影响。由于早期的量子计算机将十分昂贵，即使被研发出来，也很可能会像高性能计算机问世初期一样，成为国家重大公共基础设施或个别大型企业自有资产，再以“云”模式供大家使用，从而迫使气象部门改变“自建、自管、自用”高性能计算资源的业务体制。

2. 区块链

区块链不是一种单一技术，而是分布式数据存储、点对点传输、共识机制、加密算法等计算机技术的新型应用模式。其突出优势在于：一是无“中心”，任一节点的损坏都不影响整体运作，系统可靠性高、管理成本低；二是通过数据层层嵌套、重重加密，解决了数据追踪、数据一致性和信息防伪问题。其主要缺陷在于：计算资源消耗大、能耗高、存储资源利用率低。

区块链技术已被认为是继大型机、个人电脑、互联网之后计算模式的颠覆式创新，很可能在全球范围引起一场新的技术革新和产业变革。但其技术特性与当前气象主体业务需求（如提升大数据传输、存储和处理能力）关联度较低，且技术尚不成熟、标准化程度低，在气象领域应用空间有限。但区块链技术或许会率先在预警信息发布、社会数据交易、装备保障等领域应用。联合国已把区块链技术应用到应对气候变化方面，成立了“气候链联盟”，用于改进碳排放交易系统，从而提高气候行动的透明度、可追溯性和成本效益。

三、推进新一代信息技术气象应用的措施建议

今后几年，即使不考虑社会化观测数据的收集与使用，气象部门对数据存储和计算能力的需求也可能超过现状的10倍，对服务支撑能力提升的需求还要远高于此。气象部门目前所采用的信息技术和产品将难以满足新需求，大力推进新一代信息技术应用是气象现代化的必然要求。结合前文分析，对推进新一代信息技术在气象领域的应用有如下建议。

(一) 分类有序推进新技术气象应用研发

基于对发展需求、技术成熟度及其影响的分析，建议分类有序推进不同技术的应用。一是大力推进云计算、大数据、物联网、人工智能气象应用研究。从加强顶层设计和推进国家级重大工程项目建设入手，筹组大数据应用与智能预报研发机构和团队，抓紧完善相关政策体系和管理制度，并积极参与国内外相关标准规范的制定。二是开展边缘计算气象应用试点示范。鼓励各地气象部门因地制宜，从解决具体问题出发，支持众筹众创，并借以优化人才队伍，为后续发展奠定基础。三是持续跟踪预研量子计算和区块链的发展。建议效仿我国气象卫星和高性能计算机的发展模式，及早介入量子计算相关工程的跨部门规划、设计和研发工作；对于区块链技术“跟进但不冒进”，组织进行业务适用性验证并持续跟踪其发展动向。

(二) 大力争取国家政策支持

气象信息化是国家信息化的重要组成部分，中国气象局的信息化水平也多年处在国家各部委前列，但根据对近期国家信息化相关政策

文件的分析，气象的受重视程度并不高。因此，亟需加强与中央网信办、国家发改委、工信部等政策主导部门的沟通，争取在国家层面得到更大重视和更多政策支持，为气象信息化发展创造良好的外部环境。一是邀请国家信息化专家咨询委员会、国家信息中心、工业和信息化部赛迪研究院等机构中参与国家信息化政策制定的专家来访，促进相互了解并争取工作支持；二是结合实际需求，在气象信息化相关工程项目设计中，优先采用国家重点发展的新技术，并突出其作用；三是积极参与国家为推进新一代信息技术应用而成立的相关组织机构（如促进大数据发展部际联席会议），以及相关跨部委信息化工程建设工作。

（三）吸引带动企业、院校参与新技术研发

在新技术、新产品研发方面，企业和院校的能力与活力往往远超政府部门。气象部门应鼓励社会力量参与新一代信息技术应用：一是充分利用多方资源，实现优势互补，协同创新；二是灵活运用多种机制，增强吸引力，引进领军人才；三是为多方合作提供稳固平台，持续培养后备人才队伍。具体措施包括：与企业、院校共同组建大数据应用研发中心、智能预报技术研究中心等合作研发机构；健全技术和政策支撑体系，组建开源社区和产业联盟，加快推进计量、标准化、检验检测和认证认可等工作；积极探索创新协作共赢的应用模式和商业模式等。

（来源：《咨询报告》2018 年第 7 期）

报告执笔人：周　勇　李锡福

深度参与国家数据资源整合与共享建议

摘　要：党中央和国务院领导高度重视并大力推进国家数据资源整合和共享交换工作，这对于气象信息化建设，乃至中国气象局的整体业务布局、规划设计、工程建设都具有重大影响。综合前期研究和专家意见，我们认为中国气象局应该、也能够在国家数据资源整合和共享工作中发挥更大作用。在此基础上进一步建议：第一，认清气象业务系统已被纳入国家电子政务范畴的形势，今后需遵照相关政策进行规划设计；第二，在气象信息化系统工程可研报告编写中做好与国家电子政务外网、国家数据共享交换平台的衔接；第三，主动参与国家数据资源共享交换平台体系架构研究和跨部门基础数据库建设等工作。

数据资源整合和共享工作已受到党中央和国务院的高度重视，是国家大数据战略的重要任务。中国气象局全面贯彻落实党中央和国务院部署，持续深化政务公开和气象数据开放。2018 年全国气象局长会议报告明确提出，要建设气象大数据云平台，汇集共享气象数据资源，统筹加强政务信息系统建设，完善气象信息化整体布局。为贯彻落实全国气象局长会议精神和重点任务部署，及时了解国家整体进展，科学谋划气象信息化建设，中国气象局发展研究中心于近日邀请国家信息化专家咨询委员会、国家发改委、国家信息中心、工业和信息化部等单位的专家，与部分中国气象局领导和专家一起进行了交流和研讨。综合前期研究成果和专家研讨意见，我们认为：中国气象局应该、也能够在国家数据资源整合和共享工作中发挥更大作用。

一、国家大力推进政府数据资源整合和共享工作

中央领导高度重视并亲自抓落实。中共中央政治局于 2017 年 12 月 8 日就实施国家大数据战略进行了第二次集体学习，习近平总书记强调，要推进数据资源整合和开放共享，更好服务于我国经济社会发展和人民生活改善。李克强总理于 2017 年 12 月主持召开国务院常务会议，部署加快推进政务信息系统整合共享工作，要求在 2017 年实现“网络通”的基础上加快实现“数据通、业务通”，并按照“谁提供、谁负责”原则，确保信息及时、可靠、完整、权威。

国家信息中心负责具体实施。在国务院办公厅和国家发改委的领导下，国家电子政务外网管理中心（国家信息中心）承担了中央级政务外网和国家数据共享交换平台的建设、运维、管理工作，并对各地方工作进行具体指导。目前，各项工作正在按照“日推动、周检查、月报告”的要求紧锣密鼓地进行。

国家电子政务外网建设进展情况。国家电子政务外网是用于满足经济调节、市场监管、社会管理和公共服务等方面需要的电子政务重要公共基础设施，中央和地方按照统一规划、分级负责的原则进行建设。目前，在政务外网纵向覆盖方面，省、地市和区县三级覆盖率分别达到 100％、100％和 96.1％，有 49.9％的区县实现乡镇全接入；在政务外网横向接入方面，已经连接了包括中国气象局在内的 148 个中央政务部门和相关单位，省级及以下接入单位数达到 24.4 万个，接入终端超过 280 万台，为支持跨地区跨部门跨层级的信息共享和业务协同，提升政府治理能力和服务水平提供了网络保障。

国家数据共享交换平台建设进展情况。国家数据共享交换平台以国家电子政务外网为基础构建，用于推动各部门业务系统互通对接、信息共享和业务协同，实现“一窗口受理、一平台共享、一站式服务”。目前，全国政务信息共享网站已正式开通上线，基本具备了跨地

域、跨系统、跨部门、跨业务的支撑服务能力；上线数据目录42.9万条，其中，部门目录1.2万条，地方目录41.7万条；已有15个部门的48个信息系统接入国家共享平台。

二、气象业务和信息化工程面临新机遇和新挑战

国家大力推进数据资源整合和共享工作，对于气象信息化建设，乃至中国气象局的整体业务布局、规划设计、项目申报都具有重大影响。

一是中国气象局与其他部门间的数据传输专线业务将要向国家电子政务外网迁移。目前，中国气象局与国务院办公厅、农业部、民政部、水利部、海洋局、民航局、地震局等14个部委或单位建有数据传输专线，承载着跨部门数据共享交换业务。按照国家要求，今后除极特殊情况外，都应迁移到国家电子政务外网。

二是中国气象局气象信息化系统工程建设思路和内容面临调整压力。新的形势下，原有以部门自建、自有平台为主实现数据跨部门共享和社会服务的方式已经不符合国家最新要求。调整思路有三：上策是把部门自建自有平台纳入国家数据共享交换平台体系，成为其中一部分，并主动承担多部门数据共享服务业务；中策是以国家数据共享交换平台为主，适度缩减部门自建、自有平台建设规模，作为辅助方式；下策是完全依托国家数据共享交换平台，提需求、只用不建，但很可能在功能和进度上不能满足气象数据存储管理和共享服务的全部需求。

三是中国气象局气象信息系统建设和业务维持经费的下达会受到较大影响。国家发改委、中央网信办、中央编办、财政部、审计署联合编发的《加快推进落实〈政务信息系统整合共享实施方案〉工作方案》明确提出，2018年起，凡已明确须接入而实际未接入共享平台的部门政务信息系统，中央财政原则上不予安排运维经费，针对不符合共建共享要求的已建设项目，视情况不再安排后续建设、运维经费。

因此，中国气象局应抓紧进行政务和业务系统的梳理和整合工作，以保证后续建设、运维经费能够足额下达。

三、深度参与国家数据资源整合和共享的建议

为推动中国气象局在国家数据资源整合和共享中发挥更大作用，特提出相关建议措施如下：

一要认清气象业务系统属于国家电子政务范畴，相关政策对其同样有效。气象部门曾把人事、财务、办公等应用系统称为政务系统，把支撑观测、预报和服务等业务的系统称为业务系统。《国家电子政务工程建设项目管理暂行办法》（国家发改委第55号令）明确指出，电子政务项目主要是指：国家统一电子政务网络、国家重点业务信息系统、国家基础信息库、国家电子政务网络与信息安全保障体系相关基础设施、国家电子政务标准化体系和电子政务相关支撑体系等建设项目。根据该意见，气象业务系统虽有其特殊性，但作为国家重点业务信息系统和国家基础信息库，已被纳入其中。因此，虽然国家在推进电子政务建设和数据资源整合的工作步骤上有主次先后之分，但相关政策措施也适用于气象业务系统，我们对此应有充分认识。

二要在气象信息化系统工程可研报告编写中做好与国家相关工作的衔接。2017年年底，《气象信息化发展规划（2018—2022年）》印发后，国家气象信息中心已经启动了《气象信息化系统工程可研报告》编写工作。以下几点须特别注意：（1）将向国家电子政务外网迁移的业务系统，除接口改造外，不宜安排过多投资；（2）气象数据共享服务平台设计要符合国家数据共享交换平台体系技术标准和业务规定，建设内容和规模须征求相关单位（如国家信息中心）意见；（3）据悉，国家数据共享交换平台仅进行共享资料目录的备份，业务数据备份系统要由各部门自建，可作为气象信息化系统工程建设内容。

三要更加广泛、深入地参与国家数据资源整合和共享工作。包括：（1）组织研究国家信息化专家咨询委员会专家提出的“两库”（与水利

部共建中华人民共和国雨情水文基础数据库、与环保部共建大气环境质量基础数据库）建设可行性；（2）参加国家数据资源共享交换平台体系架构研究工作（预计由国家发改委牵头）；（3）加大宣传力度，通过强化与国家信息化专家咨询委员会、国家信息中心、工业和信息化部等单位的交流合作，引导中央领导层在今后国家数据资源整合、共享交换以及国家信息化的其他领域相关政策制定和重大工程建设的总体规划布局中，更加重视气象行业，更好地促进气象部门作用的发挥。

（来源：《咨询报告》2018 年第 3 期）

报告执笔人：周 勇 唐 伟

科学布局并有序推进国家气象数据中心建设

摘　要： 发展大数据是重要的国家战略，数据中心是布局数据产业、发展数据应用、创新数据服务的重要基础设施。气象数据中心建设是当前和今后一个时期推动气象信息化的重点任务，其如何布局、如何建设各方争议较大。气象数据中心的建设和布局应以数据应用为核心，以充分发挥气象数据的价值和促进气象服务业健康发展为目的，以数据资源的存储、处理、应用和服务为主线，以提高数据质量、加大开放共享和保障信息安全为着力点，统筹规划、科学布局。具体来说，就是要明确国家气象数据中心的定位，采用“一主、二备、多辅”的建设布局，创新建设和运行维护方式，稳步实施，分步构建国家气象数据中心。

2015 年 8 月，国务院出台了《促进大数据发展行动纲要》，标志着发展大数据已上升为国家重要战略。此后，中央和地方政府规划建设了贵州、宁夏中卫、陕西西咸新区等一批国家级大数据产业基地。作为大数据战略发展的重要支撑，数据中心已经成为布局数据产业、发展数据应用、创新数据服务的重要基础设施。科学布局、有序推进气象数据中心建设，对推动气象数据资源共享开放、强化大数据应用、带动气象服务业都具有重要意义。

一、气象数据中心的界定

目前，对数据中心并没有一个严格、统一的定义。国家标准《数据中心设计规范》中，数据中心的定义是为集中放置并充分利用的电子信息设备提供运行环境的场所；电信行业标准《互联网数据中心安全防护检测要求》则把数据中心定义为电信设施及服务体系。关于大数据中心的界定更是模糊，有的称之为集中存储和管理大量数据的场所，有的则指不保存数据而仅集中进行大数据应用开发的机构。

从总体格局上看，气象数据中心应包含四个层次，即中国气象局气象数据中心、国家气象数据中心、气象数据国家中心、地球环境国家数据中心。这四个层次从内而外、由小到大层层递进。现阶段，应主要聚焦国家气象数据中心的建设。

参照国务院《促进大数据发展行动纲要》中对“构建国家涉农大数据中心”和“发展科学大数据应用服务中心”的相关表述，结合气象部门的特点，可以把国家气象数据中心的功能定位为：提供海量数据储存空间，实现数据资源高效管理，推进气象数据资源共享开放和发掘运用。由此，可以把国家气象数据中心划分为“气象数据存储管理中心”和“气象数据应用服务中心”两类。前者可以定义为：聚集大量IT设备，实现数据资源的汇集、存储、处理、共享交换和管理，是特定场所、设施及IT系统有机组合的整体。后者可以定义为：集中开展气象大数据关键技术研发，为生产生活提供精准、高水平的气象数据资源服务，提高气象数据资源的生产与供给能力的研发和人才基地。实际工作中，上述两类功能在空间上既可分开，也可集约。结合我国实际，在现有条件下建立两种功能集约的统一的国家气象数据中心更加可行。

二、构建国家气象数据中心的必要性

首先，构建国家气象数据中心是解决气象信息孤岛、气象系统林立等问题的有效措施。当前，由于数据零散无序地存储于各处，要保持数据的一致性和准确性比较困难，使用者在不同时间、从不同来源获取的数据往往各不相同，可能直接影响气象服务质量；而且，在应用系统开发时，往往要处理多处不同来源的数据，各种数据源的质量、时效、格式又未遵循统一的标准规范，导致数据处理比较困难，致使不少系统开发人员更倾向于自定规则、自组数据，不但重复劳动，更使数据管理状况进一步复杂化。构建国家气象数据中心是有效解决上述问题的根本途径，而且与仅从标准规范上进行统一，再由各单位分散建设的方式相比，更能节约建设、运行和维护成本，节省人力资源。

其次，面向国家需求，构建国家气象数据中心是落实国家供给侧结构性改革、创建服务型政府的战略举措。减少无效供给、增加有效供给，为生产生活提供更高质量的气象服务，需要气象部门增强对互联网数据、社交媒体数据的采集和挖掘能力，增强跨行业、跨地域的数据融合分析能力，增强观测、预报、服务业务数据加工处理能力，增强基于政务管理和业务管理数据的综合决策能力。构建国家气象数据中心，可以为增强气象服务供给能力提供物理平台和数据资源支撑。国务院《促进大数据发展行动纲要》明确提出，要在2018年年底前建成政府数据统一开放平台，率先在气象、信用、交通等重要领域实现公共数据资源合理适度向社会开放。气象部门要接入政府数据统一开放平台，就必须抓紧对本部门现有数据管理系统进行清理和整合，提高气象数据资源的可用性和可控性。

再次，构建国家气象数据中心是保持和提升我国未来气象行业国际竞争力的基本条件。美国国家海洋和大气管理局（NOAA）已经从2015年开始，计划用5年左右时间完成对现有数据中心的整合，到2030年具备120 PB[①]的天气气候数据存储管理能力；NOAA还与IBM、谷歌、亚马逊、微软等结成了大数据联盟，利用企业数据中心资源支持气象服务。法国2013年利用图卢兹大学的基础设施建立了新的数据中心，以增强数据应用研发和应急备份能力，其数据存储和处理能力将在2018年达到180 PB。欧洲中期天气预报中心（ECMWF）在2015年9月就已集中存储和管理了125 PB主用数据（2010年为15

① 1 PB（千万亿字节）=1024 TB

PB）和 20 PB 的备份数据（2010 年为 5 PB）。反观国内，根据中国气象局预报与网络司统计，2015 年全国气象部门数据存储能力仅为 18 PB 左右，国家与地方存储容量之比大致为 1∶2，存储资源分散、使用效率低且存储的数据存在大量冗余。我国在气象数据存储、管理和服务等方面，与国际先进水平有不小的差距。

三、加快布局和推进国家气象数据中心建设

结合我国气象事业发展实际，国家气象数据中心的建设和布局应以大数据应用为核心，以充分发挥气象数据的价值和促进气象服务产业健康发展为目的，以数据资源的存储、处理、应用和服务为主线，以提高数据质量、加大开放共享和保障信息安全为着力点，统筹规划、科学布局。

（一）明确定位，以应用为核心，充分发挥气象数据的价值潜力

构建国家气象数据中心，最根本的一点是为了“用”，即要充分发挥气象数据的潜在价值。在用户定位上，国家气象数据中心不应仅是“气象部门自用的数据中心”，而应是“部门自用与社会化、商业化应用相结合”的数据中心，致力于为全社会提供可用、可靠、权威的数据环境，不仅提高气象业务水平，更要促进气象服务业发展。在功能定位上，国家气象数据中心应具备海量数据汇聚、储存、管理、挖掘、加工、服务及灾难备份等功能，并为业务、服务和科技创新提供高质、高效的平台支撑；在业务定位上，国家气象数据中心应涵盖数据通信、高性能计算、产品加工、信息服务及政务数据管理等业务，为发展智慧气象提供全面、全能的基础设施平台。

通过构建国家气象数据中心，应实现以下发展目标：实现气象服务供给侧的资源整合和流程再造，促进数据资源、网络资源、计算资源和智力资源等的合理动态调配；促进跨部门、跨地域数据融合和协同创新，提升公共产品和公共服务供给能力，加快培育新的发展动能；更好地响应政府、企业、公众和社会组织对气象服务的需求，减少无

效供给并扩大有效供给，提高供给适应需求的灵活性和能力；推进气象信息服务向市场化、社会化和法治化方向发展；“用数据说话、用数据管理、用数据决策”，为政府提供更加全面、准确、及时的数据支持。

（二）统筹规划，对接国家战略，科学布局国家气象数据中心

从近期国务院陆续出台的促进云计算、大数据、“互联网+”发展的一系列文件和工信部、发改委等五部委联合发布的《关于数据中心建设布局的指导意见》中不难看出，优化布局、限制数量、采用云技术和利用公共资源将是未来几年我国政府部门数据中心的发展方向。一方面，已经纳入国家和地方政府规划的大数据中心、数据中心或云中心已达上百个，特别是贵州、宁夏中卫、陕西西咸新区等国家重点扶持地区的发展，尤其值得我们关注。但另一方面，根据国家信息化专家咨询委员会专家近期考察，目前我国各地大数据中心建设中普遍存在过度宣传、实效较差等问题。因此，一方面要积极主动对接国家政策，在国家气象数据中心布局中优先考虑国家重点扶植地区，统筹考虑当地基础设施、能源政策、人力资源条件以及气候环境等要素；另一方面也要实事求是，不宜夸大宣传，力求实效。

具体而言，国家气象数据中心的战略格局可以归纳为“一主、二备、多辅”。“一主”即1个国家气象数据中心，建在北京，兼具“气象大数据存储管理中心”和“气象大数据应用服务中心”功能，用于存储管理所有主数据（即部门内外涉及气象核心业务、服务和管理的所有历史和实时数据），并为其他数据中心提供基准数据；“二备”即2个国家级气象数据备份中心，与“一主”在空间布局上分开，面向部门内部用户及重点合作机构提供研发、测试平台和灾难备份功能；“多辅”即多个国家气象数据辅助中心，定位于“气象大数据应用服务中心”，为用户提供“大众创业、万众创新”的开发和服务平台，可以“限定条件、不限数量、各有侧重”，只要满足特定技术和管理要求并经国家级气象信息化管理机构统一核准即可。在“多辅”的选址上，一应坚持以市场为导向，二应优先考虑政府重点扶植地区。

（三）开放合作，优化资源配置，创新建设和运行维护模式

因主中心、备份中心以公共利益为目的，故需要依靠政府投资、部门组织实施；辅助中心可能也应当创造经济价值，带动气象服务业发展，如采用政府和社会资本合作（Public-Private Partnership，PPP）的建设模式等。

“主中心”的建设须做到“七个一”，即一套系统（统一的数据管理系统）、一个平台（统一的数据服务平台）、一个体系（统一的运维保障体系）、一个中心（只建一个主中心）、一个“盘子”（统筹使用多源资金）、一个“口子”（统一的数据服务出口）、一把“尺子”（统一的标准规范）。根据数值预报和气候模式的业务特点，数据存储与高性能计算资源应尽可能靠近，以避免海量数据频繁流动。据查，北京及其周边地区尚无满足需求的（即高性能运算能力每秒1千万亿次以上，且存储能力达到10 PB量级）、对外提供服务的超算中心或大规模数据存储中心，所以无法完全通过租购公共资源方式建设主中心。若采用气象部门组建方式，鉴于云架构数据中心技术含量高，气象部门此类专业人才不足，且现有体制下也不具备高薪外聘的条件，可考虑改变原有“自行设计、采购设备、自建系统”的建设模式，效仿高性能计算机系统的建设模式，提出需求，整系统采购。此外，出于同样原因，系统和设备的技术保障宜采用外包方式。国家气象数据中心建成以后，气象人员主要集中精力做好各类气象相关数据的生产、监控、数据研究、数据开发、数据应用、提供数据服务等活动。

“备份中心”可以参照主中心的模式建设，但由于实时业务性低于主中心，可以在综合考量“成本和效益”的前提下，选择使用所在地区政府公共资源。

对于“辅助中心”，为节省投资、加快进度、提升效益，宜在国务院《关于在公共服务领域推广政府和社会资本合作模式的指导意见》

的指导下，采用租购公共资源或与地方政府及企业合作加盟等方式建设与运行。此外，从国家政策和事业发展需求出发，合作建设的国家气象数据中心必须做到安全可控，目前不必、也不应建在国外（与建有境外数据中心的企业合作时，尤需注意）。

（四）稳步实施，立足现有基础，分步构建国家气象数据中心

在气象信息化工程（即“金云工程”）获得批复立项前，应立足现有条件，尽早启动一些投资小的基础性工作。一是摸清家底，对于各级气象部门已有和所需的国内外数据（不仅是气象数据，也包括地理、民政、农业、交通运输等其他行业数据）进行梳理，查清来源、质量、用途等；二是制定政策，对数据进行分级分类，制定气象数据开放条例，特别是要对各级单位对外提供数据的许可范围做出限定；三是整合数据，基于综合气象数据共享平台（CIMISS）分国家、省两级对数据资源进行整合，并连接应用系统。

在气象信息化工程投资到位后，应采用新技术、新方法、新思路全力推进国家气象数据中心跨越式发展。一方面，在技术上可将云架构作为构建国家气象数据中心的首选技术体系；另一方面，在管理上应创新建设思路，与地方政府和优势企业结成战略发展共同体，协同共建国家气象数据中心。实践证明，信息系统建设具有换代跨越式发展的特点，仅靠在原有基础上“修修补补”，既不节省投资，也难达到目的。构建国家气象数据中心，总体上讲要“先建再整”或“边建边整”，即先把新中心建起来，再把旧中心的业务逐步转移上去，最后关停旧中心。

（来源：《咨询报告》2016 年第 3 期）

报告执笔人：周　勇　郭树军

课题组成员：张洪广　郭树军　周　勇　沈文海　黄　玮　龚江丽
李　博

5G 发展的影响分析与建议

摘　要：4G 改变生活，5G 改变社会。为了解 5G 发展现状和趋势，分析其对气象行业的影响，科学谋划应对措施，中国气象局发展研究中心邀请行业主管部门工业和信息化部、研究机构中国信息通信研究院、运营商中国电信、设备制造商华为公司、高等院校清华大学和北京邮电大学等单位的专家，与气象部门专家进行了研讨。研究认为，5G 将从改变气象业务基础架构开始，促发业务体制向着更加扁平化的方向演进，大幅度提升观测分辨率、预报精细度和服务覆盖面。本报告提出四点建议：一是提高对 5G 的重视程度，二是组织开展 5G 应用试点，三是注重 5G 与现有系统衔接，四是整体谋划新技术未来应用。

第五代移动通信（5G）作为新一代信息通信技术的主要发展方向，具备高速率、低时延和海量用户连接能力等显著特征，与云计算、大数据、人工智能等技术深度融合，将推动经济社会数字化转型，引发“创新革命”。对其深入了解、研判形势、提前介入，很有必要。

一、5G 将从改变气象业务基础架构开始，全面影响气象业务技术体制

5G 能够提供至少 10 倍于第四代移动通信（4G）的通信速率，毫秒级的传输时延和千亿级的设备连接能力，开启万物广泛互联、人机深度交互的新时代，推动经济社会数字化、信息化、智能化转型发展。

5G时代正在快速到来，其融入各行各业，将改变社会生活和生产方式。

气象业务基础架构与通信技术体制一向关系紧密。从早期的无线传真广播、低速电报线路，到20世纪末的中速卫星通信系统，再到当前的全国地面宽带网络，每次通信技术体制的变迁，都会引发全国气象业务布局、业务流程、机构分工以及岗位设置的重大变革，5G也不例外。未来，人口密集地区的5G移动网络，结合边远地区的高速卫星通信，将形成覆盖全国乃至全球的高速率、移动式气象通信基础架构，大幅度提升观测分辨率、预报精细度和服务覆盖面，并促发业务体制向着更加扁平化的方向演进。

在观测业务方面，5G将推动其向高密度、广覆盖、智能化、社会化方向转变。5G时代，更多观测设备可以直连到大数据云平台，实现数据直接上“云”。这种“测站—云端”的两级业务体制在数据存储、处理和服务等方面存在诸多优势。5G连接密度大，支持可穿戴设备和高速移动交通工具，促进物联网发展，为大规模社会化观测奠定基础，借此将大幅度增强灾害监测预警能力。此外，5G也可促进数据质量控制、应急观测、远程巡检等业务流程进一步优化，减少中间环节或把部分功能移向设备端。

在预报业务方面，5G将助力灾害监测预警预报能力提升，提高中小尺度监测和预警水平。5G使气象观测密度提升，有利于进行更精细的预报预警和实时监测，气象部门将有能力开展包括“龙卷”灾害在内的小尺度天气预警业务。对基层气象部门而言，灾害监测数据的汇集和质量控制、灾害分析识别、预警提示时效缩短到分钟级，能开展更具针对性、靶向型的灾害预警。

在服务业务方面，5G将加速其向融媒体方向发展，并拓展更多新兴服务领域。5G时代，短视频、虚拟现实（VR）等应用将更加普及，使可视化气象服务产品更加丰富，结合用户交互功能的提升，会促使气象服务产品的形态和传播方式发生重大变革。5G的发展将催生出许多新生事物，更多穿戴设备、电器、汽车、门锁、监控、桥梁、建筑等实现联网，与气象条件的关联度增加，将进一步扩大气象服务领域。

二、气象部门应紧抓机遇，尽早启动5G应用测试和研发

当前，上有政策引领，下有厂商支持，内有需求拉动，外有创新驱动，气象部门应尽早启动5G应用测试和研发，机不可失。

党中央和国务院高度重视5G产业发展，已将其作为推进科技创新、推动经济高质量发展、实施网络强国战略的重要任务。《中华人民共和国国民经济和社会发展第十三个五年规划纲要》明确提出，要积极推进第五代移动通信（5G）和超宽带关键技术，启动5G商用。《“十三五”国家信息化规划》《“十三五”国家科技创新规划》等文件分别从技术研发、标准制定和商业应用等方面提出了5G发展的目标和任务。2018年中央经济工作会议在部署2019年重点工作时，再次强调推进5G发展。响应国家政策，开展5G在气象领域的应用测试和研发，恰逢其时。

国内厂商和运营商正加快5G商用步伐，技术研发、站网布设、试点应用、测试验证等工作投入力度大、进展快。在5G研发和建设方面，华为公司在专利数量上国际领先，中国移动、中国电信和中国联通三大运营商已在数十个城市开展了外场测试和试点建设。在行业应用方面，2019年1月，我国成功实施了“世界首例5G远程外科手术”，全国两会新闻中心提供了5G服务，并在人民大会堂“部长通道”首次进行5G+VR直播。我国气象部门率先尝试5G行业应用，时机已成熟。

建设更高质量气象现代化、发展智慧气象，离不开与5G的深度融合与应用。5G的高速率、低时延和海量用户连接能力等特征，不仅能支持人与人的通信，还能支持人与物、物与物的通信，符合智慧气象“无处不在、充分共享、高度协同、全面融合、安全可控”的内在要求。而5G基站建设本身就需要气象保障，暴雨会使5G信号迅速衰

减，在设计布设5G基站时就必须要考虑气象因素。因此，开展5G与气象的融合应用研究，颇具价值。

国际气象事业格局正面临巨变，新兴技术是各国政府气象部门与社会企业共同关注的焦点，5G将在竞争中扮演重要角色。2019年1月，美国IBM公司宣布将发布“世界上分辨率最高的全球数值天气预报模式”——以3千米分辨率运行的全球高分辨率大气预报系统(GRAF)。每5秒钟一次的飞机传感器数据，千万量级手机气压传感器数据，汽车外部气温传感器、雨刷器数据以及各种物联网低成本传感器的上传数据，都在GRAF的同化资料清单中。5G将为诸类物联网数据的高效传输提供便利。推迟开展5G应用测试和研发，将错失触手可得的先发优势。

三、建议措施

面对5G热潮，我们应审时度势，早谋划早部署，既不能置之不理，也不能盲目跟风。结合前期研究和专家意见，提出以下建议：

(一) 提高对5G的重视程度

哈佛商学院提出的“颠覆性创新”理论指出，众多一流企业或组织丧失行业领先地位，正是由于忽略或错失了颠覆性技术创新，而颠覆性技术在发展初期，提供的产品或服务一般会低于主流客户需求，仅拥有一些边缘应用，故易受忽视。5G对气象事业的影响目前多属预测，尚未显现，并可能是商业炒作。但若坐视不理，待其影响显现时，恐怕为时已晚，我们或将失去先发优势。互联网金融打破银行业格局即是前车之鉴。因此，必须提高气象部门对新技术新业态的洞察、探究和接受能力，高度重视5G发展。

(二) 组织开展5G应用试点

虽然5G发展迅猛，但也存在若干风险。国际著名咨询公司高德纳公司认为5G目前正处于技术萌芽期向过热期的过渡阶段，媒体宣传、用户期望会超过其实际能力。而麦肯锡公司的研究也表明，业界对5G态度谨慎，未来商业化所需的巨大投资，将使5G的更新换代速度、幅度低于预期。从现状看，5G发展也还未达到大规模推广应用阶段。因此，建议从2019年开始组织开展小规模应用试点，验证其技术可行性、运行可靠性、业务可用性、成本可控性。试点工作应符合国家总体部署，从地方政府和电信运营商既定试点地区中选择3～5个，针对观测、预报、服务等不同领域应用需求，各有侧重，政企合作共同开展。

（三）注重5G与现有系统衔接

据悉，国内运营商至少在近5年内将同时运行5G和4G网络，而且，5G网络的建设方式也与4G不同，不再重点比拼覆盖率，而是"网随云走"，在用户需求旺盛的地区优先布设。由此可见，至少在"十四五"期间，5G应用与4G是互补而非替代关系。因此，在国内和国际气象通信系统规划建设中，应注重5G与现有4G、3G等移动通信系统、地面宽带网络以及卫星通信系统的有机衔接，实现优势互补，提高投资效益。

（四）整体谋划新技术未来应用

作为新一代信息通信技术之一，5G不可能解决气象信息化中的所有问题，5G应用效益的发挥离不开与云计算、物联网、边缘计算等其他技术的结合。因此，在制定5G应用规划时，要兼顾相关技术的发展与应用，通盘考虑、统筹规划，增强各项新技术在业务布局、系统研发、推进进度等方面的科学性和协调性。

附件：

5G概述及未来前景

一、5G基本概念

5G通信技术作为概念性的技术在2001年由日本电信公司（NTT）提出，而我国5G概念则是于2012年8月在中国国际通信大会上被提出的。在瑞士日内瓦召开的2015无线电通信全会上，国际电联无线电通信部门正式确定了5G的法定名称是“IMT-2020”。

根据中国“IMT-2020（5G）推进组”公布的《5G概念白皮书》，5G概念可由“标志性能力指标”和“一组关键技术”来共同定义。其中，标志性能力指标为“Gbps用户体验速率”，一组关键技术包括大规模天线阵列、超密集组网、新型多址、全频谱接入和新型网络架构等。

二、5G技术特点

5G具有速率快（理论峰值速率10 Gbps，用户体验速率可达100 Mbps至1 Gbps）、延时小（毫秒级）、流量密度大（10 Mbps/平方米）、支持高移动性（500千米/小时以上）、连接数密度大（100万个/平方千米）、基站密度大、引入移动边缘计算、抗干扰能力强、能耗低等特点（性能指标定义见表1），实现了网络性能的新跃升。

表1　5G性能指标定义

名称	定义
用户体验速率	真实网络环境下用户可获得的最低传输速率
连接数密度	单位面积上支持的在线设备数量
端到端时延	数据包从源节点开始传输到被目的节点正确接收的时间
移动性	满足一定性能要求时，收发双方间的最大相对移动速度
流量密度	单位面积区域内的总流量
用户峰值速率	单用户可获得的最高传输速率

三、中国5G政策

我国对5G技术的研发和商用高度重视。2015年9月，国务院副总理马凯在出席中欧5G战略合作联合声明签字仪式时宣布，中国将力争在2020年实现5G网络商用。

《中国制造2025》提出，掌握新型计算、高速互联、先进存储、体系化安全保障等核心技术，全面突破5G技术、核心路由交换技术、超高速大容量智能光传输技术、“未来网络”核心技术和体系架构，积极推动量子计算、神经网络等发展。将5G技术上升为国家战略。

《中华人民共和国国民经济和社会发展第十三个五年规划纲要》明确提出，积极推进5G和超宽带关键技术，启动5G商用。

《“十三五”国家信息化规划》在发展目标中提出，5G技术研发和标准制定取得突破性进展并启用商用，并将5G纳入构建现代信息技术和产业生态体系、建设泛在先进的信息基础设施体系两项重大任务和核心技术超越工程。同时，在优先行动中提出，加快推进5G技术研究和产业化，到2020年，5G完成技术研发测试并商用部署。

《“十三五”国家科技创新规划》在国家科技重大专项中提出，开展5G关键核心技术和国际标准以及5G芯片、终端及系统设备等关键产品研制，重点推进5G技术标准和生态系统构建，支持4G增强技术的芯片、仪表等技术薄弱环节的攻关，形成完整的宽带无线移动通信产业链，保持与国际先进水平同步发展，推动我国成为宽带无线移动通信技术、标准、产业、服务与应用领域的领先国家之一，为2020年启动5G商用提供支撑。

2018年年底召开的中央经济工作会议明确提出要加快5G商用步伐，并将其列为2019年重点工作任务，看重的是5G商用以及加强人工智能、工业互联网、物联网等新兴基础设施等投资对于“形成强大国内市场”的巨大作用，也进一步凸显出5G、人工智能、工业互联网、物联网等对于我国经济高质量发展的重要作用。

我国与全球同步推进5G研发，2013年2月由中国工业和信息化部、国家发展和改革委员会、科学技术部先于其他国家成立了IMT-2020（5G）推进组，推进组集中国内主要力量，推动5G策略、需求、技术、频谱、标准、知识产权研究及国际合作，成员包括中国主要的运营商、制造商、高校和研究机构等国内产学研用单位50多家。我国通信技术经历了2G跟随、3G参与到4G同步之后，业界普遍认为，在5G时代，我国已成功跻身第一梯队，并在5G承载标准制定、5G产业链方面走在了世界前列。

四、5G应用场景

国际电信联盟（ITU）为5G定义了增强移动带宽（eMBB）、海量大连接（mMTC）、低时延高可靠（URLLC）三大应用场景。

eMBB主要面向超高清视频、虚拟现实（VR）/增强现实（AR）、高速移动上网等大流量移动宽带应用，是5G对4G移动宽带场景的增强，单用户接入带宽可与目前的固网宽带接入达到类似量级，接入速率增长数十倍，对承载网提出超大带宽需求。

mMTC主要面向以传感和数据采集为目标的物联网等应用场景，包括智慧城市、智能家居等，具有小数据包、海量连接、更多基站间协作等特点，连接数将从亿级向千亿级跳跃式增长，要求承载网具备多连接通道、高精度时钟同步、低成本、低功耗、易部署及运维等支持能力。

URLLC主要面向车联网、工业控制、无人机控制等垂直行业的特殊应用，要求5G无线和承载具备超5G业务和架构特性分析低时延和高可靠等处理能力。其挑战主要来自网络能力，当前的网络架构和技术在时延保证方面存在不足，需要突破网络切片、低时延网络等新技术，面临芯片、硬件、软件、解决方案等全面挑战。

目前，5G已在自动驾驶、重大活动保障、远程医疗和机器人等领域的应用中取得一定进展。

自动驾驶：多数企业采取了网联汽车的发展路径，推动统一车辆通信标准的出台，5G等通信技术成为自动驾驶车辆通信标准的关键。美、德、日、韩、我国均积极推进路面测试，作为自动驾驶汽车应用的基础。2018年9月19日，国内首条5G全覆盖自动驾驶示范区落户北京房山，同日多家单位牵头成立了中国5G自动驾驶联盟。2019年1月，重庆首台5G无人驾驶巴士投入测试。

重大活动保障：2018年平昌冬奥会，英特尔（Intel）和韩国运营商电信公司（KT）部署了迄今为止规模最大的5G网络，支持交互式网络电视（IPTV）、虚拟现实、无线上网（wifi）等应用。同年俄罗斯世界杯，首次采用了高速率、低时延的VR/AR系统，提供5G VR观赛体验。2019年，北京联通在全国两会新闻中心提供了5G服务，测试的上行速度可达到200～300 Mbps，下行速度可达到2.6 Gbps，并在人民大会堂“部长通道”首次进行5G+VR直播。

远程医疗：2018年10月，美国哥伦比亚大学在威瑞森电信（Verizon）5G实验室尝试基于5G进行远程物理治疗。2019年1月，拉什大学医学中心等探索美国第一个在医疗环境中使用基于标准的5G网络。2019年1月20日，华为联合中国联通、福建医科大学、北京301医院、苏州康多机器人有限公司等，成功利用5G远程技术远程操控机械臂实施了世界首例5G远程外科手术。

机器人：2018年12月8日，中国移动、中兴通讯与香港地区机器人品牌路邦动力（Roborn）三方联手打造的5G远程控制机器人亮相中国移动全球合作伙伴大会，这是中国首款基于真实5G网络实现远程控制的机器人，填补国内空白，也意味着继日本和德国之后，中国成为第三个成功完成5G网络、通讯端到端系统、机器人模组调通的国家。2018年12月25日，韩国电信公司（KT）宣布，全球首家5G网络机器人咖啡厅在首尔瑞草区三星生命大楼正式开门营业。

五、5G发展预测

中国信息通信研究院发布的《5G经济社会影响白皮书》预测，从产出规模看，2030 年 5G 带动的直接产出和间接产出将分别达到 6.3 万亿和 10.6 万亿元；到 2030 年预计 5G 直接创造的经济增加值约 3 万亿元，间接拉动的 GDP 将达到 3.6 万亿元，将创造 800 多万就业机会。全国人大代表、中国信息通信研究院院长刘多指出，5G 规模覆盖还需“积累经验”，运营商获得临时牌照后，各自在牌照规定的若干城市地区建设 5G 网络，实现规模覆盖，还需要开展大量工作，包括积累网络建设、规划和优化经验，与 5G 生态链各伙伴一起协同优化设备和产品，开展 5G 典型业务和融合应用的开发验证和示范推广等。

《北京市 5G 产业发展行动方案（2019—2022 年）》确定 5G 产业发展目标是实现收入约 2000 亿元，拉动信息服务产业及新业态产业规模超 1 万亿元。

麦肯锡公司的调查报告提出，业界认为 5G 的更新换代将会在 2022 年前后达到高潮，那时，各家运营商对 5G 的投入也会增加，但是增加的速度、幅度并不会像很多人想象得那么剧烈和惊人；业界对 5G 的态度相对谨慎，尤其是对 5G 技术短期的预期更为谨慎，依然在观望 5G 技术带来的经济收益。

高德纳公司认为，人们对于 5G 的市场预期和实际之间存在偏差，2022 年之前 5G 不会出现大规模商用，未来 5 年乃至 10 年之内，4G 和“4G+”依旧是主流的网络架构；物联网和 5G 没有必然联系，只有 1%～5%的物联网应用依赖于 5G；用户不愿意为 5G 多付费用，运营商需要发掘 5G 的新价值。该公司预计 5G 会在 2020 年发生，2025 年推广，在推广的过程中会出现很多成熟技术，当端到端的时延降低后，才会有大规模的应用产生。

（来源：《咨询报告》2019 年第 2 期）

报告执笔人：孙永刚　刘怀明　周　勇

课题组成员：张洪广　孙永刚　刘怀明　周　勇　唐　伟　陈鹏飞
龚江丽　郝伊一

第四部分 创新发展

创新是气象事业发展动力转换的必然选择，是转变气象事业发展方式的重要途径。科技创新已经成为气象事业向前发展的“新引擎”，创新驱动现代气象业务发展成效显著，通过创新，许多领域已经达到世界先进水平。但也必须认识到气象科技水平要达到监测精密、预报精准、服务精细的时代要求还有很长一段路要走，解决的根本途径在于科技创新。因此，必须继续把科技创新作为实现气象现代化的内生动力，把科技创新驱动战略贯彻到气象现代化建设的整个进程。本部分对涉及气象创新发展思路、气象核心技术攻坚、自主创新能力建设和创新工程建设等研究基础上形成的咨询报告，进行了汇集。

新常态下气象事业发展趋势分析与建议

摘　要：本文分析研判了国家经济发展进入新常态下，气象事业发展的趋势和前景。通过数据分析，认为新常态下气象事业发展既出现了“三减一降”的新情况，也形成了“四提高、两缩小”的发展势态。本报告提出应客观、辩证、以平常心看待气象事业发展出现的新情况，并从转变气象事业发展方式、创新气象事业发展动力、拓展气象事业发展空间、解决气象事业发展结构性矛盾、国家气象事业回归提供基本公共服务、切实加强气象事业发展适应新常态的宣传工作六个方面提出了建议。

新常态是我国“十三五”经济社会发展的主要特征，新常态下经济增速趋稳，发展更加注重质量效益、更加注重创新驱动。国家经济社会发展阶段的重大转型，必然深刻影响到我国气象事业的发展。本报告分析了新常态下气象事业发展出现的新情况，并结合气象工作实际提出了建议。

一、新常态下气象事业发展的趋势分析

近年来，气象部门积极适应国家经济发展新常态，气象事业发展已出现许多新的变化趋势。初步分析，可简要归纳为“三减一降”和“四提高、两缩小”。

(一)“三减一降”，即投入增速减小、规模增长空间减小、创收增速减小、工资总额增幅降低

气象事业发展投入增速减小。2006—2015 年，中央对气象事业投入的年均增长率为 15.54%，地方气象投入的年均增长率为 15.25%。但 2015 年中央对气象事业投入的年增长率为 9.1%，较 2014 年的 26.5%大幅度下降，也远低于“十一五”以来的年均增长率；2014 年以来地方财政气象投入增长率降幅也很明显，2015 年甚至出现负增长（−2.2%），远低于预期（图 1）。这种变化与国家经济增速、中央及地方财政增速减缓基本一致。

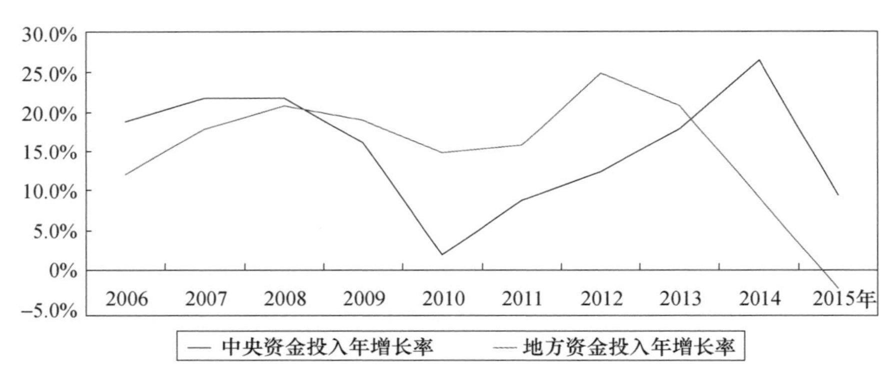

图 1　2006—2015 年中央与地方气象投入增长率变化

气象事业发展规模增长空间减小。区域自动气象站增长率自 2006 年起开始呈下降趋势，2008 年以后趋稳；新一代天气雷达增长 2006 年以来基本处于稳中有降状态；新增固定资产年增长率从 2011 年开始放缓，2012 年、2013 年为负增长；房屋建设投资年增长率在 2013 年达到最高值后，2014 年开始下降（图 2），估计这种下降趋势将持续一段时间。这说明，原有投资结构下气象基本建设的短板逐渐补齐，气象发展总体规模将接近饱和。

气象事业经营收入增速减小。气象科技服务收入增长率在 2008 年达到峰值后逐年下降，2013 年前连续 8 年增长率高于 20%，2014 年增长率开始低于 20%，到 2015 年已经出现负增长（−0.8%）（图 3）。

这既与国家行政审批制度改革中的防雷体制改革密切相关，也说明以往过度依赖防雷收入的科技服务格局应进行调整。

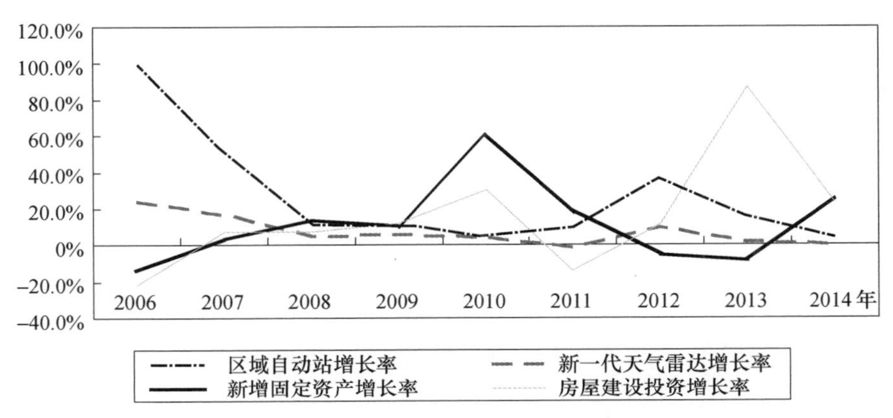

图2 2006—2014年主要气象资产投入增长率变化

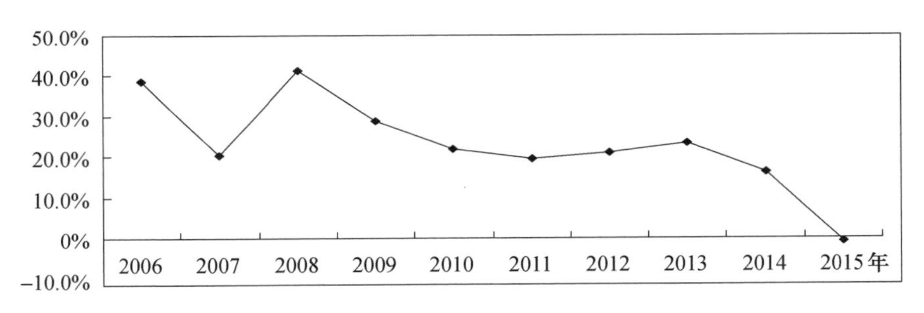

图3 2006—2015年气象科技服务增长率变化

职工工资总额增幅降低。2006—2014年气象部门职工工资总额年均增长率为14.5%，2007年增幅达到最高，从2012年开始增幅收窄，并连续3年稳定在8%左右（图4）。与此相应，气象部门社会用工数量增幅也在2007年达到最大值，此后快速下降，除2013年因县级气象机构综合改革有所增长外，其他年份均为下降趋势。根据决算公告，2014年气象部门社会用工总数较2013年减少了199人。2006年以后，基层职工收入增长较快，与中国气象局同各省（自治区、直辖市）政府共同推动气象现代化的格局密不可分，也反映出改革红利在气象干部职工收入增长中有所体现。

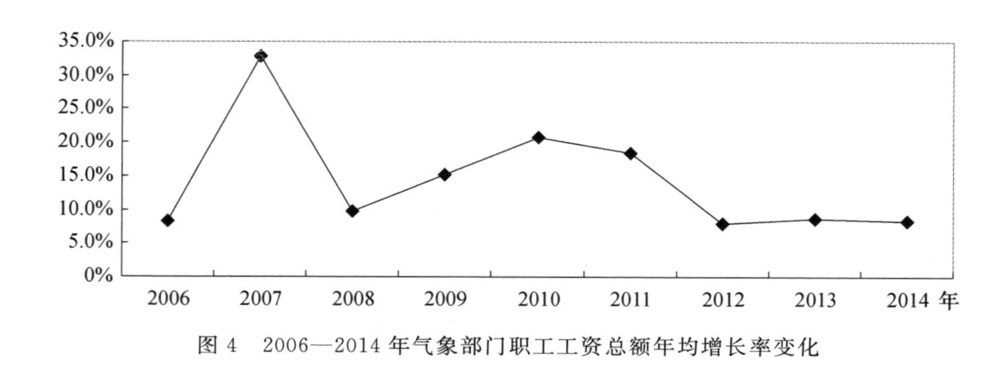

图 4　2006—2014 年气象部门职工工资总额年均增长率变化

（二）“四提高、两缩小”，即投入总量提高、发展档次提高、发展质量提高、发展效益提高，区域差别缩小、层级差别缩小

气象事业投入总量提高。经过前期快速发展的积累，目前中央和地方对气象事业发展的投入已经形成比较大的体量，2015 年的投入总量为 2010 年的 2 倍，为 2006 年的 3 倍多（图 5），现在年投入只要增长 5％，就分别相当于 2010 年和 2006 年 10％、15％的增长率。

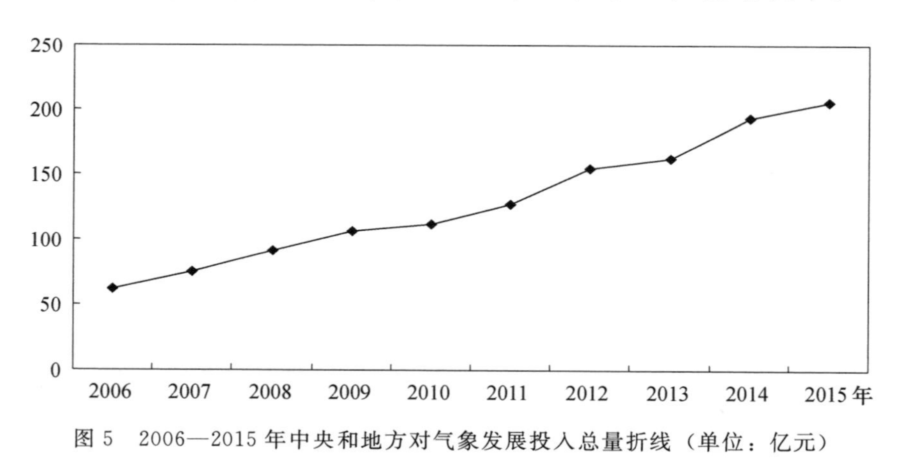

图 5　2006—2015 年中央和地方对气象发展投入总量折线（单位：亿元）

气象事业发展档次提高。近年来，气象事业发展档次提升比较明显，气象部门各个层级的气象技术装备、气象基础设施、气象工作条件总体上都有很大改观。2008 年以前，100～1000 GFLOPS 以上的高性能计算机仅占 28％，但到 2014 年 100～1000 GFLOPS 以上的高性能计算机已达到 77％，其中 1000 GFLOPS 以上的占 49％（图 6）。服务器及工作数量站持续增加，2014 年达到 2006 年的 7.2 倍，PC 服务器达到 4.2 倍（图 7）。但应注意这仅是从硬件条件上提升了档次，如何发挥好硬件的作用和效益，还需要有新的发展思路。

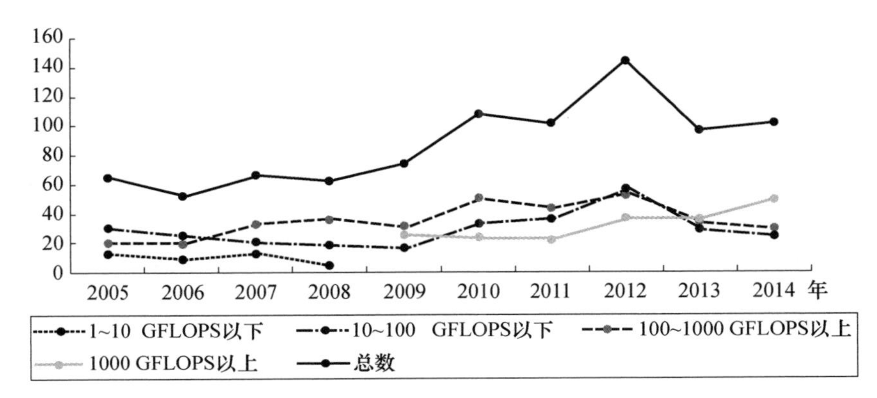

图 6 2005—2014 年气象部门高性能计算机配置量变化折线

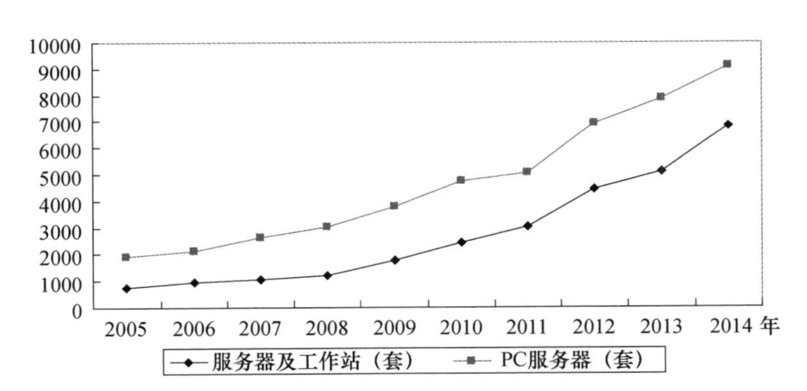

图 7 2005—2014 年气象部门计算机服务器、工作站数量变化

气象发展档次提升还体现在气象部门基础设施建设方面。近十年来，优质结构房屋面积比例大幅度提高（图 8），水、电、气、暖、路和工作环境等基础设施投资持续增长（图 9），各级气象部门基础设施得到明显改善。

气象事业发展质量提高。“十二五”以来，气象综合实力明显提升。气象卫星实现了多星在轨和组网观测，181 部新一代天气雷达组网运行，国家级地面观测站基本实现观测自动化，区域自动气象站乡镇覆盖率从 85％提高到 96％；1700 万亿次的新一代高性能计算机系

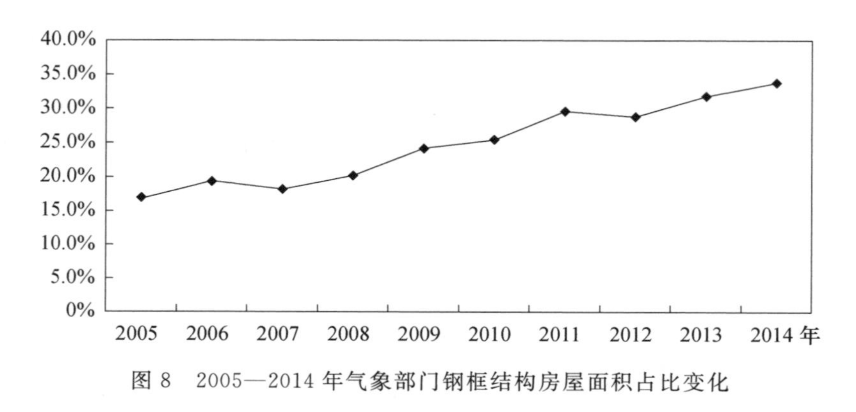

图 8 2005—2014 年气象部门钢框结构房屋面积占比变化

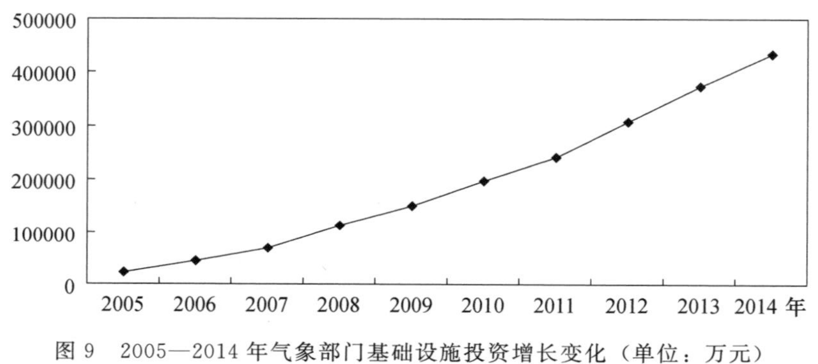

图 9 2005—2014 年气象部门基础设施投资增长变化（单位：万元）

统投入业务运行。气象预报准确率的变化最能反映气象事业发展的质量，与“十一五”相比，气象预报质量明显提高，台风路径预报误差减少 26％，达到国际先进水平；月降水预测评分提高 3.7％，24 小时温度预报准确率提高 13％，全国省级 24、48、72 小时晴雨天气预报准确率分别从 2005 年的 81.9％、76.8％、75.1％提高到 2014 年的 87.5％、85.2％、83.5％（图 10）。

气象发展效益提高。公共气象服务和气象防灾减灾效益显著。进入 21 世纪以来，洪水灾害造成的死亡人数大幅下降（图 11）。与“十一五”相比，“十二五”期间全国因干旱灾害造成的粮食损失从年均 298 亿千克降至 185 亿千克（图 12），气象灾害经济损失占 GDP 的比重从 1.02％降至 0.59％。气象预警信息公众覆盖率接近 80％，公众气象服务满意度长期保持在 85 分以上。

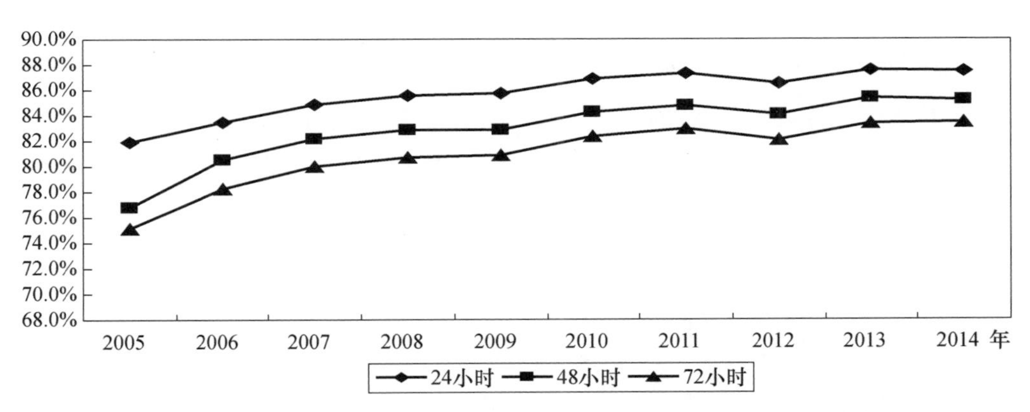

图 10　2005—2014 年 24、48、72 小时晴雨天气预报准确率变化折线

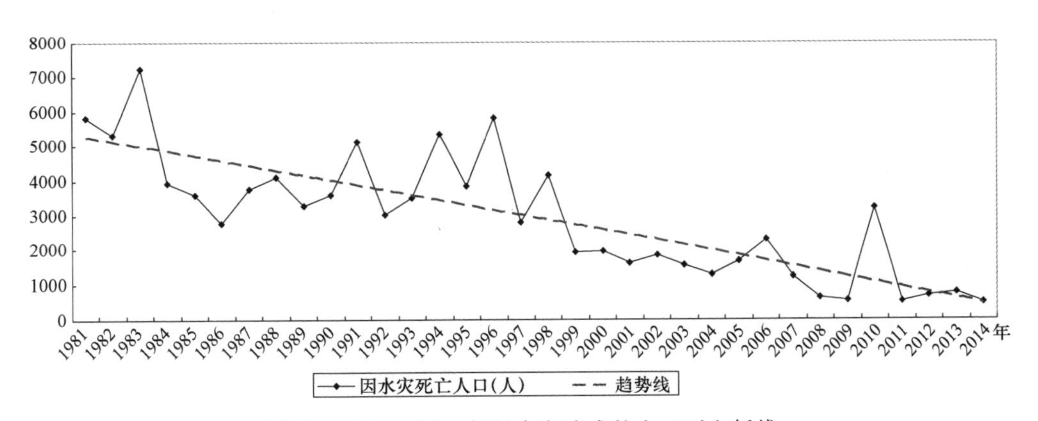

图 11　1981—2014 年因水灾造成的人口死亡折线

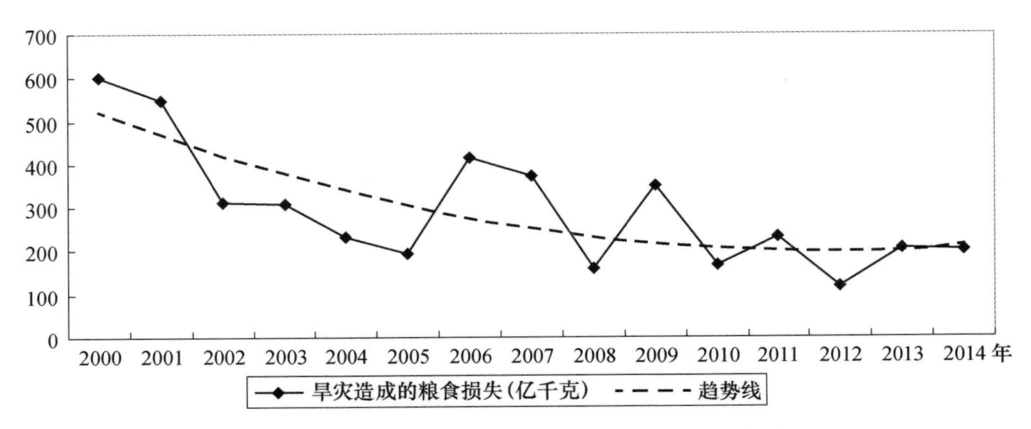

图 12　2000—2014 年干旱灾害造成的粮食损失折线

气象发展区域差别缩小。2010—2014年，东、中、西部基本保持了同速发展。从投入增长率看，2010—2014年，东、中、西部平均投入增长率分别为16.58%、17.45%、14.24%（图13），其中2011、2012年西部投入增长速度还高于东、中部地区。目前，区域之间除存量差别外，增量差别逐步缩小的趋势已经比较明显。

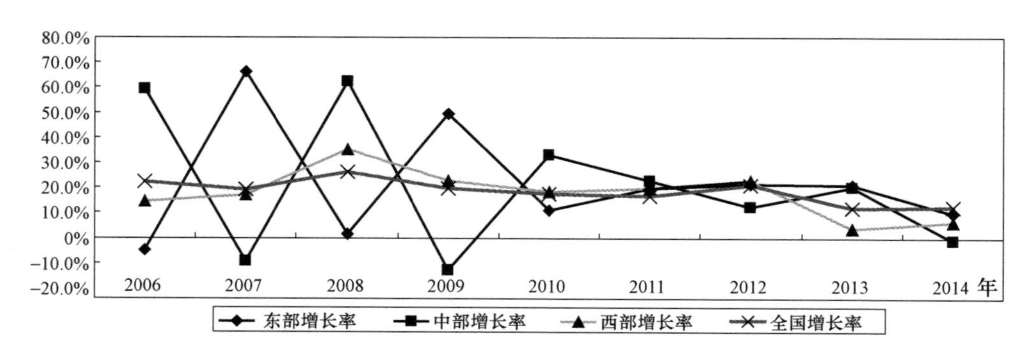

图13 2006—2014年东、中、西部气象部门投入增长率变化

气象发展层级差别缩小。2008年，中国气象局提出要着力缩小气象发展层级差别，促进国家级、省级和地县级气象事业协调发展。从投入增长率分析，2009年，地县级基层的气象投入增长率开始超过国家级和省级；2009—2013年，国家级和省级气象投入年均增长率为1.8%，地县级年均增长率则达到了25.5%，2010年以后，县级投资增长率还高于地级（图14），显示基层气象事业发展速度明显加快。

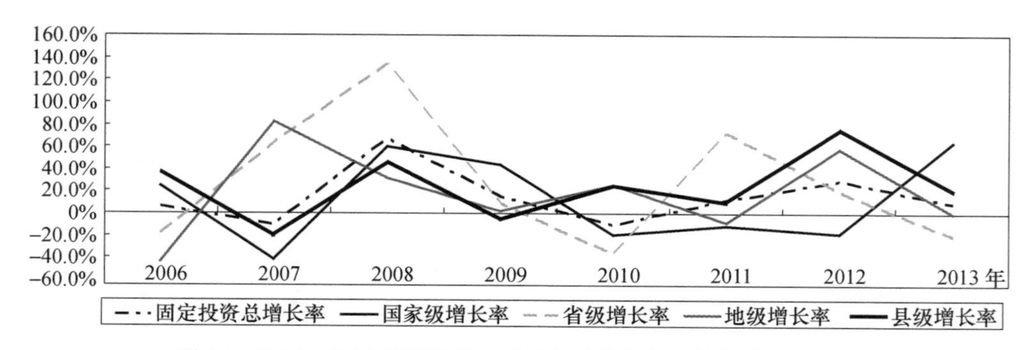

图14 2006—2013年国家级、省级和地县级气象投资增长率折线

二、冷静对待新常态下气象事业发展出现的新情况

在新常态下，气象事业发展确实出现了一些新情况，对基层部分人员的信心可能产生一定影响。对此，各级气象部门均应有清晰认识，辨证看待，冷静对待。

一是客观看待新常态下气象事业发展出现的新情况。气象事业发展过去经历了较长时间的高速发展，但也出现了发展不平衡、不协调、不全面等问题，从长远看也不可能持续。新常态下，虽然发展速度放慢了一些，但这既是消化高速发展阶段存在问题的客观要求，也是气象事业发展转型升级的必然过程，更是气象事业发展适应国家改革转型的必然方向。当前形势下，虽然出现了“三减一降”等新情况，但更应看到“四提高、两缩小”的发展态势，可以说气象事业发展总体向好的趋势不但没有变，反而相比十多年前有了更好的基础。

二是辩证看待新常态下气象事业发展出现的新问题。目前，“三减一降”等情况的出现虽然在短时间内可能会影响到气象事业发展的驱动力，但更要看到在“四提高、两缩小”的基础上，气象事业发展如果成功转型，将从过去重速度、重规模、重体量的发展模式转为适速增长、结构优化、品质提升、效益提高、更加协调的发展阶段。未来气象事业发展的实际增长效果将更趋实在，发展的不确定性将明显降低，发展的可持续性将更有保障。当然，当前也应避免从一个极端走向另一个极端，不再片面追求气象事业发展速度和发展规模，不等于不追求、不需要一定的质量优、效益好的发展速度和发展规模，特别是中西部一些发展还比较缓慢的基层，还是要保持相对较快的速度和规模。这也是实现东、中、西部协调发展的必要条件。

三是以平常心看待新常态下气象事业发展出现的新情况。进入新常态，发展速度趋缓，发展方式转型，旧的发展思路面临调整，主观感受上对于习惯于高速增长、传统发展思路的人来讲，也许会有一定程度的焦虑和茫然。其实新常态是经济发展规律的客观反映，是我国

经济形态向更高级、分工更优化、结构更合理演进的必经过程。气象事业发展也是如此，应以平常心看待气象事业发展出现的新情况，既不必对气象事业发展前景感到焦虑和信心缺失，也不必去刻意压速度、弃增长，而应把心态调整到更加注重气象事业发展内涵、质量与效益上来。

三、对气象事业发展适应新常态的几点建议

我国气象现代化发展已经到了接近和达到世界先进水平的关键冲刺阶段，适应新常态又为提高气象事业发展水平提供了新机遇，气象事业发展将拥有更好的前景。为此，提出如下建议：

第一，转变发展方式。气象事业发展一定要从重投资、重规模、重外在、重速度的粗放型发展向重质量、重效益、重内涵、重可持续的集约型发展转变。一是把气象现代化建设从追求速度、规模转到优化结构、强化质量、发挥效益上来，做好加减法，把有限的资源和力量投入到核心业务技术的突破上来，通过科学配置业务资源，进一步优化业务分工，优化业务布局，最大限度地发挥气象现代化建设的效率和效益。二是气象信息化发展应着力解决业务系统、数据库、服务器和存储设备过多、层级重叠、流程复杂、资源利用效率不高等问题，气象信息化的未来发展方向是升级还是换代？对此应慎重论证和选择。三是着力调整气象投入结构，增加中央财政投入比重，争取地方加大财政投入比重，降低对科技服务收入依赖；调整投向结构，提高科技研发、人才队伍建设、运行保障和基层发展投入比重。四是发展气象服务新业态，加快气象与地理信息、卫星导航、物联网、智慧城市等新技术的融合发展，以气象科技创新推动新兴技术产业发展。

第二，创新发展动力。气象事业发展的驱动力应从“要素驱动”“投资驱动”转向依靠科技进步、人员素质提高和管理方式改变为基础的创新驱动。一是推动观念创新。各级应当以创新发展观、集约发展观、适速发展观、升级发展观、多元发展观、质量发展观、效益发展

观、共享发展观、协调发展等新观念来指导推进气象工作。二是推动创新落实。重视创新成效，注重创新成果转化应用，建立健全科技成果转化机制、成果收益分配机制、众智创新成果转化机制等。三是实现开放融合式创新发展。由“封闭式创新”转变为“开放式创新”，鼓励全员创新，充分利用社会创新，加大智力引进和人才培养力度，以开放促创新。

第三，拓展发展空间。一是突出“双向开放”，既引进来又走出去，形成全方位、宽领域、多层次、高水平、合作共赢的气象国际交流与合作格局。二是建立公平、开放、透明的气象服务市场规则，培育国内气象服务市场，鼓励社会发展气象服务企业和非企业组织，大力推进气象服务业发展。三是着力打造良好的开放发展环境，形成对外开放与改革发展有机结合、互为支撑、充满活力的开放新体制，不断拓展气象事业发展新空间。

第四，解决发展结构性矛盾。一是推进气象部门内部结构协调发展，统筹协调推进气象业务现代化、服务社会化、工作法治化，加强省级以下气象综合业务系统一体化设计。二是积极争取国家支持，推进气象行业结构整合，提高气象行业服务综合效益。三是加快气象服务业发展，加快推进部门气象服务主体的社会化进程，形成多元气象服务结构体系。四是继续推动区域和层级气象协调发展，加快形成东、中、西互动互补、共同发展的新格局。五是着力解决城市和农村气象业务服务体制机制趋同现象，针对城市和农业对气象服务需求不同的特点，有区别地推进大城市和一般市、县级气象业务服务体制改革。

第五，国家气象业务回归基本公共服务供给体系。一是尽快明确基本公共气象服务范畴，进一步强化基本公共气象服务的公益属性，将可由市场提供的专业专项气象服务交由二类气象事业单位、社会机构和企业承办。二是积极争取各级政府把基本公共气象服务纳入政府规划，推进城乡统一的基本公共气象服务设施配置和建设，推进气象助力精准扶贫工程。三是进一步强化各级气象部门基本公共气象服务的公益属性，大力提升气象公共产品供给能力。四是推进数据资源共享，让公共气象数据资源更广泛地普惠大众，通过“互联网+气象+各行各业”的深度融合，进一步挖掘气象潜在经济社会效益，让气象发展成果实现全民覆盖、全民共享。

第六，切实加强气象发展适应新常态的宣传工作。在一些基层单位，对气象事业改革发展信心不足的问题应当引起高度重视，应通过各种形式广泛宣传气象事业发展的新常态、新形势、新机遇和新愿景，增强大家对气象事业改革发展的信心，帮助其尽快适应气象事业发展各方面产生的新变化。

（来源：《咨询报告》2016 年第 1 期）

报告执笔人：姜海如　辛　源
课题组成员：张洪广　姜海如　陈葵阳　辛　源　刘　冬　张平南

气象发展坚持双引领双驱动双导向指导思想的辨析与建议

摘　要：当前，“十三五”气象事业发展规划编制已进入关键阶段，研究提出指导“十三五”时期气象事业发展的新理念、新思想、新举措是编制规划的重大课题。以什么为引领、以什么为驱动、以什么为导向又是确立指导思想的重中之重。本报告建议：“十三五”时期气象事业发展应当坚持服务引领与科技引领、改革驱动与创新驱动、目标导向与问题导向（即双引领、双驱动、双导向）的指导思想，并以其编制气象事业发展“十三五”规划，指引气象事业现代化发展。

目前，编制“十三五”气象事业发展规划已进入关键阶段，研究提出指导“十三五”时期气象事业发展的新理念、新思想、新举措是编制规划的重大课题，以什么为引领、以什么为驱动、以什么为导向又是确立指导思想的重中之重。通过对中央“四个全面”战略布局的再学习，以及对气象事业发展规律的再分析，我们研究提出“十三五”时期气象事业发展坚持服务引领与科技引领、改革驱动与创新驱动、目标导向与问题导向（即双引领、双驱动、双导向）的指导思想，并就其内涵和要求作出分析，提出建议。

一、坚持服务引领和科技引领气象事业发展

（一）双引领的内涵与关系

双引领，指服务引领和科技引领。引领是指一个事物带动或导引

其他相关事物向同一方向运动和发展，具有牵引性的功能。

服务引领是指公共气象服务业务发展需要引领气象预报预测业务和综合气象观测业务。2008年第五次全国气象服务工作会议进一步阐明服务引领是指以公共气象服务引领现代气象业务体系的建设和发展，以气象服务引领气象科技创新体系、气象人才体系建设和发展，通过发展公共气象服务，促进各项气象工作全面发展。提出服务引领，是中国气象局党组遵循中国特色气象发展规律、坚持公共气象发展方向、推动气象事业实现新的更大发展在指导思想上的重大创新。发挥公共气象服务的引领作用，是现代气象业务发展的最显著特征。服务引领打破了从观测到预报再到服务的传统气象业务发展思路，转变为以气象服务业务需求来决定气象预报预测业务和综合气象观测业务。服务引领更加突出公共气象服务的地位，现代气象业务体系建设均应围绕公共气象服务的需要和能力的提升而展开，体现了公共气象服务对各项业务的系统建设、体制改革、科技研发、人才培养等方面的引领作用。服务引领成为评价现代气象业务效益或效果的重要检验依据，“服务引领”的提出，使气象服务用得上、用得好成为评价现代气象业务效益或效果的重要检验依据，开辟了气象业务考核既重视质量考核，又重视效益和效果检验的新境界。正是由于服务引领的提出和落实，使气象事业、气象服务和现代气象业务的面貌均发生了重大变化，气象保障全面建成小康社会的职能和作用得到了强化，气象在经济社会发展中的地位显著提升，影响日益扩大。

科技引领是指以科学技术带动或导引经济社会的运动和发展。党的十六届五中全会提出科学技术发展要坚持“自主创新、重点跨越、支撑发展、引领未来”的方针。显然，这里提出的科技引领是指由科学技术带动或导引未来我国经济社会发展。这不仅说明科学技术是第一生产力，而且突出了科学技术对经济社会发展的引领作用。对于气象事业发展来说，科技引领是指由科学技术带动或导引气象事业发展，不仅仅限于技术的进步，而是由于技术革命带来整体突破性变化，包括引领核心技术的突破、事业结构的变化、业务体制的变革、服务渠道的拓宽、管理方式的革新、人员素质的提高等。譬如，以地球系统科学、高性能计算技术、通信技术的飞跃带动数值预报技术的快速发展，数值预报技术的发展又进一步带动气象预报技术、方法、方式、体制的变化，气象预报已从主要依靠人的预报转变为数值预报为主，逐级指导的预报业务体制也在发生变化。同样，气象观测自动化让庞大的观测员队伍得以解放出来，将深刻改变整个气象人员队伍从业结构。“互联网+”引发经济社会结构、组织形式、生产生活方式发生重大变革，科学技术所引领的经济社会发展日新月异，传统的产业、固有的模式、守成的思维如不加以改变，断无前途和生路，更妄谈可持续发展。信息技术创新应用快速深化，加速向移动互联化、智慧化方向演进，也必然带来天气预报、气象服务理念、模式、手段等的变革；开放气象数据并将其转化成经济发展的重要资源已是大势所趋；以信息技术创新应用为主导的科技进步，将成为推进气象现代化的重要引擎。

服务引领和科技引领具有统一性，二者统一于气象事业发展，都是引领气象事业发展的重要力量，并且在方向上具有一致性。服务引领是一种社会需求的力量，是气象事业存在和发展的经济社会基础，科技引领是一种科学技术的牵引力量，是不断解决气象事业发展效率、水平、素质和质量的技术力量。“双引领”具有一定的包含性，气象服务业务发展需要坚持科技引领，以不断提高气象服务业务科技内涵，科技引领的方向还是要面向服务，最终就是要不断提高气象服务能力、水平和效益。

服务引领和科技引领的侧重点有所不同。服务引领的动力来源是经济社会发展需要，科技引领的动力来源是科技进步。服务引领的重点是引领气象预报预测和气象观测业务根据服务需要来组织产品生产，突出的是气象预报预测和气象观测业务能否有效支撑气象服务的需要；科技引领的重点是让科技不断提高气象事业发展的效率、水平、素质和质量，让科技引领气象业务服务的布局、结构、模式、方式调整，突出的是气象事业发展的效率、水平、素质和质量是否提高。在效益发挥上，服务引领比较易见且更加现实和直接，科技引领则更多地体现在潜在的和长远的发展上。

（二）双引领的实践应用

显然，双引领既相互联系又各有侧重，并非非此即彼、也非互不相干，二者不是“全面开花”，而是根据需要来引领方向和结构。“十三五”时期，国务院主要领导要求气象部门“围绕公共气象发展方向，创新工作机制，发挥职能作用，服务经济社会发展”。因此，“十三五”期间，气象部门必须继续把公共气象服务放在首位，坚持“服务引领”才能更好地履行公共气象服务基本职能，不断增强公共气象服务能力，切实保障经济社会发展需求，不断满足人民群众生产生活需要。

气象事业是一项科技事业，科学技术引领气象事业发展是其应有之义。气象科技曾是国家科技“排头兵”，但受到事业发展重速度、重规模观念的影响，对气象科技属性认识仍有待提升，部分人员对科技引领还缺乏深刻认识，重传统科技轻新兴科技、重外延轻内涵、重科技投入轻科技转化等现象还较为明显，致使我国气象现代化作为国家现代化标志的优势面临挑战。因此，“十三五”期间，必须牢固树立和深刻认识科技是引领未来发展的决定性因素，强调以科技引领气象事业发展，全面实施科技引领气象事业发展战略，让科技引领不断提高气象事业发展的效率、水平、素质和质量，让科技引领气象业务服务的布局、结构、模式、方式调整，让科技引领气象发展理念的变化、业务服务方式手段的变化，促进气象现代化不断向更高水平迈进。充分了解、积极适应和主动接受一切成熟、先进科技成果的引领，最大限度地实现现代科技成果为我所用，跨越式提高气象综合实力，让科技研发促进业务服务能力的提升，科技成果充分应用到业务服务发展中，这样的气象现代化才是从内到外、由表及里的现代化，才是真正体现世界先进水平、代表国家现代化水平的气象现代化。

二、坚持改革驱动和创新驱动气象事业发展

（一）双驱动的内涵与关系

双驱动，指改革驱动和创新驱动。驱动是指驱使行动，可分为外力驱使行动和内力驱使行动，或外力和内力结合驱使行动，这里更多的还是强调内生动力。

改革驱动，是指通过改革不适应经济社会发展的体制机制、改革阻碍和影响经济社会发展的各种生产关系和制度，驱动经济社会向前发展。对气象部门而言，改革驱动则是指改革不适应气象事业发展的体制机制，改革阻碍和影响气象事业发展的各种制度，为气象事业发展提供持续动力。

创新驱动，是指以革新或创造性生产技术和生产方式方法为主要推动力，形成一个具有创造力和持续创新的原动力，驱动经济社会向前发展。主要包括科技创新、产业创新、企业创新、市场创新、产品创新、业态创新、管理创新等，国家实施创新驱动发展战略，着力以科技创新为核心，把创新驱动发展战略落实到现代化建设整个进程和各个方面，以加快从要素驱动、投资规模驱动发展为主向以创新驱动发展为主的转变。既发挥好科技创新的引领作用和科技人员的骨干中坚作用，又最大限度地激发群众的无穷智慧和力量，塑造我国发展的竞争新优势。对气象事业发展而言，创新驱动既指气象科技创新，充分发挥科技的支撑和驱动作用，也包括气象发展理念、制度、方式和模式创新，通过创新驱动加快转变气象发展方式、破解气象发展深层次矛盾和问题、增强气象发展内生动力和活力，以驱动气象事业持续发展。

改革驱动和创新驱动是两种既相互联系，又有区别的动力机制，对气象事业发展来讲，两种驱动力都非常重要，缺一不可。“双驱动”

相同之处在于，二者都是推进气象事业发展的重要动力，改革驱动主要通过改革气象体制机制，调整气象制度，驱动气象事业发展；创新驱动主要通过创造新技术、新工具、新知识、新流程、新产品等生产力要素，创新理念、方式、模式和制度等方式方法，以全面驱动气象事业发展。“双驱动”区别在于：（1）改革驱动侧重于调整生产关系，清除体制机制障碍，来驱动气象事业发展，创新驱动侧重发挥科学技术要素的作用和创新发展要素，来驱动气象事业发展；（2）改革驱动是对原有体制机制的完善，具有前后的传导机制，创新驱动是对技术和资源要素的开发或重新整合，具有开创性效应；（3）改革驱动侧重于调动组织的积极性、人的积极性和社会的积极性，降低组织和制度成本，创新驱动侧重于激发科技生产和科技应用活力、提高人的素质和能力、发挥人的创造性，大幅度提升生产效率、效益和质量；（4）改革驱动的原动力来自于体制机制存在的深层次矛盾和突出问题，更加强调顶层设计和制度安排，创新驱动的原动力则来自于各层级、各个方面，让千千万万个细胞活跃起来，让社会形成大众创业、万众创新的局面，激发社会无穷的创造力，也必将汇聚成气象事业发展的强大动能。

关于改革驱动和创新驱动的关系，习近平总书记有非常深刻的阐述，他指出，如果把科技创新比作我国发展的新引擎，那么改革就是点燃这个新引擎必不可少的点火系，我们要采取更加有效的措施完善点火系，把创新驱动的新引擎全速发动起来。因此，在发展实践中既要坚持改革驱动，又要坚持创新驱动的指导思想。如果只有创新驱动而不进行改革，创新就可能受固有的体制机制束缚，很难激发出创新活力和创造潜能，创新就难以推进。同样，创新驱动是全方位的创新，不仅驱动发展，还驱动改革，如果只有改革驱动而没有创新支撑，发展就可能因缺乏先进理念和先进生产力的支撑而难以持续，发展的效率、效益和质量就难以从根本上大幅度提升。

（二）双驱动的实践应用

改革驱动和创新驱动已经成为当代我国解决一些重大社会发展问题的重要指导方法。2015年，中央把“全面深化改革”纳入“四个全面”战略布局，并作为“全面建成小康社会”的根本动力。创新是推动一个国家和民族向前发展的重要力量，也是推动整个人类社会向前发展的重要力量，中央已经把坚持走中国特色自主创新道路，创新驱动发展作为重大战略。2015年3月，《中共中央 国务院关于深化体制机制改革加快实施创新驱动发展战略的若干意见》出台，将“双驱动”上升到党和国家的重大战略，这是“双驱动”相结合最重大的战略思想和政策导向。

“十三五”时期是我国全面深化改革的攻坚期，气象事业改革必须主动适应、服从和服务于国家全面深化改革大局。可以预见，气象事业发展的环境和条件将发生深刻的变化，深层次的矛盾和问题日益凸显，事业发展中不平衡、不协调、不适应、不可持续的问题日益突出，面临的发展和改革压力日益增大。因此，制定“十三五”气象事业发展规划，必须坚持改革驱动，着力分析和解决制约气象事业发展的体制机制障碍，调动市场和社会力量，不断激发发展活力，释放改革红利，使改革成为全面推进气象现代化的强大动力，让气象工作在经济社会发展中彰显更大作为。

当前，我国进入升级发展的关键阶段，要在世界科技革命中抢占制高点，破解资源环境等约束，实现新旧动能转换，关键是要做强科技这个第一生产力，用好创新这把“金钥匙”，实现科技与经济深度融合，促进经济保持中高速增长、迈向中高端水平。“十三五”期间，气象部门必须主动服务和参与国家创新驱动发展战略，把创新驱动作为全面推进气象现代化的强大动力，把创新驱动放在气象事业发展更加突出的位置，既要加强气象科技创新，大幅度提高自主创新能力，努力掌握关键核心技术，大力实施国家气象科技创新工程，大力推广应用新兴信息技术，又要突出气象发展理念、方式、模式和制度创新，大力实施气象人才工程，全力提升气象人才素质，为全面实现气象现代化提供持续动力。同时，要大力推进气象服务社会化，制定有利于社会化气象服务快速发展的政策举措，引导社会和市场资源参与气象、发展气象、壮大气象，激发社会和市场气象服务的创造力。

三、坚持目标导向和问题导向推动气象事业改革发展

（一）双导向的内涵与关系

双导向，是指目标导向和问题导向。导向是指引导的方向，对事物来讲就是指引事物朝哪个方向或某个方面行动或发展。

目标导向，是指以目标作为引导的方向，使人们的行动朝着目标引导的方向行进或用力，以利于目标的实现。目标导向强调在目标确定之后，所有的行为和活动都要围绕目标来展开，以实现目标为最高准则，即选定目标就应毫不动摇地推进。

问题导向，是指以问题作为引导的方向，使人们朝着解决当前存在或可能预见的问题的方向行动，选择以解决问题为出发点，即遇事解难，打通阻碍，这是一种比较现实且见效快的思维方式。

在工作实践中，目标导向和问题导向是两种非常实用的思维方法。“双导向”都是力图促进气象事业向前发展，都需要分析研究气象事业发展的现状，包括存在的有利条件和问题，二者均统一于气象事业发展。但“双导向”各有侧重，目标导向是从气象事业发展未来入手，着眼于气象事业发展长远、全局和整体，问题导向是从气象事业发展面临的现实出发，着眼于气象事业发展当前或短期内需要解决的一个个现实问题；目标导向是在先选定气象事业发展目标后，围绕要达到的目标进行资源配置和事业发展要素布局，提出相应的任务、措施及对策等，问题导向主要针对气象事业发展中存在的主要问题，寻求解决问题的途径与方法，以达到所期望的目标。

显然，双导向是两种既有共性又有差异性、相互补充、相得益彰的解决发展问题的思维路线。在实践中，如果只坚持问题导向而没有目标，就可能失去长远方向，就可能限于就问题解决问题，还可能满足于一时一事的成就，甚至可能造成“短期成功、未来困局”的发展障碍。反过来，如果只讲目标导向而没有问题导向，目标导向就可能流于理想主义，有可能提出一些不切实际的目标和行动，让人无处下手，目标就变成一种空洞的口号。在具体应用中，我们有时提问题导向，有时又提目标导向，这就需要根据实际情况进行选择，但在制定事业发展规划时则需要二者兼顾、兼用。

（二）双导向的实践应用

目标导向和问题导向已经成为当代我国解决一些重大社会和发展问题的重要指导方法。习近平总书记指出，我们强调增强问题意识、坚持问题导向，就是承认矛盾的普遍性、客观性，就是要善于把认识和化解矛盾作为打开工作局面的突破口。习近平总书记还指出，当前，我国社会各种利益关系十分复杂，这就要求我们善于处理局部和全局、当前和长远、重点和非重点的关系，在权衡利弊中趋利避害、作出最为有利的战略抉择。显然，习近平总书记把目标导向和问题导向有机地结合起来，这种辩证认识目标导向和问题导向的思想充分体现了唯物主义的世界观和方法论。2015 年，党中央提出“四个全面”发展战略布局，就是“双导向”指导的重要体现，即“全面建成小康社会”是战略目标，这就是目标导向，围绕这一目标，“全面从严治党”“全面依法治国”“全面深化改革”分别起到强保证、给保障、添动力的作用，同时也以重大问题为导向，从解决治党、治国和改革等重大问题作为突破口，以期实现全面建成小康社会的战略目标。

“十三五”时期是气象改革发展的重要时期，是基本实现气象现代化的关键时期。距离实现国务院三号文件确定的到 2020 年基本实现气象现代化的第二步战略目标还有五年，时间非常紧迫，差距依然很大。

现在制定“十三五”气象发展规划，就是应以全面推进气象现代化这个战略目标为导向，进行气象资源配置和气象事业发展要素布局，提出相应的发展思路、发展任务和发展措施。但是，全面推进气象现代化，还必须清楚存在哪些问题，如何解决这些问题，这就是问题导向。只有坚持问题导向，正视和找准气象业务服务的短板、科学技术的差距、体制机制的瓶颈，并从解决问题入手，才能实现与目标导向对接，既把解决现实重大问题与气象事业发展的长远目标有机结合，又把基本实现气象现代化目标建立在解决主要问题的现实基础之上，才可能谋划好“十三五”气象发展，才有可能顺利推进气象现代化战略目标的实现。

（来源：《咨询报告》2015 年第 5 期）

报告执笔人：张洪广　姜海如　林　霖　魏文华

坚决打好气象核心技术攻坚战

摘　要：2018年全国气象局长会议对实现2020年气象现代化目标作出部署，强调必须突破思想观念的局限和体制机制的束缚，坚决打好气象核心技术突破等三项攻坚战。打好气象核心技术攻坚战：一要坚定信心、保持定力，持之以恒推进“四项攻关任务”；二要锁定目标、聚合资源，以大科学思维推进气象关键核心技术的攻坚克难，打造气象“精品工程”；三要整合优质资源，加强对气象关键核心技术攻关任务的统筹与领导；四要继续引入第三方评价机制，激发创新活力，努力实现优势领域、共性技术、关键技术的重大突破。

气象核心技术攻坚战是2018年全国气象局长会议提出的三大攻坚战之一，对开启全面建设现代化气象强国新征程具有决定意义。到2020年，建成达到全面建成小康社会总体要求的气象现代化，气象灾害预报预警、气象服务、气象卫星等领域达到世界领先水平，任务依然十分艰巨。应继续坚持“第一动力”的战略思想，把气象科技创新摆在事业发展全局的核心位置，集中优势兵力继续实施国家气象科技创新工程“四项攻关任务”，明确主攻方向和突破口，着力攻破重大核心技术瓶颈。

一、“四项攻关任务”实施以来的重大进展，为打好气象核心技术攻坚战奠定了基础

2014年，中国气象局以突破国家级气象业务重大核心技术为主

线，提出了“高分辨率资料同化与数值天气模式”“气象资料质量控制及多源数据融合与再分析”“气候系统模式和次季节至季节气候预测”“天气气候一体化模式关键技术”四项攻关任务，旨在聚集优质资源，实现我国气象重大核心关键技术跨越式发展，缩小与国际先进水平的差距。

三年来，攻关任务通过“聚合效应”形成大批科技成果，关键核心技术取得重大突破，部分领域达到国际先进水平。由我国自主研发的全球数值天气预报模式投入业务化运行，有效预报时效达到7.3天，降水预报综合效果超过美国和日本；气象资料质量控制及多源数据融合与再分析项目取得重要突破，由此生成的降水、陆面、海洋、三维云等融合分析产品已对智能网格预报等业务形成有力支撑，研发的2007—2016年全球大气再分析产品精度达到国际第三代同类水平，建立了与国际现阶段水平相当的东亚区域再分析系统；高分辨率气候系统模式与模式预测系统研发取得重要进展，次季节至季节预测技术稳步提高，气候预测模拟能力显著增强；天气气候一体化模式关键技术在东亚区云微物理过程、分量模式耦合等方面，取得显著进展。

在攻关任务的带动下，吸引、聚集和培养了一大批尖端技术人才，形成了数个具有鲜明特色、结构合理、能力互补的创新团队。三年来，攻关团队成员中有8位研究员在专业技术职称上都有提升，14人成为中国气象局青年英才和科技领军人才，1人荣获“涂长望青年气象科技奖”，培养了8位硕士和博士研究生。三年来，攻关团队共发表论文约350篇，其中SCI论文约130篇。

攻关任务通过广泛开展合作与交流，成为中国气象创新资源的汇聚地。攻关团队先后与美国、日本、韩国、欧洲中心等进行学术讨论与交流，并派员参加学习，与中国科学院、清华大学、南京大学等科研机构和高校围绕核心技术进行联合攻关，攻关成效初步显现，与英特尔（Intel）公司、江南计算所、并行科技公司等单位进行广泛合作，促进了技术成果转移转化，带动了新产业链的形成和集聚。

二、气象核心技术现有水平与气象强国目标和世界先进水平差距仍然很大

尽管通过前期攻关，气象核心技术取得了重要突破，但是依然存在一些尚需解决的问题。

我国关键核心技术与国际先进水平相比差距仍然很大。气象数值模式技术是气象预报业务的核心。尽管我国数值预报技术近几年取得了较大进步，但在模式技术指标、科技水平和产品性能等方面与国际先进水平差距仍然较大，特别是在国家综合防灾减灾救灾及重大气象服务保障上仍然依赖于国外的模式产品。与此同时，全球数值预报模式系统（GRAPES）仍然存在能量守恒问题，导致中国天气与气候的数值模式无法实现天气气候模式一体化。这是国际气象科技发展前沿领域的重大问题，这一问题的突破是建设气象现代化强国目标的重中之重，但目前尚未很好解决。这里我们不得不提美国的下一代全球预报系统计划（NGGPS）。该计划于 2012 年启动，目标是 2019 年该系统能应用于短期天气、延伸期（1 周到 4～6 周）和季节及年预报的所有天气气候预报产品。同时加入大气化学、空间天气等要素，该系统可升级为地球系统模式。相比较而言，即使我国“四项攻关任务”于 2020 年如期完成，在这一领域与世界先进水平仍有不小的差距。

新一轮科技革命对传统预报预测技术带来了挑战。当前，信息化加速向互联网化、移动化、智慧化方向演进，“互联网+”引发经济社会结构、组织形式、生产生活方式发生了重大变革，物联网、移动互联网、大数据、云计算等新技术不断涌现。这些影响着传统气象预测预报技术以及气象事业发展理念、发展方式、业务服务结构、服务模式和管理方式。如何实现气象技术与新技术、新产品的深度融合，如何对气象关键共性技术、前沿引领技术和颠覆性创新技术进行集中攻关，也是我们亟需考虑的主要问题。

“人”的因素成为制约气象核心技术取得突破的重要瓶颈。目前，

我国从事气象核心技术攻关（如模式研发）的队伍总体体量不足，与国际高水平研发团队相比，顶尖科学家与骨干研发人才缺乏。为数不多的力量也分散在各个单位，难以形成合力进行协同攻关。

三、聚焦目标，聚合资源，持续推进气象核心技术攻坚

（一）以大科学思维推进气象核心技术的突破，打造气象“精品工程”

当前的科学研究，特别是对关键技术的攻克，呈现出“效率化”“集中化”特点。各国政府纷纷将“有限资源”投入到“具有效益”的“战略性领域”。这种有组织、系统化的科技创新以大科学计划或大科学工程为典型代表，以大规模资金投入、大量的科学家和工程师共同参与以及大型、高性能科学仪器为支撑，具有清晰的科学目标，涉及多个学科领域。党的十九大报告明确提出了一批新的重大科技项目和重大工程。各部委也提出了部委级的大科学工程，如国家海洋局提出推出了“蛟龙号”载人潜水器、“海马号”遥控潜水器等核心产品系列，对于提升海洋事业在国家事业的整体布局至关重要。我们一方面需要坚定信心、保持定力，继续推进核心技术攻关任务；另一方面，面对气象关键核心技术难题，同样需要明确我国气象核心技术的主攻方向和突破口，精心选择，运用大科学思维，聚焦目标、聚合资源，集中攻克气象关键核心技术，打造气象“精品工程”。

（二）凝心聚力，持之以恒推进“四项攻关任务”

“四项攻关任务”实施以来，中国气象局党组精心组织，统筹规划，各牵头单位积极落实主体责任，通过各种渠道广纳英才，充分调动本部门的优质智力资源，各方面力量得到了优化整合。通过攻关任务的实施，形成了大批科技成果，关键核心技术取得重大突破，部分领域达到国际先进水平；吸引和培养了一批尖端技术人才，形成了数个特色鲜明、结构合理的创新团队。三年来取得的成绩来之不易，我们需要进一步凝心聚力、保持定力，持之以恒地推进“四项攻关任务”纵深实施，避免顾此失彼，半途而废。

（三）整合优质资源，加强对气象核心技术攻关任务的统筹与领导

打造气象“精品工程”是一项涉及面广、政策性强的系统工程。既需要集中领导，又需要多方合作、协同攻关；既需要整合各部门力量，又需要明确责任主体，合理分配任务。这要求我们必须通过精心组织、统筹规划，由分散式投入向系统化投入转变，以集中式经费投入、集中式人力资源投入、集中式管理等方式，组织力量对核心技术进行攻关。因此，迫切需要成立核心技术攻关任务领导小组，由中国气象局党组直接领导，定期召开联席会议，加强攻关任务统筹协调；加强大科学工程顶层设计，重新谋划国家气象科技创新工程；放大大科学工程发展格局，立足全球创新，提出由我国主导的“国际气象大科学计划和大科学工程”；加大政策扶持，真正使大科学工程成为新时代气象现代化的“撒手锏”和气象强国建设“新坐标”。

（四）继续引入第三方评价机制，激发创新活力

引入第三方评估对于准确评价重大攻关任务的创新前景和成效，提高政府科技决策水平和科研单位创新组织效率越来越重要。2016年，中共中央、国务院印发《国家创新驱动发展战略纲要》，明确提出建立科学分类的创新评价制度体系，推行第三方评价。中国气象局在推进“四项攻关任务”过程中引入第三方评估机制，督促攻关任务的实施。三年来，评估组专家在把握攻关任务方向、攻关任务先进性及创新性等方面起到了积极作用，充分发挥了高水平专家咨询和把关作用，为实施科学考核提供了决策依据。建议继续完善第三方评估机制，吸收更多的科学家加入评估专家队伍，施行中期和期末评估制，对攻关团队主持单位、首席科学家、首席专家进行阶段性考评，对业绩突出的攻关团队予以考核奖励，激发创新活力。

（来源：《咨询报告》2018年第4期）

报告执笔人：申丹娜

我国地球系统模式自主创新能力亟待提高

摘　要：地球系统模式的发展水平是衡量一个国家地学综合水平的重要标志，也是我国积极应对气候变化、参与全球气候治理的重要手段，更是决定人类研究把握自然规律、构建人与自然生命共同体的重要基础。目前，我国地球系统模式总体性能较低、自主创新能力不足、组织模式分散、研发力量较小、成果影响力不高，一定程度上还存在"拿来主义"思想，其主要原因有资源配置"碎片化"、科技政策导向不清晰等。应瞄准国际前沿，在国家层面上合理布局、统筹协调，加快发展具有自主知识产权的地球系统模式，着力解决地球系统模式核心技术的"卡脖子"问题。推进激发自主创新活力的科技体制改革；积极参与和主导地球系统模式国际大科学计划；实施国家地球系统模式研发重大工程；筹建地球系统模式国家重点实验室；制定吸引高端人才的激励政策措施；持续建设高度共享的自主研发技术平台。

地球系统科学是把近地空间、大气和海洋、地表层、生物圈、固体地球等圈层作为一个整体来研究的科学。地球系统模式是用数理化等基础科学建立描述地球系统内部的过程及其相互作用的理论模式，其目的是为地球系统的预测提供科学基础。当前地球系统模式面向的主要需求是参加国际耦合模式比较计划的气候模拟和预估，为每 5 年颁布一次的政府间气候变化专门委员会评估报告提供对未来百年内有关变化的科学评估。进入 21 世纪以来，国际上对地球系统模式发展高度重视。地球系统模式的发展水平及模拟能力的高低已成为衡量一个国家地学综合水平的重要标志。地球系统模式基础阶段是气候系统模式，主要研究大气环流系统、海洋系统、陆地表层系统及其相互作用。当前地球系统模式正处于在气候系统模式的基础上考虑大气化学过程、生物地球化学过程和人文过程的过渡阶段。未来，在地球系统模式的成型阶段需要进一步考虑固体地球和空间天气系统及其相互作用。

一、地球系统模式已成为国际研究热点

进入 21 世纪以来，国际上对耦合的地球系统模式发展高度重视。以美国、欧洲为代表的发达国家和地区提出了共同体气候系统模式发展计划（2001—2005 年)、地球系统模拟框架计划（2001—2010 年)、地球系统模拟集成计划（2001 年—）等一系列国际研究计划，分别吸引了 20 个左右的大学和研究机构共同参加，为地球系统模式提供了成长的土壤。近年来，国际气象界在新一轮发展战略中纷纷对未来 5～10 年地球系统模式的研发和业务化提出明确目标。欧洲中期天气预报中心制定了到 2025 年地球系统模式的研发目标，并提出了数值预报可用预报天数达到 4 周，全球尺度异常的预测提前 1 年的业务化目标。英国气象局、美国科学院、美国地球流体动力实验室也都提出了地球系统模式预测的战略目标。第十八次世界气象大会也明确提出，世界气象组织战略方向将向更加一体化的地球系统方法转变。在我国，国家自然科学基金委在“十一五”规划中已将“地球系统模式”列入战略研究科技项目；中国气象局在《全国气象现代化发展纲要（2015—2020 年)》和《全国气象发展“十三五”规划》中也制定了到 2020 年地球系统模式总体性能接近世界先进水平的战略目标。

二、我国地球系统模式发展水平与国际先进水平的差距

分别从模式性能、核心关键分量自主研发能力、科研组织方式、人员数量和结构、科研产出等方面对比我国与美国、德国、英国等主

要发达国家地球系统模式发展水平的差距（见附件），发现我国的不足之处体现在：

一是模式总体性能较低。我国参加第5次国际耦合模式比较计划的地球系统模式相对误差普遍高于国际各模式平均水平，水平分辨率低于国际模式平均水平，模拟能力在参加该计划的40多个模式中处于中下游水平。

二是自主创新能力不足。我国地球系统模式的关键分量中，大气环流模式只有中国科学院大气物理研究所和国家气候中心有自主开发，大洋环流模式只有中国科学院大气物理研究所具有自主知识产权，耦合器只有清华大学有自主研发。由于核心模式分量缺位，我国研发主要依靠引入国外模式分量和耦合器进行二次开发，陷入了“拿来主义”的怪圈。

三是组织模式分散。我国地球系统模式研发主要靠科学家以大项目形式来组织，而不是以国家重点实验室等开放平台为依托来组织。美国地球系统模式研发主要依靠美国国家科学基金会建立的美国国家大气研究中心、美国国家海洋和大气管理局地球流体动力实验室、美国国家航空航天局戈达德太空研究所、美国能源部这4支科研力量，其他国家也主要集中在1～2个科研机构，而我国目前有来自气象部门、科研院所、高校、海洋部门的9个研发机构。

四是研发力量较小。德国马普气象研究所、美国国家大气研究中心、英国气象局哈德莱中心的模式研发人员均在70人以上，除了模式研发人员，还有约15%的工程技术人员支撑模式研发工作。而我国每支队伍人数明显偏少，普遍在20人左右，国家气候中心研发人员不足美国国家大气研究中心的1/4。

五是成果影响力不大。从不同国家的地球系统模式领域论文产出及影响力对比来看，我国虽然在论文数量上排名全球第4，占论文总量的14.9%，但论文影响力明显不如总量前十名的其他9个国家。

三、模式自主创新能力不足的关键原因

我国地球系统模式自主创新能力不足与进入21世纪以来中国长期处在技术追赶阶段有一定关系，在这个阶段我国更加注重技术引进与模仿。但目前这种科研组织方式、开放合作环境以及技术支撑条件等方面存在诸多弊端，大大制约了地球系统模式自主创新能力的提升。

（一）资源配置“碎片化”制约模式的发展

在我国，没有一个持续发展的科学研究计划来明确地球系统模式的发展方向，没有一个有效的机构和机制来统筹协调国内相关研究单位来共同发展我国的地球系统模式。国家多年前就注意到在发展气候系统模式方面存在“小作坊”、各自为战和低水平重复等问题，2014年新一轮科技体制改革以来，制定国家重点研发计划的初衷也是为了强化顶层设计、打破条块分割、改革管理体制、统筹科技资源、更加高效配置科技资源。但到目前为止，上述现象并没有被完全消除，地球系统模式研发仍然采取分散的组织方式，有限的模式研发人员队伍分散在9个不同的研究单位，这样的资源配置“碎片化”问题严重制约地球系统模式的发展。由于缺乏系统的管理和组织，从事模式发展的科技人员没有合理分工合作，有的方面仍存在重复劳动，有的方面（如工程技术人员）则存在严重的空缺。

（二）现行环境不利于有效分配资源

对比国内外模式研发现状，我国地球系统模式的研发缺乏开放合作的环境，主要表现在研发团队小而散，气象部门、科研院所、高校各自独立申请项目，独立研发模式，都参加第6次国际耦合模式比较计划，但关键的模式分量多为引进，缺乏自主创新能力。我国地球系统模式研发还呈现出过度竞争的局面，虽然说在科技资源配置上项目经费的竞争性分配是必要的，可以调动科研机构和科研人才的积极性，然而，在地球系统科学这个多学科交叉、综合性强的领域，过度竞争一方面会带来科学研究人员的急功近利与浮躁气息，另一方面无法有

效分配资源，只能通过简单地增长资助额度来化解新增资源带来的日益增大的评审成本，从而导致资源的边际效用递减。而且在现有的科研体制下，经费投入主要是项目投入而不是人员投入，即使项目资源配置方式已经从分散到集中，也只是解决了表面问题，而未触及科技体制改革的实质，即“状态—结构—绩效”的实质没有发生根本性改变。

（三）技术支撑条件不足成为阻碍模式发展的瓶颈

对公共技术平台的不够重视，以及科学研究人员与软件工程技术人员有机结合的缺乏，是阻碍我国地球系统模式发展的一个瓶颈。没有一个公共的技术平台，不同的单位和不同的个人就无法围绕一个共同的计划发挥自己的优势。由于我国在技术平台研发方面比较薄弱，引进公共技术平台（如耦合器等）成为现阶段的主要手段，仅清华大学地球系统模式团队自主研发了耦合器。没有足够的软件工程技术人员的支撑和合作，科学研究人员必须花费大量精力去解决程序的规范、模式的并行、算法的高效、计算的稳定等技术问题。由于缺乏统一的体系结构，各种模式的软件实现形式多样、规范性差，最终严重影响耦合与集成，影响地球系统模式的总体进展。

四、提高地球系统模式自主研发能力的对策建议

未来十年将是地球系统模式发展的黄金时期。我国高性能计算机技术已经达到世界先进水平，为地球系统模式的研发和模拟提供了坚实的计算平台。机遇与挑战并存，地球系统模式研究领域的国际竞争日趋激烈，缺少核心算法、耦合器等关键技术会面临“卡脖子”窘境。应及时总结，瞄准国际前沿，在国家层面上合理布局、统筹协调，加快发展具有自主知识产权的地球系统模式，争取在未来的国际竞争中使我国步入国际先进行列。

一是推进激发自主创新活力的科技体制改革。从国家层面上集中

力量打造集智创新的良好生态，建立科技创新共同体，实现集智创新。借鉴国际先进经验，充分发挥我国社会主义制度的优势，构建开放、协调、高效的重大关键共性技术研发平台。坚持政府主导，建立国家实验室和国家重点实验室体系，对基础研究领域和重点领域的关键共性技术进行持续性投入，敢于走前人没走过的路，努力实现关键核心技术自主可控，把创新主动权、发展主动权牢牢掌握在自己手中。

二是积极参与和主导地球系统模式国际大科学计划。当前，全球科技创新进入空前密集活跃的时期，新一轮科技革命正在重构全球创新版图、重塑全球经济结构。地球系统模式的研发是一个多学科交叉、综合性很强的科学前沿，是决定人类把握自然规律、构建人与自然生命共同体的重要基础。我国应抓住机遇，积极参与和主导发起新一轮地球系统模式研究的国际大科学计划；主动布局和积极利用国际创新资源，吸引世界一流的科学家为我所用。

三是实施国家地球系统模式研发重大工程。将地球系统模式研发作为国家重大发展战略工程来开展。由中国气象局牵头，针对数值模式（包括地球系统模式、数值天气预报模式等）研发方向，实施国家重大研发工程，列入全国气象发展“十四五”规划重大工程项目，改变以相对分散的项目支持组织方式，形成集中持续经费投入，有效改善开放合作环境缺乏的问题。

四是筹建地球系统模式国家重点实验室。整合中国气象局数值预报中心、中国气象科学研究院等模式研发部门和国家气候中心模式研发室，筹建地球系统模式国家重点实验室。充分利用中国气象科学研究院参加国家扩大科研相关自主权和科研事业单位绩效评价国家改革试点的难得机遇，将模式研发力量整合，统筹资源开展地球系统模式的核心技术攻关。

五是制定吸引高端人才的激励政策措施。从国内外引进一批地球科学和信息技术的国际一流人才，着力解决地球系统模式核心技术的“卡脖子”问题。支持模式研发核心骨干稳定承担科技研发任务，对核心骨干实行协议工资制度，保持团队的稳定性。合理配置研发人员结构，增加软件工程师和信息技术工程师的配比。强化对青年人才的培养，建立首席科学家“传帮带”制度，加快实现青年人才的脱颖而出。

六是持续建设高度共享的自主研发技术平台。目前，我国已经有了自主研发的耦合器（清华大学）和地球系统数值模拟装置（中国科学院大气物理研究所、清华大学、中科曙光）。国家需要集中资源和力量发展这样的技术平台，保证支撑软件系统以及总体算法的可持续发展。同时，从政策层面上保证平台的高度共享，保证地球科学不同领域的科研人员可以在这些技术研发平台上针对不同的科学问题开展共享研究，从而推动地球系统模式的发展。

附件：

我国地球系统模式与国际先进水平对比

分别从模式性能和研发实力等方面对比我国与美国、德国、英国等主要发达国家地球系统模式发展水平的差距，其中研发实力包括核心关键组成部分研发、科研组织方式、团队组织方式、人员数量、人员结构、科研产出等方面。

一、模式性能评估

我国早期的气候模式研发工作几乎与发达国家同步，早在20世纪90年代初就开始了海气耦合模式的研制。经过20多年努力已形成地球系统模式的雏形。从最初只有1个模式参加前3次国际耦合模式比较计划，发展到有4个机构6个模式参加第5次国际耦合模式比较计划，到目前有气象部门、科研院所、高校、海洋部门的9个机构9个以上地球系统模式参加最新的第6次国际耦合模式比较计划（表1），我国地球系统模式百花齐放的局面初现端倪。

但从已经完成的政府间气候变化专门委员会（IPCC）第5次评估报告中主要地球系统模式性能评估对比发现，我国的6个模式相对误差普遍高于所有模式平均水平，大气环流模式水平分辨率除了国家气候中心的一个模式版本达到1.25°×1.25°外，其余5个均低于2.81°×2.81°的国际模式平均水平，总体模拟能力在全球40多个模式中处于中下游水平。

表 1　我国参加 CMIP6 的地球系统模式信息

机构	研发单位	模式名称	大气模式	海洋模式	陆面模式	海冰模式	耦合器
中国气象局	国家气候中心	BCC-ESM	BCC-AGCM3	MOM4-HAMOCC	BCC-AVIM2	CICE5	CPL
	中国气象科学研究院	CAMS-CSM	ECHAM5	MOM4	CoLM	SIS	FMS-coupler
中国科学院	大气物理研究所LASG	FGOALS	FAMIL2. 1 GAMIL2. 1	LICOM2. 1 + HAMOCC	CLM4. 5	CICE4	CPL
	大气物理研究所ICCES	CAS ESM	IAP4. 2	LICOM2 + OBGCM	CoLM + DGVM	CICE	CPL
高校	清华大学	CICSM	FDAM1	POP2	CLM4. 5	CICE	C-coupler
	北京师范大学	BNU-ESM	CAM5	MOM4p1	CoLM	CICE 4. 1	CPL
	南京信息工程大学	NUIST-CSM	ECHAM	NEMO 3. 4	ECHAM 5. 3	CICE 4. 1	OASIS3
国家海洋局	第一海洋研究所	FIO-ESM	CAM4 / CAM5	NEMO 3. 6	CLM 4. 5	CICE 5	CPL
台湾气候变迁研究联盟①		TaiESM	—	—	—	—	—

二、自主研发能力

从地球系统模式核心关键组成部分的研发来看，我国的自主创新能力非常薄弱。在目前的 9 个地球系统模式中，大气环流模式只有中国科学院大气物理研究所和国家气候中心有自主开发，大洋环流模式只有中国科学院大气物理研究所具有自主知识产权，其他主要采用的

① 联盟单位包括“中央研究院”气候变化实验室、台湾大学、“中央大学”、台湾师范大学。

都是德国或美国的模式分量；耦合器中，只有清华大学有自主研发，其他都是采用美国或德国的耦合器。可以说，由于核心模式分量缺位，研发主要依靠引入国外模式分量和耦合器再进行二次开发，我国地球系统模式研发陷入了一个“拿来主义”的怪圈。

三、科研组织方式

从科研组织方式来看，欧美等发达国家是以国家重点实验室等开放平台为依托的“有组织的科研”，而我国是由项目组织起来的较“分散”的科研。美国国家大气研究中心、德国马普气象研究所、英国气象局哈德莱中心都形成了有国际声誉的开放平台（国家级重点实验室），不仅组织本国、本单位优秀的科学家参与，还吸引了大量的国际科研工作者以博士后、访问学者等形式来合作开展模式研发工作。而我国的科研组织方式，目前主要是科学家以大项目形式组织起来的，并且是分别申请项目。

四、研发机构数量

从研发机构数量来看，美、英等6国机构数量均较为稳定，如美国主要是美国国家科学基金会建立的美国国家大气研究中心、美国国家海洋和大气管理局地球流体动力实验室、美国国家航空航天局戈达德太空研究所、美国能源部这四支科研力量，其他国家也主要是1～2个科研机构，而我国的研究机构从第5次国际耦合模式比较计划（CMIP5）以来明显增多，参加第6次国际耦合模式比较计划（CMIP6）的机构数量达到了9个（图1)。这一方面反映了我国地球系统模式研发队伍自2008年以来迅速发展和壮大，但另一方面也反映了气象部门、科研院所和高校之间竞争大于协作的现状。在地球系统模式研发这样的多学科交叉、综合性强的领域，竞争大于协作会成为制约发展的因素。

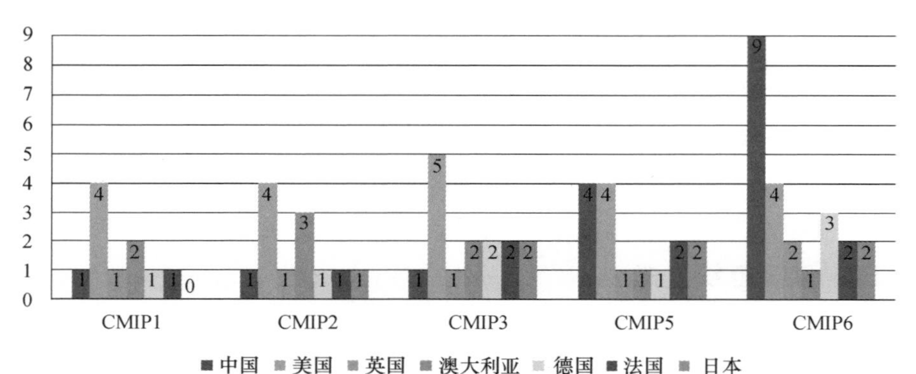

图 1 中、美、英等 7 国参加 CMIP1—CMIP6 的机构数量对比①

五、研发项目投入

2016 年以来，国家在地球系统模式领域主要通过国家重点研发计划（全球变化及应对专项）、国家重点基础研究发展计划、中国科学院战略性先导科技专项来资助研发。国家重点研发计划已经以总计超过 1.5 亿元的经费资助了 4 个机构、5 个不同团队牵头人的项目，这 5 支不同团队研发的也都是不同的地球系统模式。此外，国家自然基金每年也在资助科学家们开展地球系统模式领域的课题。

六、研发人员数量和结构

从研发团队人员数量（表 2）来看，德国马普气象研究所、美国国家大气研究中心、英国气象局哈德莱中心的模式研发人员均达到 70 人以上。这几个机构的团队中，除了模式研发人员，还有一定数量的工程技术人员（主要包括软件工程师和信息系统工程师）支撑模式研发工作。美国国家大气研究中心、德国马普气象研究所的模式团队中工程技术人员数达到了模式研发人员的 15%左右。而我国的研究队伍是最多的，但每支队伍人数明显偏少，每个模式团队仅有 20 余人，国家气候中心，研发人员不足美国国家大气研究中心（NCAR）的 1/4。

① CMIP4 是 CMIP3 和 CMIP5 的过渡计划，影响力相对较小，因此未统计。

表 2 国内外 9 家地球系统模式研发机构的模式团队人员数量比较

序号	机构和模式名称	模式研发人员数量	工程技术人员数量/占研发人员比例
1	美国国家大气研究中心 CESM①	117	19/16.2%
2	德国马普气象研究所 MPI-ESM②	166	24/14.5%
3	英国气象局哈德莱中心 HadCM	65～70	—
4	中国科学院大气物理研究所 LASG 中心 FGOALS③	23	—
5	中国科学院大气物理研究所 ICCES 中心 CAS-ESM	20	—
6	国家气候中心 BCC-ESM	28	—
7	中国气象科学研究院 CAMS-CSM	20	—
8	清华大学 CICSM	24	—
9	南京信息工程大学 NUIST-CSM	20	—

七、科技论文产出影响力

从科技论文产出来看，2007—2018 年，SCIE 数据库共收录地球系统模式主题论文 1933 篇，论文总量呈逐年上升趋势。我国作者参与的论文在全球的占比不断增大，在地球系统模式领域的参与度正在不断增强。但从不同国家的产出及影响力对比来看，我国虽然在论文数量上排名全球第 4，占论文总量的 14.9%，但在论文影响力（篇均被引频次、h 指数④）上明显不如总量前十名的其他 9 个国家（图 2）。

八、总体评价

对比发现，我国地球系统模式总体性能较低，自主创新能力不足，组织模式分散，依托大项目而不是开放平台来组织研发，没有统筹谋

① 资料来源 http：//www.cgd.ucar.edu/people/directories/。

② 资料来源 http：//www.mpimet.mpg.de/en/staff/。

③ 国内机构资料来源为参考各机构官网或通过资料调研。

④ h 指数（h index）是一个混合量化指标，可用于评估研究人员的学术产出数量与学术产出水平。h 指数是 2005 年由美国加利福尼亚大学圣地亚哥分校的物理学家乔治·希尔施提出的。h 代表“高引用次数”（high citations）。一个人的 h 指数是指在一定期间内他发表的论文至少有 h 篇的被引频次不低于 h 次。

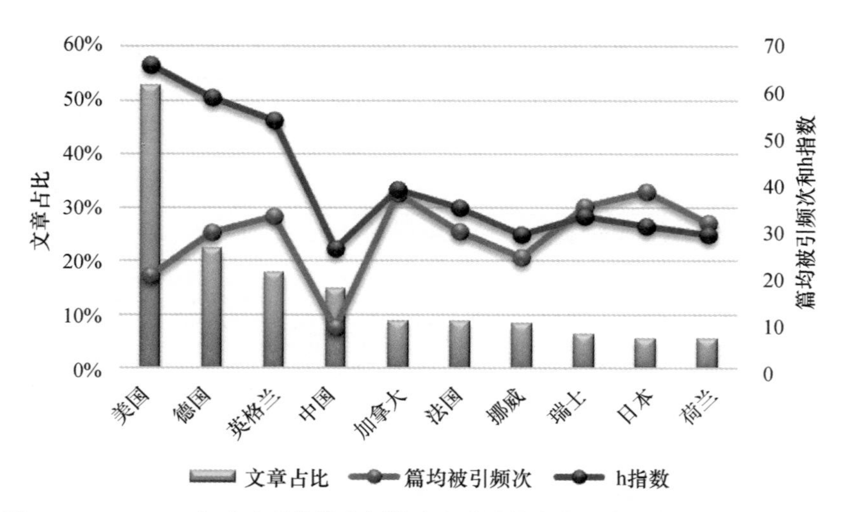

图 2　2007—2018 年地球系统模式领域论文总量前十的国家论文影响力指标对比

划的组织管理机构或机制，研发力量小而散，研发队伍中缺乏工程技术人员，研发成果（论文）影响力低（表 3）。

表 3　美、德、英、中四国的地球系统模式发展水平对比

序号	类别	美国	德国	英国	中国
1	模式性能	高	高	高	较低
2	自主创新	高	高	高	很低
3	组织模式	有组织	有组织	有组织	分散
4	组织依托	开放平台	开放平台	开放平台	大项目
5	组织管理	NCAR/NOAA/NASA/DOE	MPI	MOHC	无
6	研发机构数量	较多(4)	较少(3)	少(2)	多(9)
7	研发人员分布	多而集中	多而集中	多而集中	少而散
8	工程技术人员比例	高(16.2%)	高(14.5%)	高	低
9	论文数量	多(第1)	多(第2)	多(第3)	较多(第4)
10	论文影响力	高(第1)	高(第2)	高(第3)	低(第10)

（来源：《咨询报告》2019 年第 5 期）

报告执笔人：唐　伟　布亚林　孙永刚

课题组成员：张洪广　李　栋　布亚林　孙永刚　周　勇　吴乃庚

大力发展专业气象服务的调研与启示

摘　要： 推动专业气象服务发展是气象供给侧结构性改革的重要内容，也是气象服务适应经济发展新常态转型升级的客观要求。近年来，湖北省气象局着力进行体制机制创新，面向需求大胆探索发展专业气象服务，成效明显。中国气象局发展研究中心调研组通过实地调研和交互式研讨，总结了其做法和经验，认为湖北通过“五个构建”推动专业气象服务发展的做法，思路清晰，措施得力，在专业气象服务体制创新、技术创新及人才建设等方面具有参考借鉴意义。

气象供给侧结构性改革是适应经济发展新常态、促进气象事业可持续发展的客观要求。大力发展专业气象服务，实现提供主体多元化和提供方式多样化，坚持走专业气象服务品牌化发展之路，是气象供给侧结构性改革的重点和方向。近年来，湖北省气象局针对长期以来专业气象服务不专、服务竞争能力不强、服务规模不大、服务效益不高等问题，积极探索，大胆尝试，逐步摆脱了以公众气象服务产品简单包装替代的粗放型业态，形成了行业和用户特点明显的产品系列，专业化程度明显提高，初步解决了专业气象服务“不专”和产品雷同的问题；专业服务产品更贴近用户，初步建成与服务对象从平台到人员的无缝隙连接服务机制；专业服务规模明显扩大，2013—2015 年吸引各方面投资 2942 万元，在湖北省气象局层面建成了面向用户的 5 个专业气象服务中心，全省建成高速公路观测站 183 个，旅游观测站 34 个，水电观测站 25 个。专业气象服务效益大幅度提升，2013—2015 年累计收益达到 3299.1 万元，年均收益增长超过 20%。

一、湖北省气象局的主要做法：创新体制机制，布局“五个构建”

（一）按照服务对象构建专业气象服务中心

为解决过去对不同行业、不同用户均提供相同或相近气象服务产品的简单做法，湖北省气象局对气象服务中心进行了大调整，按照优势项目重组了 6 个专业气象服务中心：电力气象服务中心、交通旅游气象服务中心、新能源气象服务中心、气候可行性论证中心、人工影响天气服务中心、气象服务网络中心。其中，前 5 个中心分别对外开展专业化的产品生产与服务，立足用户需求，从服务调查、用户联系、市场运作、业务承接，到产品开发与生产以及服务提供和保障，均由一个专业气象服务中心全程负责。机构的专业化为服务的专业化提供了组织保证。

（二）按照服务行业构建专业队伍

湖北省气象局针对专业气象服务队伍长期以来重市场人才和技术包装人才、轻气象专业服务产品开发人才的问题，加大改革力度，将一般性的服务项目全部调整由省公众气象服务中心承担（包括电视、网站、报纸、新闻、微信、微博、应急传播等职能、机构和人员）。6 个专业气象服务中心全部以专业服务产品开发人才为主体，每个中心由 7～8 名专业人才组成（随着市场拓展，部分中心的规模将会逐步扩大），把原来分散在省气候中心和其他单位的专业气象人才向 6 个专业气象服务中心集中，每个专业气象服务领域都有国家级和省级学科带头人，真正形成了一支具备较高水平的专业化气象服务队伍。同时，按照“大服务中心、小专业实体、分机制运行”的思路，湖北省气象局对省气象服务中心内部机构和岗位进行重新调整，内部人员实行

“双向选择、竞争上岗”，外部调入专业人才由湖北省气象局协调解决。在新组建的6个专业服务中心中，调整中层干部11人，新任命科级干部6人，调整岗位达32人，每个专业气象服务中心都是一支集研究、业务和服务于一体的专业团队。

（三）按照专业范围构建服务门类

经过几年的努力，省气象服务中心提供的专业服务产品已经基本结束了产品单一、简单的历史，面向不同行业的专业气象服务产品差异大、有特色，逐步形成了不同的专业气象服务门类。新组建的电力气象服务中心、交通气象服务中心、旅游气象服务中心、新能源气象服务中心分别为电力、交通、旅游、新能源、气候可行性论证等提供专业化、针对性强的气象服务，并基本形成了相应的核心技术能力。比如，提供给电力气象服务的是由电力企业所定制的气象数据、要素、预报、时次、分析产品和延伸产品等，产品形式不再是一般的城市预报，也不可能用其他产品简单替代。

（四）按照专业领域构建“研产服”一条龙流程

专业气象服务的提供是一项系统工程，专业气象服务产品要做到“专、精、特、新”，必须从研发抓起。近年来，省专业气象服务发展将研发端作为切入口，组织专业团队深入到服务对象中跟班研究，同时吸收服务对象参与到专业气象服务产品的研发过程中，让用户提前试用，并注重用户的“售后”意见反馈，根据试用反馈意见不断修改完善服务技术和产品，确保产品与用户所需的每个环节充分融合。他们在与用户充分互动的基础上，专门针对不同领域先后进行了一系列应用性开发，先后开展了8项服务技术研究，开发了10项技术，制定了8项技术标准，基本形成了专业气象服务“研究、生产、服务”一体化流程。这样做的结果，不仅化解了过去专业气象服务科研、业务、服务长期脱节的困扰，也基本解决了传统专业气象服务针对性不强、用户还需进行二次应用开发的问题。

（五）按照专业特点构建运行规则

不同的专业气象服务对象，就代表着不同的专业服务门类，需要建立不同的运行规则和发展方式。目前，省专业气象服务获取资金的渠道主要有 4 种：一是通过市场竞争开展专业气象服务，这是获取专业气象服务收益的主体；二是政府购买服务，如在交通气象服务、人工影响天气领域以政府投入为主，具体由交通部门和政府人工影响天气管理机构向专业气象服务单位购买；三是非竞争性行业和专业用户，主要由湖北省气象局通过与有关行业机构开展战略合作，为其提供专业气象服务，进而获得一定收益；四是通过多部门合作或与用户合作，针对行业需要开展前期研究，进而获得适当的专业气象服务收益。这 4 种渠道分别针对政府、企业、行业、部门。省气象服务中心相应建立了不同的运行机制和规则，即保障基本服务、参与市场竞争、技术换市场、技术合作 4 种方式，实现了分类业务、分类服务和分类管理。例如：交通气象服务、旅游气象服务、人工影响天气等兼具专业和公益特点，其观测站网建设、业务平台建设均由政府相关部门通过财政预算安排，向气象部门专业服务提供单位购买；电力、风能、光能气象服务和气候可行性论证的服务对象主要是企业用户，省气象服务中心通过加强对外拓展，积极参加招投标等方式参与市场竞争，努力提高市场占有率；在部门合作和行业推广方面，湖北省气象局利用垂直管理体制优势，由省气象服务中心负责提供技术支持，市县级气象部门负责拓展市场，不断向全省和全国推广专业气象服务项目。同时，为了适应多样化需求，推动多元气象服务发展，湖北省气象局对 6 个专业服务中心的机构职责、内设岗位职责进行了细化，制定了新的考核办法。在激励机制受政策限制难有较大突破的情况下，初步建立了市场（服务对象）、产品、服务、效果及效益相互统一的分配机制，规定将绩效工资总量的 20%用于对各专业气象服务中心进行奖励。

二、思考与启示：体制机制创新和人才建设是关键

湖北省气象局通过改革探索，改善了专业气象服务水平，提高了社会认可度和市场竞争力，提升了经济效益。主要启示有：

(一) 应高度重视专业气象服务体制机制创新

发展专业气象服务，不能单纯就技术而技术，而应高度重视体制创新。湖北省气象局的宝贵经验在于对专业气象服务体制机制进行大胆调整，打破原有的根据气象服务产品分发渠道设置科室层级，建立以团队为核心的服务体系和服务机构，组建专业化队伍持续地研究市场的需求、客户敏感点、核心技术内涵、服务方式、业务服务标准和规范，为用户提供贴近式服务，真正打造高端的专业气象服务产品。通过理顺体制机制、集中专业人才队伍、建立专业化气象服务机构，真正形成技术、体制和机制创新的合力，真正针对不同用户开发差异性气象服务产品，提供高质量的专业气象服务。这是专业气象服务转型发展的必经之路。

(二) 专业气象服务机制创新应敢于打破常规和简单参照

省气象服务中心在服务机制上虽然有一定创新，但也呈现出机制不活，持续发展动力不足等问题。外部原因在于国家政策有较大调整，内部原因在于基层气象部门还不善于利用国家政策，习惯于将需要与市场接轨的专业气象服务锁定在公益一类事业单位，体制之限已经成为制约基层专业气象服务发展最突出的问题。省气象服务中心以前完全执行公益一类事业单位的人事、分配、激励和财务规则，由于公益一类事业单位财务缺乏必要的生产性成本支出科目，导致一些专业气象服务成本不好列支，人员激励机制也难有明显突破，容易造成员工吃“大锅饭”，积极参与生产和技术开发的动力不足。省级以下专业气象服务单位如何更好地利用地方政府关于二类事业单位的人事、分配、激励和财务政策，是当前需要认真研究的一个重要问题。如果省级气象管理机构在这个问题上能有较大突破，专业气象服务将有可能取得

新的更大突破和发展。

（三）让“全科”气象服务人才转变为“专科”人才

专业气象服务的核心竞争力在于人才和科技创新，其中领军人才的作用和专业气象服务人才分专业集中尤其重要。让专业人才专心做专业之事是湖北省专业气象服务发展的一条重要经验。湖北省气象局把过去分散在不同二级单位的专业气象服务人才全部向省气象服务中心集中，省气象服务中心又按照专业人才的特长，将人才分别集中到6个专业中心，使其专心从事某一领域专业气象服务。这一做法推动了过去的“全科型”气象服务人才向“专科型”气象服务人才转变。坚持这一做法几年之后，湖北省气象部门极有可能会产生一批能源气象服务专家、电力气象服务专家、交通气象服务专家、气候可行性论证专家等，而且随着专业气象服务的不断发展壮大，也将在更多领域产生相应的气象服务专业化人才。

（来源：《咨询报告》2016年第8期）

报告执笔人：陈葵阳　辛　源　张平南

课题组成员：王志强　张洪广　姜海如　陈葵阳　辛　源　刘　冬
张平南

业务系统命名也要“有规矩”

摘　要：命名不是一件小事。我国航天科技、航天科工、航空工业、船舶和兵器等部门非常重视命名规则。美国国家航空航天局（NASA）曾设立过工程命名委员会（Project Designation Committee），负责对NASA工程命名的统一管理。相比之下，我国气象信息化建设和管理中对业务系统命名比较随意，既无规则，也无机构专责。据统计分析，目前中国气象局已建系统和规划待建系统的名称存在用词混乱、字数偏多、名实不符等突出问题，不仅影响推广使用，也会影响到后续项目申报、系统查重和审计等工作。经研究，我们提出加强业务系统命名管理的若干建议措施：加强顶层设计、健全标准规范、强化实施监管。

一、系统命名中存在的主要问题

基于对气象部门国、省两级已建2028个系统和“十三五”规划中提到的460个系统[①]名称的统计分析发现，业务系统命名中存在用词混乱、字数偏多、名实不符等突出问题，而其深层次原因则在于系统建设的集约化程度不高。

---

① 统计包括：《全国气象发展“十三五”规划》《综合气象观测业务发展规划（2016—2020年）》《我国气象卫星及其应用发展规划（2011—2020年）》《气象雷达发展专项规划（2017—2020年）》《全国人工影响天气发展规划（2014—2020年）》《现代气象预报业务发展规划（2016—2020年）》《京津冀协同发展气象保障规划》《长江经济带气象保障协同发展规划》等已发布的1个总体规划和7个专项规划。

一是用词混乱。表示范围的词汇混用，如“中国”“国家”和“全国”等；表示业务的词汇混用，如“观测”和“探测”、“通信”和“通讯”等；表示类型的词汇混用，如“系统”“平台”和“平台系统”等。

二是名称过长。过长的名称不但难记，也难用（如显示界面设计）。据统计，已建业务系统中，字数超过12（含12）的有1032个，占51%，最长为29个字符①。“十三五”规划中提到的系统，字数超过12（含12）的有166个，占32%，最长为26个字符②。此外，还有为增强英文缩写可读性，而刻意加字的现象。

三是名实不符。以中国气象局卫星数据广播系统为例：最早建设的PCVSAT系统，名称中“PCVSAT”是深圳经天公司产品名称，此后的DVB-S系统，名称中“DVB-S”是一种通信技术标准名称，都没有反映出该系统的实际用途。此外，以“新”“新一代”等词命名的系统，随时间推移，会逐渐成为“旧”系统。

深层次问题是系统建设的集约化程度不高。系统太多太杂，集约化程度不高，是命名混乱的深层次原因之一。系统功能定位越窄，就需要在名称中使用越多的限定词；系统数量越大，就越需要特殊的名字与其他同类系统区别开。

二、加强系统命名管理的重要性

如同给人起名一样，系统的所有者和研发者都希望给系统起个好名字。而对业务系统而言，“好名字”不仅意味着好记、好用，还会有助于项目申报、系统查重和审计等工作。不恰当的名称既不利于理解、宣传和推进，也不利于项目申报。

名称含义太广，会引人质疑，如：已建了“一体化综合观测”系

① 省级中小河流域洪水、山洪、地质灾害气象风险预报预警业务系统。

② 气象卫星遥感主要农作物、特色农作物长势分析和估产系统。

统，为什么还要申请再建独立的自动站观测系统？名称含义太窄，同样会引发质疑，如：研发“1981—2010 年三十年整编数据查询软件”[①]，显然不如研发更为通用的数据查询软件，实现 30 年整编数据的查询功能。此外，名称表达范围不清，也不利于项目申报，如：已建了“全国”某系统，再申请建设“某地”同名系统就会遇到困难。

此外，系统命名也会影响审计。据水利部专家介绍，水利部原来所有项目都称“系统”，子系统也称“系统”，该命名方式就曾被审计专家质疑过于混乱。因此，现在水利部比较注意，一般一个项目就只建一个系统，子项目建的都是子系统或子模块。

三、解决思路和建议措施

针对上述问题，建议加强对全国气象业务系统命名的统筹管理，具体措施包括：

一要加强顶层设计。建议以中国气象局信息化领导小组名义编发全国业务系统命名规则，明确系统命名的原则和方法。命名规则应遵循名实一致、上下有别、左右看齐、内外区分等原则。名实一致，即按照各系统的特点命名，避免“名同实异”或“名异实同”；上下有别，即名称要能清楚地体现出系统适用的级别层次；左右看齐，即在同一等级或层次上，同类业务系统名称的中心词保持一致；内外区分，即内部应用系统的名称要体现业务定位、社会推广系统的名称要体现通俗易懂、国际应用系统的名称要体现中国特色。此外，建议参照“风云”卫星序列的命名方式，研究建立具有相对稳定的业务定位，且长期持续改进的系统命名序列。

二要健全标准规范。建议由全国气象基本信息标准化技术委员会牵头加强系统命名的标准规范建设。一方面，要制定与业务系统命名相关的中文名称、英文名称、版本编号等标准规范。中文名称可采用

① 如：黑龙江省 1981—2010 年三十年整编数据查询软件。

“范围+业务+属性”的格式。“范围”字段如“全国”“国家级”“xx省”等；“业务”字段如“灾害监测”“短时临近预报”等；“属性”字段如“系统”“平台”“子系统”等。英文名称以中文直译为主，兼顾英语习惯和可读性，也可中英文独立取名，例如：“中国气象局气象数据卫星广播系统”的英文名称为“CMACast”。版本编号有诸多国际、国内标准可选，建议择优选用，全国一致。另一方面，要规范使用业务系统命名中的常用词汇，制定中英对照的词汇表。明确词汇含义和适用范围。例如：“平台”主要用于命名以人机交互操作为主，或开放、开源的业务系统，如“气象大数据应用平台”；“系统”和“子系统”主要用于命名后台运行的，或较封闭、以内部应用为主的业务系统，如“国内气象通信业务系统”。明确用词原则，区分“中国”“国家”和“全国”等近义词使用方式，慎用“综合”“一体化”，尽量避免使用“新”“新一代”“现代”等词。

三要强化实施监管。建议对于支撑全国关键业务或具有国内外广泛影响的业务系统，名称要经中国气象局信息化领导小组审定；其他业务系统名称由中国气象局计划财务司会同信息化领导小组办公室或授权相关单位（如信息中心）审定。在中国气象局业务内网上，增加系统名称公示和查重功能，引入监督机制。

此外，设立专门的命名管理委员会，统筹管理业务系统、重大工程、重大事件、重大装备和重大科研成果等命名工作，将有助于相关工作的开展。

（来源：《咨询报告》2017 年第 6 期）

报告执笔人：周　勇

课题组成员：王志强　张洪广　周　勇　龚江丽　唐　伟　李　博

“十四五”前瞻布局国际气象大科学计划和大科学工程培育专项的政策建议

摘　要：国务院《积极牵头组织国际大科学计划和大科学工程方案》的印发，标志着我国大科学计划和大科学工程正式开启。牵头组织国际大科学计划和大科学工程是现代化气象强国的重要标志，也是促进气象相关的多学科交叉融合和跨越式发展的关键基础。我国主导发起国际气象大科学计划和大科学工程具备一定的基础和优势，也面临着缺乏国际化管理团队、高层次人才、集智机制、多元文化融合创新的合作氛围等挑战。“十四五”时期，应发挥中国气象局作为行业主管机构职能和国际气象科技合作优势，前瞻布局国际气象大科学计划和大科学工程的培育专项，确定优先领域和发展方向，做好潜在项目的遴选论证、培育倡议，逐步建立符合国际大科学计划项目特点的管理机制。

习近平总书记强调，要推动大科学计划、大科学工程、大科学中心、国际科技创新基地的统筹布局和优化，积极参与和主导国际大科学计划和工程，鼓励我国科学家发起和组织国际科技合作计划，全面提升我国在全球创新格局中的位势。气象事业是经济社会发展、国防建设重要的基础性、科技型的社会公益事业，气象部门是国家气象科学基础研究、应用研究的重要主力军，是气象高技术领域创新成果的重要源泉。积极参与和主导国际气象大科学计划和大科学工程，对于增强我国气象科技创新实力、提升气象国际影响力、大踏步走近世界气象舞台中央具有深远意义。

一、国际气象大科学计划和大科学工程成就现代化气象强国

气象科技创新是提高气象生产力和气象综合实力的战略支撑，必须摆在气象高质量发展全局的核心位置。主动布局、积极推进牵头组织国际气象大科学计划和大科学工程，是立足全局、面向全球、聚焦关键、带动整体的重要气象科技创新驱动战略，是推动气象事业高质量发展的重要举措。

（一）牵头组织大科学计划和大科学工程是党中央的重大战略部署

积极提出并牵头组织国际大科学计划和大科学工程，是党中央、国务院作出的重大决策部署。党的十八届五中全会、国家“十三五”规划、《国家创新驱动发展战略纲要》和《“十三五”国家科技创新规划》都对此作出战略部署和政策设计（表 1）。2018 年 1 月，习近平总书记主持召开的中央全面深化改革领导小组第二次会议审议通过了《积极牵头组织国际大科学计划和大科学工程方案》，并由国务院正式印发（国发〔2018〕5 号），标志着我国推动国际大科学计划和大科学工程工作正式开启。主动布局、积极孕育国际气象大科学计划和大科学工程，这是贯彻落实党中央、国务院重大战略决策的政治任务和必然要求，有利于建立以合作共赢为核心的新型国际关系和构建全球伙伴关系网络，有利于促进气象相关的多学科交叉融合和跨越式发展。2017 年，中国科学院已紧跟国家部署，主动布局、先期启动了“国际大科学计划培育专项”（表 2），旨在围绕前沿科学问题和全球共性挑战，在中国具有优势的学科领域，孕育和培养能够在未来牵头发起的大科学计划。

表 1　牵头组织大科学计划和大科学工程的重大政策

时间	工作部署	政策要求
2015 年 10 月	党的十八届五中全会通过《中共中央关于制定国民经济和社会发展第十三个五年规划的建议》	实施一批国家重大科技项目，在重大创新领域组建一批国家实验室。积极提出并牵头组织国际大科学计划和大科学工程
2016 年 3 月	《中华人民共和国国民经济和社会发展第十三个五年规划纲要》	积极提出并牵头组织国际大科学计划和大科学工程，建设若干国际创新合作平台
2016 年 5 月	中共中央、国务院印发《国家创新驱动发展战略纲要》	深入参与全球科技创新治理，主动设置全球性创新议题，积极参与重大国际科技合作规则制定，共同应对粮食安全、能源安全、环境污染、气候变化以及公共卫生等全球性挑战。积极参与和主导国际大科学计划和工程，提高国家科技计划对外开放水平
2018 年 1 月	习近平主持召开中央全面深化改革领导小组第二次会议，审议通过了《积极牵头组织国际大科学计划和大科学工程方案》	牵头组织国际大科学计划和大科学工程，要按照国家创新驱动发展战略要求，以全球视野谋划科技开放合作，聚焦国际科技界普遍关注、对人类社会发展和科技进步影响深远的物质科学、宇宙演化、生命起源、地球系统、环境和气候变化、健康、能源、材料、空间、天文、农业、信息以及多学科交叉领域的优先方向和优先领域，集聚国内外优秀科技力量，量力而行、分步推进，形成一批具有国际影响力的标志性科研成果，提升我国战略前沿领域创新能力和国际影响力
2018 年 5 月	习近平总书记在中国科学院第十九次院士大会、中国工程院第十四次院士大会上的讲话	要坚持以全球视野谋划和推动科技创新，全方位加强国际科技创新合作，积极主动融入全球科技创新网络，提高国家科技计划对外开放水平，积极参与和主导国际大科学计划和工程，鼓励我国科学家发起和组织国际科技合作计划

表 2　中国科学院主动布局的“国际大科学计划培育专项”

序号	培育专项
1	国际社会关注的气候变化、能源安全、人口健康等焦点问题
2	科技数据共享和国际标准问题
3	依托中国大科学工程的前沿探索
4	中国科学家的国际组织重要任职发起计划

（二）牵头组织大科学计划和大科学工程是世界气象强国的重要标志

大科学计划与大科学工程是人类开拓知识前沿、探索未知世界和解决重大全球性问题的重要手段，是一个国家科学基础是否雄厚、科技前沿是否领先的核心指标。历史经验表明，气象科技创新是发达国家保持国际气象核心竞争优势的主要驱动力。抢占气象科学和技术制高点，提前布局气象大科学计划和大科学工程，成为提升国家气象科技综合实力，带动气象事业高质量发展的主要方式。当前，我国正在由气象科技大国向科技强国迈进，面对新时代推进全球观测、全球预报、全球服务、全球创新、全球治理的新要求，积极推进牵头组织国际大科学计划和大科学工程，集世界力量为中国主导的大科学计划服务，这是推动我国气象科技水平从“跟跑、并行”向“并行、领跑”的战略性转变，实现现代化气象强国宏伟目标的必经之路。

（三）牵头组织大科学计划和大科学工程是聚集全球优势科技资源提升气象科技综合实力的高端平台

大科学计划与大科学工程是面向世界科学重大问题挑战、面向人类重大战略需求、面向经济社会重大任务而布局的，聚焦经济社会深层次科学技术问题、聚焦产生重大科技原创性成果、聚焦建设国家创新体系的科学研究活动。推进牵头组织国际气象大科学计划和大科学工程，有利于面向全球吸引和集聚高端气象人才，集聚世界知名科学家，培养和造就一批国际同行认可的领军科学家、高水平学科带头人、学术骨干和管理人才，形成具有国际水平的管理团队和良好机制，促进气象科技创新主体协同互动、各类要素系统集成、打通创新全链条，打造高端气象科研试验和协同创新平台，形成引领全球气象创新发展的重大科技成果。

（四）牵头组织大科学计划和大科学工程是深度参与全球气象科技治理贡献中国智慧的有效载体

国际大科学计划和大科学工程是世界科技创新领域重要的全球公共产品，也是世界科技强国利用全球科技资源、提升本国创新能力的重要合作平台。多年来，美、英、欧盟等国家（地区）和世界气象组织在诸多领域组织了数十个国际气象大科学计划和大科学工程，携手解决人类社会面临的气象预报、气象灾害、气候变化、对地综合观测等共同挑战，提升了自身的国际地位和影响力，推动了世界气象科技创新和进步。我国牵头组织国际气象大科学计划和大科学工程，有利于为解决世界性气象科技难题、推进构建全球气象创新治理新格局和人类命运共同体贡献中国智慧、提出中国方案、发出中国声音，提供全球公共气象产品，为世界气象科技发展做出中国贡献。

二、牵头发起国际气象大科学计划和大科学工程的主要优势和挑战

（一）六大优势

随着我国经济和气象科技实力的提升，我国牵头发起国际气象大科学计划已具备一定的优势。一是国际地位优势。我国在众多国际气象组织中具有重要地位，是联合国专门机构世界气象组织、联合国政府间气候变化专门委员会、国际地球观测组织等国际组织、机构的创始成员国和世界气象组织第二大会费出资国。二是人才队伍优势。我国气象科技工作者在国际气象组织担任重要职务，在世界气象组织各技术委员会中专家数列第3位。气象部门、科研院所高校已发展建立起相当规模的人才队伍，而随着我国经济发展和科技环境持续优化，海外人才回流趋势明显。三是投入保障优势。进入高质量发展的新时代，国家科技投入力度加大和科研经费大幅度增长，总量居世界第2位，为我国实施大科学计划提供了资金保障。四是参与合作优势。近年来，我国参与了世界气象组织的十多个国际科技计划，开展了与美、

英、俄、澳、德等十多个国家的双边合作交流，积累了参与国际气象科学计划的经验。五是领域方向优势。大气无国界且与地球系统密切相关，气象的高影响和高开放性切合中央提出的国际大科学计划优先方向，防灾减灾全球共同体亦愈发成为世界各国共识。六是领导体制优势。大科学计划是强大国家意志的体现，是需要巨额投资的工程，还是需要跨学科、大规模合作的前沿研究，我国社会制度和气象部门双重领导、以部门为主的领导管理体制有利于整合各种科研资源，推动大科学计划实施。

（二）四大挑战

虽然我国气象科技国际合作发展已经取得显著成效，牵头发起国际气象大科学计划和大科学工程具有一定的基础和条件。但是，当前发达国家在气象科学前沿和高技术领域仍然占据明显优势，由我国牵头发起国际气象大科学计划和大科学工程，或多或少面临着以下挑战：

一是缺乏专业化、国际化的科技管理团队。科技创新，人才先行。人才发展，管理为要。以往我国参与国际科学研究项目主要侧重于科学问题本身，缺乏专职、专业的团队进行管理，而主导国际大科学计划，专业化管理团队缺乏所带来的弊端将更为凸显。二是缺乏主导国际大科学计划的实践。近年来，我国积极参与国际气象科学计划，积累了一定的国际合作经验。然而，由于处在“跟跑”到“并跑”的过程，参与多、牵头少，缺乏发起和主导国际大科学计划的实践经验。三是缺乏有利于集智创新的机制和平台。我国科研机构数量、研究团队规模方面发展迅速，但小而散、重复性研究的现象明显，特别是开展跨学科、跨部门的综合性合作研究与国际差距十分显著。四是缺乏在国际上具有重大号召力的高层次人才梯队。尽管我国气象人才队伍的规模发展迅速，实力较以往提升明显，也有一些在国际上具有知名度的气象科学家，但从事关键核心技术方面的研究人才不多，具有重大国际影响力的顶尖人才十分缺乏。

三、牵头发起国际气象大科学计划和大科学工程的主要政策建议

（一）加强与国家科技管理部门沟通，孕育和培养能够在未来牵头发起的国际气象大科学计划

根据国家战略部署和气象科技前沿趋势，立足我国现有基础条件、综合考虑潜在风险，加强与国家科技管理部门沟通衔接，力争将我国主导国际气象大科学计划和大科学工程纳入国家科技创新战略总体布局。组织编制和牵头发起国际气象大科学计划和大科学工程培育专项规划，紧扣国际关注的地球系统、应对气候变化、防灾减灾、气候资源开发利用等重大问题，确定培育的优先方向、潜在项目、组织机制，明确牵头发起的时间表、路线图，孕育和培养能够在未来10～15年牵头发起的国际大科学计划和大科学工程。

（二）做好潜在项目的遴选论证、培育倡议和启动实施

一是加强与国家重大科技研究布局的统筹协调，做好与“科技创新2030—重大项目”、国家大科学计划和大科学工程所确定的地球系统、环境和气候变化等优先领域的衔接。二是立足我国优势特色领域，根据实施条件成熟度和人力财力保障等情况，遴选具有国际合作潜力的若干项目，在“十四五”期间主动布局、重点培育，如面向“21世纪海上丝绸之路”的印度洋—太平洋台风和亚洲季风等重大科学计划。三是依托世界气象组织，发出相关国际倡议，视情况确定正式启动实施项目。

（三）培育专业化、国际化管理团队，建立符合国际大科学计划特点的管理机制

一是加强“专人专职”的强有力管理团队建设，更好地适应国际大科学计划需求的资金管理、建设方式、运行管理等规则。二是建立多元化投入和管理机制，更好发挥财政资金在我国牵头组织气象大科学计划和工程培育专项中的引导作用。充分借鉴国际经验，通过有偿

使用、知识产权共享等多种方式，鼓励社会资本参与，吸引国内外政府机构、科研机构、高等院校、科技社团、企业及国际组织等参与支持气象大科学计划的建设、运营及管理。三是实施更加积极开放的高层次人才引进政策，建立支持相关人员参与气象大科学计划的激励机制，探索全球公开招聘世界一流气象科学家、国际顶尖气象科技人才新机制。四是加强多层次专业人才队伍建设，构建我国牵头组织气象大科学计划可持续发展的人才梯队。五是建立健全监督评估与动态调整机制，定期对气象大科学计划培育专项的执行情况与成效进行跟踪检查。

与此同时，继续积极参与世界气象组织、他国发起的气象大科学计划，抓住全球创新资源加速流动和我国经济地位上升的历史机遇，提高我国全球配置气象创新资源能力。服务国家总体外交战略，继续发挥我国在世界气象组织的作用和地位，深入参与全球气象科技创新治理，主动设置全球性气象科技创新议题，主动参与国际大科学计划相关国际规则的起草制定。积极参与他国发起或多国共同发起的气象大科学计划，积极承担项目任务，深度参与运行管理，积累组织管理经验，形成与我国牵头组织的气象大科学计划互为补充、相互支撑、有效联动的良好格局。

（来源：《咨询报告》2019 年第 9 期）

报告执笔人：李　栋　吴乃庚

谋划和实施国家重大气象工程的建议

摘　要： 国家重大工程是贯彻国家战略意志的一种直接手段，是国家为回应重大挑战而行使最高权力，动员全社会资源组织实施的战略性工程。国家重大气象工程是指在国家层面设计谋划推动的气象工程，是建设现代化气象强国、增强气象服务保障国家战略能力、提升气象工作在党和国家发展全局中的作用和地位的重要举措，可以在现代气象事业发展中发挥聚焦、带动、鞭策和突破作用，具有重要的战略意义。气象工程具有显著的战略性和公益性，投资大、周期长、科技含量高、国际影响大，对国民经济多个领域具有广泛的连带效应，符合国家重大工程的必备条件。现代气象更加注重产业化发展和跨界合作，谋划和实施气象工程顺应国家重大工程的发展趋势，及早启动国家重大气象工程的谋划设计和预研准备工作。

谋划和实施国家重大气象工程，是建设现代化气象强国、增强气象服务保障国家战略能力、提升气象工作在党和国家发展全局中的作用和地位的重要举措。新时代，面向“全球监测、全球预报、全球服务、全球创新、全球治理”的新需求，理性认知、凝聚共识，科学谋划国家重大气象工程，对于获得国家支持、群众认可、国际肯定，具有非常重要的意义。

一、实施国家重大气象工程具有重要战略意义

国家重大气象工程是实现关键技术领域创新跨越的突破口，是推

动我国气象科技发展，实现从“重引进模仿”转向“重自主创新”的战略转变的重大举措，也是国家创新体系建设的重要组成部分。其重要战略作用体现在以下几方面：

（一）发挥聚焦作用，凝聚多方力量服务国家战略

通过选择实施具有重大战略意义和广泛带动作用的工程，聚焦国家社会经济发展迫切需要的防灾减灾、生态文明和国家安全中的气象保障问题，聚合科研、业务、服务等多领域相对独立的工程项目，凝聚各级政府部门、社会企业、科研院所乃至全球合作潜能，把“单棵树木”整合为“森林”，提高我国气象行业的整体战略地位。同时，国家重大气象工程能够辐射周边、影响全球，有利于提升我国在参与国际治理、应对气候变化中的影响力和话语权。

（二）发挥带动作用，以科技创新带动产业链发展

由国家重大气象工程牵引，通过气象核心科技自主创新的局部跃升，可带动全局的突破，从而为智慧城市、智慧交通、智慧农业以及智能家居等相关新兴产业提供技术和物质准备。历史经验表明，国家重大专项工程往往是重大技术研发活动的落脚点和推向市场的起点。一项关联性强的重大科技创新或产业化项目，往往可以带动本领域和相关领域的技术群体进步。气象正是这样一个与社会生产生活息息相关的行业。

（三）发挥鞭策作用，以中央权威确保目标达成

实施国家重大气象工程，动用中央政府的权威，可以督促各方面、各层次遵照既定目标、保证进度、控制费用，从而形成对气象及相关学科，以及各融合应用领域的引领、推动、鞭策和激励效应，激发跨部门、跨领域、跨地区协同努力和集成创造力，提高创新效率。这些都是非国家重大工程所不具备的。

（四）发挥突破作用，打破关键技术的对外依赖

对相对落后的关键科技领域，实施国家重大工程，形成合力，重点突破，是摆脱对外技术依赖、提高自主创新能力、推动结构升级、缩短差距的必经途径。回顾历史，气象卫星工程作为国家重大工程，曾推动实现了观测领域的技术突破，并推动了我国航天事业的大发展。当前，数值预报、气象大数据应用等领域正亟待这样的突破。

二、气象工程具备成为国家重大工程的必要条件

国家重大工程是贯彻国家战略意志的一种直接手段，是国家为回应重大挑战而行使最高权力，动员全社会资源组织实施的战略性工程。国家重大工程的决策和实施，对经济社会、国家安全、科学技术、生态环境、社会生产生活方式和国际关系格局等有着举足轻重的影响。

（一）气象工程可被纳入国家重大科技创新工程

国家重大工程包括三种主要类型：一是为解决社会经济发展的迫切需要而实施的重大基础设施工程，如南水北调、三峡水利枢纽、智能电网等；二是以增强国家在战略性高科技领域和新兴产业竞争力为目标的重大科技创新工程，如国产大飞机、深空探测、量子计算等；三是直接服务于国家安全战略或带有显著军事价值的重大系统工程，如“两弹一星”、北斗导航、载人航天等。国家重大气象工程应以对地遥感综合观测平台、数值预报模式等关键核心技术突破为重点，并带动气象服务产业发展，加快形成全球监测、全球预报、全球服务能力，最适宜被列入国家重大科技创新工程。

（二）气象工程具备国家重大工程的显著特征

通过案例分析可知，国家重大工程应具有以下特征：一是具有战略性和公益性，追求国家的全局和长远利益，不以短期和局部的经济效益作为取舍标准；二是规模巨大，需要巨额资金投入，实施周期长，以中央政府为决策和实施的第一主体；三是科技含量高，集成度高，多为复杂的巨大系统，涉及多学科、多领域，必须有超出部门和地区的权威进行管理协调；四是工程的成功不仅可以实现自身预期目标，

也能够发挥广泛的连带效益，促进科技进步和创新能力的培养，拉动关联产业的发展。气象事业具有显著的战略性和公益性，预报预警能力的提升投资大、周期长、科技含量高、国际影响大，而且，气象科技进步对国民经济多个领域具有广泛的连带效益，气象工程完全具备国家重大工程的必备特征。

（三）气象工程顺应国家重大工程的发展趋势

近几年国家实施重大工程还体现出以下新趋势：一是注重产业化，在论证阶段就关注到产业化应用目标；二是强调合作，在政府主导下，注重发挥民间积极性，鼓励和带动社会企业广泛参与，并提倡国际合作。现代气象更加注重产业化发展和跨界合作，谋划和实施气象工程顺应国家重大工程的发展趋势。

三、相关建议

谋划和实施国家重大气象工程，对于贯彻国家战略意志、提升国际竞争力、培育新兴产业具有重要的战略意义。因此，建议及早启动国家重大气象工程的谋划设计和预研准备工作，并把握好以下几点：

（一）准确把握工程定位

当今气象科技领域的全球化竞争，本质上是国家间的竞争，是国家战略问题，而不是单个部门的问题。为在激烈的国际竞争中求得生存发展空间，由国家组织重大工程是加快气象科技进步和培育相关新兴产业的必要途径。国家重大气象工程是补短板、强活力、增动能的重要途径，具有显著的公共性，反映国家意志、立足战略全局、体现人民利益，是具有巨大社会效益、经济收益、生态效益的科技创新工程。

（二）提高决策的科学性

项目的提出和论证要科学合理，决策的标准不是“项目自身优秀程度”，而是国家经济建设和国防建设的战略需要，并把现有基础作为重要参考。要有合理的论证程序，充分讨论，听取各方面意见，保证民主决策，从国家需求、现实基础、有利条件和制约因素、风险、收益以及关联效应等各方面进行科学论证，提出的工程建设内容既要有前瞻性，又要有可操作性、可检查性，经得起实践和历史的检验。

（三）注重体制机制创新

要坚持政府主导与发挥市场机制相结合。气象部门要转变观念，从定位于分配国家资源转变为组织和集成全社会资源，把强化中央的动员组织能力和发挥地方、社会企业的积极性相结合，吸收社会资金参与具有产业化前景的建设内容，鼓励社会多元化投资。同时，要以国家重大气象工程为契机，改革气象业务技术体制，建立现代气象业务新体系。

（四）采取切实可行的有力举措

气象工程能不能上升为国家重大工程，既在于工程本身的定位和方向是否准确和清晰，也在于我们是否有这样的意愿和气魄。一切皆有可能，关键事在人为。我们可学习借鉴智慧海洋工程等方面的经验和做法，组织精干力量进行前期调研和谋划，组织高层次专家进行咨询论证，待方案成熟和条件具备时，以中国气象事业发展咨询委员会名义或以一批院士专家联名建议的方式直报中央领导同志。如此，国家重大气象工程上报与获批的可能性就会大大增加。

（来源：《咨询报告》2019年第1期）

报告执笔人：周　勇　孙永刚　陈鹏飞

课题组成员：张洪广　孙永刚　刘怀明　周　勇　唐　伟　陈鹏飞

龚江丽　郝伊一

第五部分 气象改革

全面深化气象改革，着力解决影响和制约气象事业发展的体制机制弊端，既是提高气象治理能力的客观要求，又是更好地发挥政府、市场和社会力量的重要作用，更好地发挥气象工作在经济社会发展中的职能作用的实际需要，对推进气象事业发展具有重大而深远的意义。党的十八大以来，全面深化以气象服务体制、气象业务科技体制、气象管理体制和气象保障体制为重点的改革，为气象事业发展提供了强大动力和活力，开辟了气象改革开放和气象现代化建设新境界，加快了建成气象强国的步伐。进入新时代，全面深化气象改革任务依然艰巨。本部分对涉及气象供给侧结构性改革、气象工作融入政府公共服务体系、构建气象信息增值再利用管理制度体系、气象行政机构和气象事业改革、气象法治建设等研究基础上形成的咨询报告，进行了汇集。

气象供给侧结构性改革的几个问题

摘　要：气象服务是国家公共服务的重要内容，气象也面临着供给侧结构性改革问题。本报告提出四个方面的改革方向，即建立气象产品分类供给制度、发展多元化提供主体和多样化提供方式、改革气象供给侧业务服务重叠分工制度、依靠创新推动气象供给侧结构性改革。

供给侧结构性改革是适应和引领经济发展新常态的重大创新。“供给侧”是相对于需求侧而言的，表明了今后中长期我国宏观经济政策的着力点和基本政策走向。

一、供给侧结构性改革的内涵、特征及主要内容

从朴素意义上讲，供给即产品的生产与出售，需求即产品的购入与消费。供给侧结构性改革是以提高供给产品的质量和效率（效益）为目的，从供给生产端入手，用改革措施推进结构调整，矫正市场要素配置的扭曲，打通要素流动通道，全面扩大有效供给。主要有以下四个特点：

一是强调放活市场配置“无形之手”。供给侧改革更强调发挥企业和创业者等微观市场实体的作用，突出“简政放权”；需求侧政策主要强调政府在宏观调控和管理上的“有形之手”。

二是强调通过系统改革解决中长期健康和可持续发展问题。需求侧政策更多通过短期政策调整来解决经济波动和风险问题。

三是强调针对供给活动中的结构性障碍推进改革。供给侧改革的

主要对象是生产端存在的制度性和结构性矛盾；需求侧政策则主要是以解决功能性矛盾为主，改革着力点主要在需求端。

四是强调创新的核心作用。创新是提振供给能力、激发经济活力、重塑经济增长点和竞争力的关键；需求侧政策主要是依靠“刺激政策”来提升总需求，大多数情况下是在原有层面上的功能纾解与调整。

供给侧结构性改革是针对经济结构问题的深层次制度性矛盾推进的全方位改革，其改革内容可归纳为以下四方面：

推进结构改革，提高供给质量。针对产业结构和区域结构失调问题，通过去过剩产能、去多余库存、去过高的金融杠杆、降综合成本、补发展短板，减少无效和低端供给，扩大有效和高端供给，提高供给质量和效率。这也是推进供给侧结构性改革的根本目的。

推进主体改革，形成新主体。改革要对政府、个人、社会组织的功能和角色进行优化调整，极大调动各方面的积极性和创造性，特别强调要激发微观主体创新、创业、创造的潜能，推进大众创业、万众创新。同时，改革通过反腐、打破垄断、简政放权等途径，降低制度性交易成本，减少供给侧和需求侧之间的环节成本，如商事制度改革、行政审批制度改革、国有企业改革、垄断行业改革、价格机制改革、政府机构改革等。

推进要素改革，培育新动力。通过对土地、资源、劳动力、技术、知识、人才、信息等生产要素的改革，发挥市场机制在资源和要素配置中的决定性作用，大力发展新产业、新技术、新业态，培育新的增长动力，形成新的经济增长点，如土地制度改革、资源产权制度改革、科技体制改革、计划生育改革等。

提升消费能力，释放新需求。供给决定需求，需求实现供给。供给侧结构性改革的成效最终要体现在多大程度上拉动群众的消费热情，这又取决于供给在多大程度上能够满足群众的需求。一方面，改革就是要通过进一步完善兜底政策，提升居民消费能力，特别是中低层群众的消费能力，使群众敢消费、能消费，如完善医疗社保和教育制度，建立有安全感的社会福利体系，提高城镇化率，推进精准扶贫等；另一方面，改革要坚持创新驱动，依靠制度创新、技术创新和产品创新来创造和释放新需求，培育新消费，如发展“互联网+”“技术+”、物联网新概念等。

二、气象是否存在供给侧结构性改革问题

从大的逻辑来看，推动供给侧结构性改革，各行各业概莫能外。从气象服务的需求侧看，广泛存在着防灾减灾、应对气候变化、保障公众生产生活以及专业化的气象服务等需求。从气象的供给侧看，包含决策服务产品、公众服务产品以及面向广泛社会个体的专业化气象产品。从国家推进供给侧结构性改革的背景、要求和内容来看，气象供给侧结构性改革具有客观性。主要有以下三方面原因：

第一，气象供给侧结构性改革是国家供给侧结构性改革的重要内容之一。供给侧结构性改革以经济生产部门为主，但同时也密切关系到社会生产生活的方方面面。尤其是当前我国正处在居民消费需求升级（不再仅仅局限于衣食住行等基本消费需求）、公共需求快速增长（对安全、教育、养老等需求更加迫切）的变革阶段，这与公共服务供给不足、质量不高之间形成了突出矛盾。社会对公共服务领域的供给侧改革呼声也最为强烈。增加公共产品供给、提升公共服务水平，既是建设服务型政府的重要抓手，也是提高供给质量和效率，实现经济中高速增长的重要“引擎”之一。气象服务以公益服务为主，是国家公共服务的重要组成部分，国家对公共服务供给侧结构性改革提出的要求，自然也是气象供给侧结构性改革应该关注的内容。

第二，气象供给侧结构性改革是解决发展面临主要矛盾的客观要求。目前，气象供给存在着供给和需求错位、产品同质化等问题。从形式和结构看，气象供给产品主要是气象监测产品、预警预报产品以及在气象监测预报预警信息基础上进一步开发形成的各种服务产品。一方面，出于对气象工作属性和定位的认识，传统上我们习惯将所有

气象供给产品统称气象服务产品，但是在产品内涵上却由于深加工不够、价值挖掘不足以及对用户需求把握不准等因素，导致气象产品划分不精细、定位不准确、同质化严重，不少产品不好用，无效供给过多。另一方面，针对当前新兴的城市服务、生态环境、行业（产业）特色及大众健康、休闲等“专、精、特、新”气象产品的研发不足，“质”和“量”的供给都严重不足，难以满足社会的多元化、专业化、精细化需求。这也导致在现有体制框架下，气象供给活力不够，进而影响到气象服务供给不能满足日益增长的大众气象服务需求这一根本矛盾。

第三，气象供给侧改革是优化气象产品供给业务结构、主体结构、渠道结构和治理结构问题的重要抓手。其一，现行气象供给业务结构主要表现为行政管辖区域分割下的垂直业务结构，业务分工“条状分布”“层级切割”，产品市场“行政割裂”“互不连通”，这造成业务上的上下级重复劳动和市场规模上的小、低、散，难以形成集约优势和规模效益。其二，现行气象供给主体结构比较单一，主要是行政主导下的事业单位和少量内部企业，社会多元化参与程度不高，产品市场化程度较低，市场潜力和活力没有得到有效激发。其三，气象产品供给的渠道结构定位不准确，传统的影视、短信等渠道日渐式微，新型的网络、移动互联渠道开发不足，缺乏对受众差异性需求的精准化供给渠道，影响了气象供给的效益发挥。其四，气象供给治理结构不合理，对如何处理好部门管理和市场的关系还不清晰，促进气象服务市场化的政策和制度还不完善。

三、推进气象供给侧结构性改革的重点和方向

气象供给侧结构性改革内容可从以下四方面考虑：

（一）建立气象产品分类供给制度

过去，我们根据需求侧服务对象的不同，将气象服务产品分为决策气象服务、公众气象服务、专业专项气象服务和科技气象服务，但

产品内容上并没有多大差别，基本为同质化的天气预报产品，只是分发对象的不同而已。这显然已难以适应需求侧的要求，建立供给与需求相结合的分类制度势在必行。建议按照气象产品性质划分为气象实况产品、气象资料分析产品、气象预报预测预警产品、气候与气候变化产品、气象延伸产品（包括产量预测、森林火险、气象指数、风险评估等）、气象应用技术产品、气象与高相关产业融合产品（如农业、电力、能源、交通、建筑、旅游、保险等）七大类别。改革以预报产品（机构）替代服务产品（机构）的生产方式，按照新的产品类别设置专门的供给体制架构，各自负责不同类别产品的研发和产品供给。

（二）发展多元化提供主体和多样化提供方式

改变传统的部门单一供给模式，将行业气象和社会气象纳入气象整体事业，推动更多力量加入气象产品供给行列，充分激发市场活力和社会创造力。公益类、基础性的气象产品（如基础数据）由气象部门提供免费共享，专业性的气象产品鼓励利用市场机制供给。大力鼓励行业部门发展壮大气象部门难以涵盖的专业气象服务，为相关行业部门提供必要的技术和人才支持，满足更加专业化的深度需求。积极鼓励社会多样化的气象服务供给，最大限度激发气象服务领域的“大众创业、万众创新”热情，使多层次、多角度、多渠道的社会气象服务供给能够极大地满足社会发展的需要，形成气象部门提供基础产品、行业部门提供专业产品、社会提供多元化产品的繁荣局面。为此，要改革气象供给侧限制性制度，降低气象产品市场交易成本；保护气象产品供给产权权益，建立诚信管理体系和分类评估制度，不断提升气象供给市场法治化水平。

（三）改革气象供给侧业务服务分工重叠制度

利用气象垂直管理体制优势，调整全国业务布局，打破气象业务结构地域分割、重复建设、共享不足的体制，灵活设置机构和服务职能体系，按照新的气象供给侧产品分类清单，统筹考虑气象业务机构配置。以专业气象服务产品供给为重点，结合各地优势，在国家和省级层面集中优势研发资源和人力物力，构建专业气象服务研发中心，走专业气象服务品牌化发展道路，提高供给的质量和效率。在业务分工上，部门内由不同层级承担不同的产品生产，同一层级不重复生产同一产品，解决不同地区人才科研力量不平衡、低水平低层次服务产品重复劳动的问题。

（四）依靠创新推动气象供给侧结构性改革

首先，创新气象供给侧结构性改革发展思路。克服部门内部管理惯性思维，以推动全社会的气象服务供给提质增量为立足点，科学谋划发展布局，合理配置资源要素，理顺生产关系的各个环节，全面调动供给能力的提升。其次，构建气象供给侧结构性改革新型体制机制。以能否有效提供高品质、高效益的气象产品作为主要衡量指标，厘清公共气象产品供给和市场化气象产品供给的界限，大胆革新传统的业务布局和管理方式，谋划气象供给新格局。再次，以科技引领气象供给侧结构性改革。将科技研发和创新作为气象供给侧结构性改革的关键，支持新型研发机构建设，鼓励各方人才自主选择科研方向、组建科研团队，开展原创性基础研究和面向需求的应用研发。最后，气象供给侧结构性改革要在人才机制上有所突破。鼓励气象创新型人才的成长，探索更加灵活有效的激励机制，建立多种形式的气象市场化人才和气象科研技术人才交流合作机制。建立社会化气象人才培养机制，推动社会组织建立气象专业人才、气象交叉学科人才和气象爱好者等不同层次的人才培养和评价体系，使全社会气象人才的数量和质量都有明显提高。

（来源：《咨询报告》2016 年第 2 期）

报告执笔人：陈葵阳　辛　源

课题组成员：张洪广　姜海如　陈葵阳　辛　源　刘　冬　张平南

气象工作融入政府公共服务体系的瓶颈及应对之策

摘　要：本报告基于国家与地方气象事业协调发展的大格局，从落实国家全面深化改革、全面推进气象现代化建设、加快地方气象事业发展、推动气象服务社会化四个维度，分析了气象工作融入地方政府公共服务体系的必要性和迫切性，并从气象机构布局、防灾减灾管理、地方气象事业及气象事权等方面分析了在现行气象管理体制下，气象工作融入政府公共服务体系存在的困难和问题。从支持省以下气象工作主动与地方改革对接、鼓励把省以下气象服务业务纳入地方公共事务、尽快推进省级以下气象财政事权划分三个方面，就加快气象工作融入地方政府公共服务体系提出了建议。

一、背景

加快气象工作融入政府公共服务体系，是各级气象部门履行公共气象服务和社会管理职能，加快气象事业科学发展，实现气象现代化的组织保证。气象部门自完成双重领导管理体制改革以来，在积极服务地方经济社会发展的同时，也实现了地方气象事业的跨越式发展。近年来，气象事业面临着新形势、新任务、新要求，气象部门内外环境、格局也发生了很大变化，特别是随着地方气象事业发展壮大、气象事务日益增多、国家财税体制改革持续推进，气象部门在基本气象业务、气象防灾减灾、气象服务等方面的任务已不限于《国务院关于进一步加强气象工作的通知》（国发〔1992〕25 号）文件所界定的中央和地方事权范畴，造成事权不够清晰、管理不够顺畅，原有的气象管理和事权涵盖范围亟需进行新调整、新适应。

此外，地方气象事业机构设置往往滞后于国家行政区划变动以及地方政府机构改革，不能及时有效地衔接地方政府的社会治理与公共服务工作，也迫切需要通过融入各级政府公共服务体系来破解现有管理体制的不适应问题。

二、困境

在新形势下，气象工作融入政府公共服务体系已是全国气象部门的共识，但在实际推进中面临以下几点困难：

（一）气象机构布局滞后于行政区域调整，地方气象职能存在不到位现象

气象职能的履行必须要有相应的机构承载，机构配置必须要与履行气象职能行政区域分布相一致。气象系统是按照统一规划、统一建设、统一布局的思路进行全国性布局的，但由于历史原因，相对于地方行政区划调整，国家气象机构配置滞后，造成气象机构较大面积空缺。截至 2015 年底，国家或地方政府设立的县级气象局仅覆盖到全国行政县（市、区）的 3/4。未来，国家还可能会根据平衡区域经济社会发展的原则，按照优化政府资源配置的需求，对地方行政区划做出一定调整，也会通过设置市级、省级以及国家级新区、开发区来为地方经济发展提供新的增长点，但因“三定”方案的限定，作为中央直管的气象机构在此类新设行政区域中普遍缺位。

公共服务职能是法律授权的各级人民政府最基本的职能，由于气象机构的缺失，导致法律赋予的气象防灾减灾、气象服务等职能履行存在不到位现象。在公共气象服务提供方面，没有地方气象机构承接气象防灾减灾等职能，在体制上增加了气象工作融入政府公共服务体系的难度。

（二）地方气象事务缺乏统一归口管理，机构、人员编制比较混杂

各级人民政府是气象防灾减灾、安全生产的责任主体，目前地方政府虽设有针对当地气象服务的防雷、人工影响天气及气象为农服务等地方气象事业机构，并交由同级气象部门代管，但因地区性差异，机构设置不够统一，情况比较复杂。

地方气象事业机构目前主要有3种情况：一种是由地方政府设置机构，机构、人员编制划分清晰，由气象部门管理；另一种是只设置机构，但不批复人员编制，由国家气象机构现有职工行使地方机构职能；还有一种是既不批复机构，也不批复人员编制，只是在现有的国家气象部门加挂牌子。后两种情况，如果要完成地方气象业务需要，要么挤占国家气象机构编制，要么由气象机构现有人员承担此类机构的工作。这一方面造成国家、地方气象事权不分，另一方面加剧了基层气象部门“人少事多”的局面。

（三）气象事务管理内部化，难以纳入政府顶层规划

由于气象部门社会管理职能授权较晚，部分基层单位履行社会管理职能的能力和意识较弱，以业务管理代替社会管理思维定式客观存在。气象部门习惯通过垂直管理体系进行工作部署，缺少将气象社会事务的管理纳入政府工作的行政渠道，常把政府工作部署变成部门工作安排，把政府职权变成部门职责。例如，每年社会管理事项的通知、通告，通过政府途径下达的事项极少，基本都是通过气象部门内部下传；在气象事务的社会管理层面，相关部门的职能也未能有效发挥，气象行政执法与地方政府其他执法部门存在差距；省级以下气象部门干部内外交流缺乏制度安排，气象部门干部与地方政府干部的交流、培训机制不完善。

同时，气象部门许多社会管理职能顶层政策规划有待加强。比如，公共气象服务尚未纳入国家基本公共服务体系规划，导致一些地方公共气象服务实质上一直由气象部门主动推进，缺乏更多社会力量的动

员和参与；在国家局层面尚未形成完整的公共气象服务考核体系，许多省级气象部门积极争取将气象工作纳入政府考核序列，但从国家气象主体对当地经济社会发展贡献角度考核的省份较多，站在地方政府领导角度对所属单位贯彻落实省委省政府气象工作部署进行考核的省份较少。目前，虽有 27 个省（自治区、直辖市）气象局将气象工作纳入了地方政府考核，但以气象局作为考核主体的仅有 8 个。另外，指标设置与考评体系也不尽完善，例如中国气象局联合多部委（局）印发了《生态保护与建设示范区实施意见》，并附上了具体的建设和评价指标体系，但这些指标和评价办法中没有气象要素，可能在省级以下难以落地。

（四）财政事权与支出责任划分不清晰，气象事权扩展较多、财政事权配置滞后

随着经济社会发展，中央和地方对公共气象服务需求增多，气象事权扩展较多，中央与地方气象事权模糊区间扩大，直接影响到财政事权的划分。中央给予了地方政府“根据需要和可能自行确定原则”的权力，虽是明确了地方政府的动议、决策权，但也留给地方政府过多的自由裁量和避责空间。

基层气象事务不断增多，服务链条不断延伸，但地方财政预算对气象多采用基数控制，新增地方气象事项普遍存在运行维护经费预算减少问题。中央机构编制的职工津补贴尚未全面纳入中央财力保障范围，许多贫困县工资性支付由省级财政转移支付，但是因县级气象职工在当地政府供给名册之外，不在支付范围，导致地方出台的津补贴没有合适的财政渠道，许多贫困县气象局职工津补贴发放不到位、不规范。

目前，基层气象财务体制与国家财政预算的改革方向不适应现象比较普遍，气象事务的政府年度预算过于宏观，难以对应具体明确的事项，也没有气象事权与预算间的动态调整机制。一些县级通常以专项资金、建设资金等整体打包的方式划拨财政预算，地方气象支出在预算打包“盘子”内自行调剂运转。一旦地方政府对预算进行调整，气象财务的执行就会出现不适应。由于气象部门财务与当地财政节奏不同、标准不同，客观上形成了“另类效应”。

三、前景

气象工作融入政府公共服务体系既是现实需要，更是气象事业未来发展的重要出路，气象部门要把握部门内外两个大局，通过完善体制机制把气象工作从根本体制上融入政府公共服务体系。针对气象工作融入政府公共服务体系面临的困难，在借鉴有关地区实践经验的基础上，结合气象工作实际，按照必要、可行、有效的思路原则，提出以下三点建议：

（一）支持省以下气象工作主动与地方改革对接

第一，遵循基本公共服务受益范围与政府管辖区域相一致原则，尚未成立的县级气象管理机构应尽快成立，允许按照建设主体多元化、筹资方式多样化要求，通过部门与政府战略合作等方式，形成共建、共管、共用、共享的基层气象管理机构，弥补履职主体缺失，实现气象部门和政府资源共享、互利共赢。

第二，鼓励在国家级新区、自由贸易试验区及国家级经济技术开发区等新设行政区试点探索建立气象分局，实现气象机构的全覆盖，为保证全面履行气象法律法规设置必要的执行主体。同时，规范建设地方气象事业机构，对地方气象机构建设提出明确机构、编制、职数，确定职能，明确预算支出责任、完备法人登记等要求。

第三，探索在地方政府行政序列设立可挂靠在同级气象局的二级规格气象灾害预防局，承担地方气象事业统筹管理职能，负责管理本区域地方气象事业所属的气象防灾减灾和气象安全生产等工作，领导地方气象事业单位运行，按政府授权负责规划地方气象事业发展并与国家气象事业协调。

第四，建立省以下部门内外渠道通畅的干部交流机制，加大部门内外干部交流力度。通过干部交流增加融合认同度，通过增加干部流动性缩减“横向”距离感。依照双重计划体制和相应的财务渠道，建立综合预算和综合支付体制，通过中央转移支付与当地标准找平相结合形式，解决因事权不清造成的部分基层职工“同城同待遇”难以落实现象。

（二）鼓励把省以下气象业务服务划为地方公共事务

按照国家气象业务集约化、地方气象业务特色化的原则，理清国家与地方气象业务，尽快将公共气象服务纳入政府公共服务体系规划。依据大气科学的客观规律，发挥国家气象机构的垂直管理优势，优化气象基础业务布局，构建无缝隙、精准化、智慧型的现代气象监测预报预警体系，为涉及国家气候安全和国计民生的公共气象服务提供观测、预报、预警支撑。搭建气象服务公共基础数据平台，增强气象基础数据管理能力和水平，支撑并大力推进数据资源与气象服务共享，让公共气象数据资源普惠大众。同时，面向地方需求，因地制宜发展地方气象业务，通过与国家气象事业有效衔接，在预警信息发布、人工影响天气、雷电监测、防雷安全服务、为农服务、专项定制气象服务等方面形成规模优势。

（三）尽快推进省级以下气象财政事权划分

其一，按照《国务院关于推进中央与地方财政事权和支出责任划分改革的指导意见》（国发〔2016〕49号）要求，组织制定中央与地方气象事权的划分方案，对现有中央与地方气象事权进行梳理分类，形成各自事权清单，明确中央与地方共同的气象事权界线，提出省以下气象事权划分的原则和指导意见。省、市、县气象局要依照中国气象局确定的原则，结合当地实际制定上级和本级气象支出责任的划分方案。

其二，对目前省以下一些中央与地方支出责任划分模糊的职工工资性事项，在中央财政事权划分改革完成前进行过渡性安排。由中国气象局协商有关方面，坚持综合预算与综合支出相结合、同地同标准原则，在遵循中央财政现行渠道和遵守国家改革节奏的前提下，将中央财政安排的人头经费通过转移支付到当地财政，由当地人社和财政部门按照标准确定额度，地方财政按照综合支出、兜底找平的原则支付省以下气象职工工资、补助、全国性津贴、地方津补贴、绩效工资和福利等经费。这样既能保证中央对整个气象事业的统一领导，又能充分体现地方特色；既可解决因事权模糊引起的支出责任不清和互相扯皮现象，又能确保气象职工实现“同城同待遇”，同时也有利于节省行政成本。

（来源：《咨询报告》2016 年第 13 期）

报告执笔人：梁亚春　张润嘉

课题组成员：梁亚春　张润嘉　张平南　王淞秋　刘　冬

关于构建气象信息增值再利用管理制度体系的建议

摘　要：气象初始信息的共享是气象部门的基本职责，气象信息的增值再利用有利于促进气象部门初始信息的有效供给，提高信息的利用效率，满足公众的深度需求，推动气象信息产业发展。面对商业化气象信息产业蓬勃发展的势头，气象信息管理制度体系重构形势紧迫，任务艰巨。本报告在明确气象信息增值再利用内涵的基础上，结合气象工作实际，就如何构建气象信息增值再利用管理制度体系提出了建议。

气象信息增值再利用是气象供给侧结构性改革的重要内容之一，也是应对商业化气象信息产业挑战，推动气象信息产业发展的重要手段。当前，我国气象信息增值再利用的制度基础比较薄弱，管理上存在很多空白领域。

一、为什么要推进气象信息增值再利用

（一）气象信息增值再利用的内涵

气象部门在履职过程中，产生的大量原始观测数据、预报预测预警信息、气象科学研究数据，依照相关法律法规和行业共享制度汇集的行业和企业气象数据，按世界气象组织（WMO）的规定免费和无限制交换收集的全球气象数据信息，这些数据和信息统称气象部门的初

始信息。传播和共享初始信息的行为叫气象信息的初始利用。对初始信息进行气象数据资源化，实现数据的推广应用和价值，提高气象信息的社会效益和经济效益，就是气象信息的增值再利用。按照用途，气象信息的增值再利用分为气象信息的公益性增值再利用和商业性增值再利用两种。

（二）气象信息增值再利用利国利民

气象是普惠全民、泽被各业的公益事业，全社会气象领域的蓬勃发展，是气象事业繁荣的象征。

推动气象信息增值再利用有利于促进气象部门初始信息的有效供给。气象初始信息公开共享和气象信息的增值再利用是相辅相成的。广泛的初始信息公开共享是气象信息增值利用的基础，而信息增值利用的深度发展，将需求反馈于气象部门，又会使气象部门信息的观测和收集更有针对性，资源配置更加合理，同时还能促进业务科技的深度应用和升级突破，形成良性的互动循环，最大限度地实现气象信息的社会价值和经济价值。

推动气象信息的增值利用有利于提高气象部门信息的利用效率。市场机制的最大优势就是实现资源的高效优化配置，气象信息增值再利用除了部分公益性利用之外，更多的是商业性利用。引进市场机制，将扩大气象信息的有效供给，提高传播效率，促进气象信息产业生产力水平的提高。

推动气象信息的增值利用有利于满足公众对气象信息的深度需求。个性化的气象信息提供往往超过气象部门的法定职责范围，公共部门的人力物力有限，通过气象信息的增值开发利用，可以充分调动社会资源投入的积极性，更好满足个性化、多样化需求。

推动气象信息的增值利用有利于推动气象信息产业发展。发达国家的气象信息产业的产值很高，潜力巨大。欧盟国家在 2000 年前后开始积极推进气象信息增值再利用，2006 年市场价值就已经达到 5.2 亿欧元。气象信息增值开发是信息化、智能化方向发展的重要领域，通过实施以气象大数据挖掘和应用为特征的气象大数据战略，必将涌现一批创新创业的典范，成为经济增长新动力和新增就业岗位的重要途径。

二、建立气象信息增值再利用管理制度形势紧迫、任务艰巨

（一）建立气象信息增值再利用管理制度需求迫切

我国在公共部门信息开发利用领域的相关法律制度建设非常薄弱，迄今尚未出台具体可操作的相关法律，特别是关于公共部门信息知识产权保护的规定基本属于空白。2004 年 12 月 13 日，中共中央办公厅、国务院办公厅印发《关于加强信息资源开发利用工作的若干意见》，第八条指出："对具有经济和社会价值、允许加工利用的政务信息资源，应鼓励社会力量进行增值开发利用。有关部门要按照公平、公正、公开的原则，制定政策措施和管理办法，授权申请者使用相关政务信息资源，规范政务信息资源使用行为和社会化增值开发利用工作。"依据该文件，一些行业主管部门相继出台或者拟出台相关领域的规章制度，但与信息再利用商业化迅猛发展的需求相比仍存在很大差距。中国气象局虽已于 2001 年出台部门规章《气象资料共享管理办法》，但其主要目的并非促进气象信息的开发利用，其内容也难以适应当前的发展需求。基于此，国家气象部门应负起责任，抢占先机，在建立气象信息增值再利用的管理机制和制度上先行先试，掌握立法实践的主动权，在理清管理思路的基础上，建立和完善气象信息开发利用的规章制度。这些规章制度应该既能解决当下的具体问题，又能为国家出台相关法律提供实践案例和制度经验积累，使法律出台后的衔接更加顺畅简便。

（二）建立气象信息增值再利用管理制度任务艰巨

气象信息增值再利用制度体系的设计要重点解决以下问题：

其一，提供气象信息产业发展的基础保障。解决气象信息增值利

用无序分散及资源浪费、成本高的问题。通过立法和完善制度体系，对气象信息开发利用中的授权机制、收费机制、公平保障机制、质量监督机制和法律责任等制度进行设计，规范公共信息利用的市场行为，鼓励公私部门合作，繁荣气象信息市场，合理配置市场生产要素，有效降低成本，为气象信息的深度开发奠定良好的制度基础。

其二，解决气象信息再利用数据管理的规范性问题。目前气象信息利用还存在若干问题。一是气象信息缺乏宏观管理与协调。海量的气象信息仍局限于部门内部使用，缺乏部门间的交流和沟通，气象相关数据汇集和共享的法律制度基础仍然薄弱。二是信息数据的标准化程度不高。原始气象信息数据来源多样，不同设备、不同使用目的、不同行业的各自业务要求，获得的数据标准不一，使得气象信息的再利用存在严重技术障碍。三是数据使用的深度不够。气象信息资源化程度低，零散化、碎片化现象普遍，用户在海量信息中寻找有效内容的成本高，气象大数据服务等信息深化应用服务少，适应智慧技术发展的气象信息有效供给不足，亟需通过制定管理制度予以解决。

三、建立以知识产权保护为主体的气象信息授权管理制度

气象信息行政管理的核心是授权许可。但在目前的改革形势下，新增许可几无可能。欧美发达国家气象信息授权许可制度设计的法理依据是知识产权保护。追根溯源，围绕知识产权授权来实施管理，合法性、合理性和可操作性更强。

（一）明确气象信息的知识产权权属

按照谁产出谁拥有的原则，明确气象信息的知识产权权属。由公共部门基于工作任务产生的气象信息，产权属于所在公共部门；由私营部门或其他非公共部门自行投入资金购买设备观测或再生产产生的信息，产权属于该私营部门或该非公共部门；个人通过购买观测设施或移动装备观测或再生产产生的信息资源，产权属于个人；不同产权主体合作产生的信息归属可以由共同签订的合同约定；气象部门根据

法律规定汇集的其他公共部门、私营部门、其他非公共部门或个人所有的信息资源，仅拥有这些信息资源的公益使用权（包括用于执行公共任务、气象业务应用、科学研究应用、非营利性公共服务应用等），若要用于营利性目的，应向信息产权所有者申请授权；在气象部门基础性、公益性信息基础上进行增值开发的，开发者拥有所开发产品的产权；数据库整理加工者，拥有数据库产品的产权。

气象主管机构在授权信息开发利用时，应该注明信息产品的产权情况。如该产品是非公共部门的产权，气象主管机构有必要向增值开发者阐明其权利状况，并且尽可能地告知再利用该信息应该获得的授权程序。在无法分割公共部门和信息增值者合作开发的信息产品的双方版权的情况下，再利用者需要取得双方的许可。多数情况下，合作双方任命其中一方履行授权再利用的职责。

（二）建立气象信息分级授权和收费制度

为了保护气象信息资源的公平共享，防止信息泛滥使用和歪曲使用，保护不同来源气象信息的知识产权，可以将气象信息使用的授权分为三类：

其一，气象部门初始信息利用的授权。公共部门可以采取在数据共享平台在线授权的方式，阐明使用者的义务和责任，确保信息数据的合理使用、不进行篡改、不向第三方进行转移以及注明信息资料的来源，明确使用者的身份使其信息利用行为可追溯。初始利用信息数据可以是无条件免费使用，也可以限定只用于公益或者个人用途，对于商业用途的使用另行协议申请授权并收取边际成本费用。

其二，气象公益性增值再利用信息的授权。公益性增值再利用一般是气象公共部门或者第三方部门基于特殊公益需求，对初始数据进行开发利用的增值再利用信息资源，如交通气象服务产品、农业气象服务产品和气象信息数据库特殊整合产品等。因其产品的受益者是特定领域的人群和行业，当公益性增值利用产品是由财政资金投入或购买时，可以采用协议授权用户非排他性使用，免费或者收取发放成本；当财政未能全额资助这些增值再利用的持续开展时，气象公共部门和第三方部门可以采取协议授权的方式，收取边际成本费用以弥补经费的不足。

其三，气象商业性增值再利用信息的授权。基于商业目的对气象各类信息进行开发利用生产的增值产品，由具有所有权的组织自行协议授权该信息的使用，由买卖双方协商收费标准。为了防止技术垄断价格的产生，气象主管机构或者物价管理机构也可以估算气象商业增值再利用信息的生产成本和交易成本，并综合考虑目标利润、竞争地位和消费需求后，对其产品定价进行一定程度的管制。

（三）营造公平竞争的政策环境

气象公共部门参与公益性增值再利用和商业性增值再利用是欧盟国家的普遍做法，美国也有60％以上的地方政府采取类似政策。这样的混合体制之所以成功，原因在于其公平竞争机制的设计比较完善，杜绝了公共部门破坏市场竞争公平秩序的现象。这些机制主要体现在三个关键环节上：

一是保障气象公共部门法定信息的公开共享。对于法律规定必须公开的初始利用信息，气象公共部门在确定范围后向社会公示和征求意见，通过一定的程序取得政府相关部门对信息共享范围的批准，并在信息共享的全过程接受上级、社会的监督，明确信息公开共享的不规范行为的投诉和受理审查法定程序。

二是保障信息再利用的平等授权。建立信息再利用授权的实施细则，保障不同申请者在向公共部门申请同一类信息的授权许可时享受同等待遇，并有合理和可监督的投诉机制。

三是保障信息再利用的公平收费。公共部门信息的收费必须执行统一的收费标准，对使用性质相同的主体收取的费用是一致的，特别是公共部门从事商业性增值再利用活动时，应该执行与其他社会主体从事商业性增值再利用同样的收费标准。

四、建立以有序规范气象信息服务市场为政策取向的保障制度

推动气象信息服务市场健康发展，气象主管机构的职责应该是全面细致地制定气象信息的监管制度，出台产业发展的政策，推动信息发展平台的建设，做气象信息产业发展的保护者、推动者和倡导者。

（一）完善气象信息质量监督体系

主要包括以下四方面内容：一是明确气象信息数据质量精确、可靠、清晰等基本要求，规定应向社会提供完整的、有精确数据出处的、有生产方法的以及有外部同行评议的数据等；二是建立信息质量监督管理制度，重点建立质量监督考核评估制度，包括管理部门的质量考核评估和公众的使用反馈评估等；三是推动建立覆盖广泛的气象信息技术标准，包括气象监测数据分类标准、元数据标准、数据集制作标准、数据汇交格式标准、数据存储标准、验收及质量控制标准等；四是推广气象信息数据质量认证，鼓励取得第三方数据质量评估机构颁发的质量认证证书，提高公共部门和增值利用数据的信誉和公信力，激励全行业气象信息数据质量的提升。

（二）制定鼓励气象信息增值再利用的国家政策

借鉴《国务院办公厅关于促进地理信息产业发展的意见》等经验，推动国务院出台《关于推动气象信息产业发展的意见》，明确国家提倡的行业发展导向，提供气象信息产业发展的优惠政策，如提供贷款贴息、项目补贴、补充资本金等方式加大国家投入。鼓励多元化投资，以合资、合作等形式吸收社会资本到气象信息服务领域。鼓励新型信息服务方式发展，如信息代理、信息中介、信息外包服务等。推动企业利用知识产权等无形资产进行融资贷款。拓宽直接融资渠道，鼓励气象信息企业发行股票、债券，开发适合气象信息产业发展的金融产

品，提供金融租赁、融资租赁等间接融资支持。

（三）合作建设气象信息数据共享交易平台

借鉴发达国家的做法，以实现双赢为理念，引入私营企业共同投资开发，将气象公共部门初始信息共享的功能与私营企业建设气象信息再利用交易平台的投资结合起来，划定免费使用公共部门初始信息、成本费使用公益性增值再利用信息和协议价格使用商业性增值再利用信息的不同种类和使用方式，在保障公共部门初始信息的公平、免费、无障碍共享和信息技术保持先进的基础上，激发气象信息再利用产业快速发展，通过公私部门合作解决共赢发展问题。

（来源：《咨询报告》2016 年第 14 期）

报告执笔人：陈葵阳

承担行政职能事业单位改革试点相关政策解读与分析

摘　要：根据中国气象局领导批示，要求对承担行政职能事业单位改革问题进行研究，中国气象局发展研究中心和改革办通过分析中办发〔2016〕19号文件的内容及国家行政、事业单位改革的总体形势，认为尽管气象部门不属于本次事业单位改革的对象，但在国家全面深化改革的总体背景下，面临着行政职能逐步减少乃至成为大部门制改革合并对象的可能，机遇与挑战并存，但机遇大于挑战。针对这种情况，本报告从积极获取中央推进事业单位改革信息、做好针对中央各项改革政策的研究、开展针对部门内外的摸底调查3个方面，为气象部门未来面对事业单位进一步改革的准备提出了相关建议。

2016年3月27日，中共中央办公厅、国务院办公厅联合印发《关于开展承担行政职能事业单位改革试点的指导意见》（中办发〔2016〕19号），推进承担行政职能事业单位的试点改革。针对文件的内容及发布的相关背景，本报告进行了研究分析并提出了相关建议。

一、中办发〔2016〕19号文件的大背景与新要点

2011年《中共中央 国务院关于分类推进事业单位改革的指导意见》（中发〔2011〕5号）的出台，标志着我国事业单位改革正式进入全面加速期。该文件对推进事业单位改革做了总体设计和实现路径规划，即按照政事分开、事企分开和管办分离的要求，将现有事业单位

按照社会功能划分为承担行政职能、从事生产经营活动和从事公益服务3个类别，以实现“甩掉两头、留下中坚”。具体来说就是，对承担行政职能的，逐步将其行政职能划为行政机构或转为行政机构；对从事生产经营活动的，逐步将其转为企业；对从事公益服务的，继续将其保留在事业单位序列，强化其公益属性，增强其活力，不断满足人民群众和经济社会发展对公益服务的需求。

推进承担行政职能事业单位改革，既是深化行政管理体制改革和事业单位分类改革的必然要求，又是推进依法行政、规范行政行为、完善体制机制的重要环节和内容。中办发〔2016〕19号文件在不改变中发〔2011〕5号文件基本精神的前提下，进一步明确了推进承担行政职能的事业单位改革的整体部署，提出了改革的指导思想、基本原则、实施范围、工作任务及组织实施的相关要求。主要包括以下内容：

（一）推进承担行政职能事业单位改革的原则要求

按照政事分开原则，准确界定事业单位职能，逐步将承担全部或部分行政职能的事业单位的行政职能划归行政机构或转为行政机构；按照深化行政管理体制改革的要求，结合探索实行职能有机统一的大部门体制，整合设置机构，促进政府组织结构优化；按照精简、统一、效能原则，严格认定标准和范围，严格控制机构编制；按照积极稳妥原则，循序渐进，分步实施改革。

（二）推进承担行政职能事业单位改革的主要任务

一是明确事业单位承担行政职能的认定标准和依据。承担行政职能是指事业单位承担行政决策、行政执行、行政监督等职能，主要行使行政许可、行政处罚、行政强制、行政裁决等行政职权。认定事业单位承担行政职能的依据是国家有关法律、法规和中央有关政策规定，不以机构名称、经费来源、人员管理方式等作为依据。

二是规范和调整事业单位承担的行政职能。按照转变政府职能的要求，取消不该由政府管理的事项。能够通过市场机制自行调节或社会中介机构自行解决的事项，政府不再干预；能够通过法律手段或经济手段解决的问题不再使用行政手段；适宜事后监督的不再事前审批。

三是严格控制机构编制。改革中涉及行政机构编制调整的，要严格控制，不得突破政府机构限额，不得突破现有行政编制总额，主要通过行政管理体制和政府机构改革调剂出来的空额逐步解决。

（三）对承担行政职能事业单位的基本认识

从内涵上看，行政职能是指行政机关、事业单位和其他组织按照法律法规的规定，对社会公共事务进行组织、管理和服务的职责与权能。从外延上看，行政职能既包括内部的行政管理，如行政决策、行政执行、行政监督等，又包括外部的行政执法，如行政检查、行政处罚、行政许可、行政强制、行政征收等。从类型上看，事业单位承担的行政职能有法律法规授权的，有法律法规和规章委托的，也有行政机关自行委托的。

二、对气象事业单位改革影响的判断与分析

（一）气象部门暂不属于承担行政职能事业单位改革的试点单位

根据中发〔2011〕5号和中办发〔2016〕19号文件及国家有关法律法规和中央有关政策规定，开展承担行政职能事业单位改革的实施范围是承担行政决策、行政执行、行政监督等职能，完全或主要行使行政许可、行政处罚、行政强制、行政裁决等行政职权的事业单位。据了解，此次改革具体涉及住房与城乡建设部、交通运输部、水利部、农业部等所属的承担行政职能事业单位。而气象部门多是以科技型、基础性为主的社会公益事业单位，只有各级气象主管机构承担行政管理职能，总体上属于部分承担行政职能的事业单位。

（二）气象部门有可能成为下一轮推进承担行政职能事业单位改革的单位之一

气象部门虽然不属于此次改革试点的范畴，但对照中发〔2011〕5

号文件关于推进承担行政职能事业单位改革的要求——“对部分承担行政职能的事业单位，要认真梳理职能，将属于政府的职能划归相关行政机构；职能调整后，要重新明确事业单位职责、划定类别，工作任务不足的予以撤销或并入其他事业单位”，下一轮事业单位涉及调整的部分气象行政职能，如气象行政许可、气象行政执法、气象行政处罚等，将逐步取消并划归相关行政机构，其他职能也将在此基础上进行再明确、再划定，势必对气象部门自身产生一些影响。

（三）气象部门要重点做好新一轮推进从事公益服务事业单位改革的准备

中发〔2011〕5 号和中办发〔2016〕19 号文件的出台，表明事业单位改革已经不再是“改”还是“不改”的问题，而是“何时改”“如何改”的问题。对照两份文件的内容，预计在推进从事公益服务类事业单位改革方面，应该主要涉及逐步取消行政级别、建立健全法人治理结构、强化公益属性职能以及支持社会力量办公益事业等内容；在推进从事生产经营活动事业单位改革方面，应该主要涉及气象部门下属的服务中心、防雷中心等公益二类事业单位是否转型等内容。

气象部门推进事业单位改革将更加有利于促进发展。虽然事业单位改革还存在着前景不确定，尤其是人员的编制、待遇、养老等诸多配套政策不完善，政事企分类管理后人员干部的流动、管理的复杂性大幅度增加，引入社会力量参与公益气象服务将带来市场化等选项，但是，国家事业单位改革的相关政策鲜明地突出了“大力发展公益事业”的主题。在指导思想上，明确要坚持以促进公益事业发展为目的，不是简单地减人、减机构、甩包袱。在改革任务上，提出要创新体制机制、强化政府责任、加大财政投入力度等，进一步“激活存量、培育增量”。在组织实施上，强调要把确保公益事业健康发展作为改革的一条底线。因此，从长远来看，国家事业单位改革对于气象事业发展将是一次难得的发展机遇。尤其是通过促进政府职能转变，进而减少政府部门的直接干预，扩大事业单位经营自主权，不再成为政府部门的附属机构，构建多元主体参与的公共服务体系等，将为事业单位发展腾出空间，营造良好环境，激发发展活力；通过强化事业单位的公益属性，进一步理顺体制机制、健全政事结构和绩效责任关系，将有利于调动人员的积极性、主动性、创造性，真正激发事业单位生机与活力。气象部门也将因改革而使部门公益属性定位更加强化，管理体制机制更加顺畅，发展环境更加优越，发展资金更有保障、科技人才更有活力，对于建成基本服务优先、供给水平适度、布局结构合理、服务公平公正的中国特色气象公益服务体系具有重要意义。

三、适应国家事业单位改革的有关建议

通过对文件及当前形势的总体研判，推测此次改革是实施大部门制改革的前奏。即分步骤对体量庞大的政府部门进行整体瘦身，在逐步完成对现有职能部门的内部清理后，承担行政职能的国务院直属事业单位将有可能作为下一步大部门制改革的对象。因此，在国家不断推进大部门制的趋势下，气象部门也应密切跟踪研究本次改革，分析气象部门在未来改革中的走向，同时开展自身机构职能的排查，摸清部门情况，根据国家的改革要求主动进行调整。

（一）做好情报工作，有力有序推进气象事业单位改革

建议中国气象局进一步加强与中央组织部、中央编办、财政部等执行部门的联系、对接和沟通，及时了解事业单位改革及相关改革的政策信息，掌握中央推进事业单位改革的最新进展情况，准确把握中央对于事业单位改革的最新要求，提早为谋划气象部门事业单位改革做好准备。

（二）加强对中央各项改革政策的研究，用足用好用活政策

继续做好对中央关于事业单位改革和其他各项改革相关政策的深入研究，接好中央政策天线。通过总结中央改革的长远目标与阶段性

改革任务之间的规律和关系，把握中央推进改革在各个阶段的侧重点、特点和节奏，分析中央各项改革可能对气象部门产生的影响，结合气象事业单位自身特点和定位，研究必要的政策储备和相应措施，为深化气象事业单位及其他改革把好方向。

（三）加强对中央本次事业单位改革情况的调查研究

一是加强对本次事业单位改革中央国家机关试点部门的调研，从外部门寻找经验。可主要调研有关部门，其事业单位数量大、层级多，具有复杂性、多样性，类比性较强、选择余地大，可选择与气象部门情况相似的事业单位进行调研，更具参考价值和指导意义。

二是加强对气象部门内部基层情况的调研，摸清本部门情况，提前做好下一步推进事业单位改革的部署准备。可参照中央选取的具有代表性的试点省份开展调研，及时掌握试点进展情况，借鉴试点省在推进所属气象事业单位改革中好的做法，为后续改革积累经验。

（来源：《咨询报告》2016 年第 7 期）

报告执笔人：张平南　张润嘉

课题组成员：张洪广　庞鸿魁　林　峰　辛　源　张润嘉　张平南

关于气象部门适应国务院机构改革的初步分析与建议

摘　要：虽然本次国务院机构改革没有明确涉及气象部门，但并不表示气象部门在国家机构改革中不受影响、无所作为。这次国务院机构改革有利于保持气象工作的连贯性、气象机构和人员队伍的稳定性，但是气象部门行政管理职能可能会有变化，对今后气象工作的格局可能产生相应影响。判断今后一段时期气象部门改革发展的趋势，气象工作重心将总体回归公益事业属性，对口管理和业务对接机构将发生较大变化。基于此，本报告提出气象部门适应国务院机构改革的相关建议。

2018 年 3 月 13 日，十三届全国人大一次会议对国务院机构改革方案进行审议，方案具体包含 20 多项改革内容，国务院正部级机构减少 8 个，副部级机构减少 7 个，形成新的 26 个国务院组成部门。《人民日报》评论认为，本次机构改革方案堪称改革开放近 40 年来历次机构改革中最有远见和魄力的改革。虽然本次改革方案没有具体涉及气象部门，但新的国家治理结构和国务院组成机构势必对气象工作产生重大影响。

一、本次国务院机构改革对气象部门的影响

本轮国务院机构改革对气象部门改革发展的影响，从有利的方面看，本次国务院机构改革没有明确涉及气象部门，一定程度上说明气象工作的成绩获得了党中央、国务院的肯定，当前的气象管理体制基

本符合国家对气象工作的定位和预期，不需要进行大规模调整。这对保持气象工作的连贯性、系统性、各级气象机构和人员队伍的完整性、稳定性等都比较有利。

但是，气象部门没有纳入本次国务院机构统一改革进程，在一定程度上可能与预期有距离，对一揽子解决目前气象体制机制中不适应、存在困难甚至矛盾等方面问题还须逐步展开。

一是气象经费保障问题。由于一些历史性原因，气象部门的事业和人员经费始终未能实现全额财政保障。目前，中央财政经费、地方财政经费、部门创收经费三种途径在各级气象部门同时存在，但又难以实现统一规定和管理，不同经费来源和支出模式既不相同也不稳定，导致经费不足压力和使用风险并存。近两年来，部门、国家各项政策不断规范，原有的部门收费项目不断被清理，基层气象部门基本已经没有“轻松赚钱”的空间，津补贴经费缺口迅速暴露并不断扩大，这一问题已经成为当前各级气象部门必须马上予以解决的“头等大事”。如果能借助本次国务院机构改革契机，从制度上建立稳定的气象经费渠道，就会解决困扰气象事业发展的一块“心病”，但目前来看还需要等待或重新寻找其他机会。

二是行政管理职能问题。根据国务院机构改革方案，国家设立了自然资源部、生态环境部、应急管理部、农业农村部等，这些部门的职责覆盖了气象防灾减灾救灾、生态文明建设气象保障、气候资源开发利用等方面。气象部门近些年下了很大气力并不断强化的气象灾害应急管理、环境气象监测、气候可行性论证、气候资源普查等管理职能，未能实现行政确权，还有待与相关部委机构衔接。

三是对气象工作格局影响问题。改革使原有的国务院组织管理格局发生了很大变化，方案透露出来的改革思路也对今后进一步推进国务院所属机构改革有很强“信号”作用。这些对今后气象部门的职能定位、事业布局、工作架构、管理体制等都会有很大影响。气象部门需要及时调整工作思路，采取有力措施，适应改革后新的工作要求。

二、对今后一段时期气象部门改革发展趋势的判断

第一，气象工作重心将总体回归事业属性。这次机构改革方案的调整对象是国务院组成部门的行政管理职能，国务院对气象工作属性的认知和定位就是基础性公益事业，主要对其他部门起技术支撑保障作用，即气象“盐”的作用和属性更加凸显。今后一段时期，气象部门的事业单位属性和职能可能进一步强化，气象工作的重心也可能转向为承担具体事业建设工作，各级气象部门机关的管理职能也将主要以对接各级政府机构和进行内部管理为主。

第二，气象对接机构可能发生新的变化。过去，气象工作在国务院机构和各级政府序列中属于农口，同时在应对气候变化、防灾减灾、大气污染防治等方面，气象部门与国家发展改革、环保部、水利部、民政部、海洋局、地震局等部门有比较密切的业务对接。新的国务院行政机构体系下，气象部门之前的对口和业务对接机构将会发生很大变化：一方面，气象部门事业单位职能的进一步强化，可能会带来一系列新情况；另一方面，气象部门需要适应新的部门机构和职能对接机构。今后，气象部门开展大气环境监测预报、应对气候变化有关工作，需要对接生态环境部；开展气象防灾减灾救灾工作，需要对接应急管理部；开展气候资源开发利用、生态文明建设服务保障等工作，需要对接自然资源部；在总体对口管理上，可能需要对接农业农村部；等等。这些部门将成为新的与气象工作联系紧密的部门，对此需要尽快适应。

第三，气象部门要做好迎接国务院所属机构进一步改革调整的准备。本次国务院机构改革方案议案文本明确指出，国务院组成部门以外的国务院所属机构的调整和设置，将由新组成的国务院审查批准。这表明，为了配合国务院组成部门改革，国务院所属机构也将面临改革调整。初步判断，国务院直属事业单位的改革方向预计为强化事业单位属性、理顺事业单位职能，也有可能对部分事业单位进行合并或拆分调整。党的十九大明确提出了事业单位改革方向，即强化事业单

位公益属性，推进政事分开、事企分开、管办分离。党的十九届三中全会公报明确，国家不再设立承担行政管理职能的事业单位。这些关于事业单位的总体设计，决定了气象部门今后一段时期的总体事业定位和改革方向。气象部门很可能会按照国务院关于事业单位的统一部署，对当前的各级事业结构进行系统调整。而且，也不能排除国务院会依照这次组成部门改革的思路，将业务特点相近的公益性、基础性、科技型事业单位进行系统整合的可能性，届时是否涉及气象相关业务服务布局有待关注。

三、气象部门适应国务院机构改革的相关建议

第一，尽快研究提出气象部门新“三定”方案建议。根据以往惯例，全国人大通过国务院机构改革方案后，国务院会推进部署各部门的“三定”方案。建议中国气象局尽快组织研究新形势下各级气象机构的“三定”方案，特别是要研究与气象工作联系相对比较密切的自然资源部、应急管理部、生态环境部、农业农村部、水利部等新组建部门之间的职能界限，研究彼此之间新的管理、合作、服务等工作关系，及时与相关部门做好前期沟通。

第二，适时推进中国气象局内设机构职能调整。按照“一件事情由一个部门负责”的原则配置机构，是贯穿本次国务院机构改革的指导思想之一。这一总体改革思路和其他部门的改革，可能会对当前各级气象主管机构产生较大影响。气象部门应提前做好谋划，遵照“一件事情由一个部门负责”的原则，梳理气象管理职责，对当前各级气象主管机构的职责进行必要的调整，避免与其他部门产生交叉，提高管理效率和科学化水平。

第三，强化气象事业发展的顶层设计谋划。气象部门要围绕科技型、基础性公益事业定位，努力提升事业能力建设，不断完善有利于事业单位发展的体制机制，激活内生动力。其中，人才是根本，要深化人才机制改革，多举措培养和吸引人才。新时代气象事业发展亟需

顶层设计，建议在成立和运行中国气象局发展咨询委员会的同时，考虑在中国气象局和各省（自治区、直辖市）气象局普遍设立总工程师职位，争取将其作为中国气象局和各省（自治区、直辖市）气象局领导班子成员，负责对气象工程技术管理、气象发展规划制定、气象决策咨询等业务工作进行协调和技术把关。在国家级层面及早谋划成立战略规划与发展研究院。

第四，推进中央和地方气象事权划分确权。从这次机构改革可以看到，国家在机构设置和财权配置上，主要依据事权划分状况来确定各级行政管理机构的权力职责和财政保障体制。目前亟需解决的各地气象部门经费保障不足问题，关键还是要从明确中央和地方气象事权的角度来进行根本破解。应结合新时代气象事业定位和气象工作职责，深化研究中央和地方气象事权划分问题，及早进行确权，理顺经费保障渠道。非中央气象事权应主要由地方政府保证财政经费。

第五，探索对部分行业气象业务进行整合。依据本次改革精神，可以探索推进气象与海洋、民航、农垦、林业、盐业、森工等行业气象业务整合，以更好地服务经济社会建设。

第六，进一步强化气象服务保障国家重大战略职能。2017 年以来，中国气象局围绕保障国家重大发展战略主动开展了“四大专项设计”，出台了《中国气象局关于加强生态文明建设气象保障服务工作的意见》（气发〔2017〕79 号）、《中国气象局关于加强气象防灾减灾救灾工作的意见》（气发〔2017〕89 号）、《气象“一带一路”发展规划（2017—2025 年）》等成果。这些成果与国家新成立的生态环境部、应急管理部、自然资源部等有密切联系。要继续抓紧用好这些成果，在这些新部门成立之初，加强沟通，积极发挥作用，及早对接，谋取更好发展政策和发展机遇。

（来源：《咨询报告》2018 年第 5 期）

报告执笔人：李锡福　辛　源

2018年“三定”规定的主要特征和规律

摘　要：2018年5月以来，党中央、国务院各部门“三定”规定相继印发。本报告对目前印发的32个部委的“三定”规定的主要特征和规律进行了分析，认为此次改革呈现出四大特点，即改革注重提升党的领导力、注重顶层设计、注重优化协同、注重强化法治，为全面深化气象事业改革提供了有益启示。

党的十九届三中全会提出，深化党和国家机构改革的目标是构建系统完备、科学规范、运行高效的党和国家机构职能体系。历经本轮机构改革，各部门的职能配置、内设机构、人员编制都有哪些规定？释放出哪些信号？呈现出什么特征？改革的走向如何？成为社会广泛关注的焦点。研究分析这些问题，对于深化气象改革，具有十分重要的借鉴意义。

按照2018年3月31日国务院机构改革推进会提出的“时间表”，即6月20日前各部门“定职责、定机构、定编制”的“三定”方案应当报批印发；9月30日前落实“三定”规定；党和国家机构改革要在2018年年底前落实到位。截至2018年9月下旬，党中央和国务院32个部门的职能配置、内设机构和人员编制规定先后印发，改革向纵深推进。从悉数公布的“三定”规定分析，与以往机构改革相比，此次改革呈现出许多新变化和新特点。

一、改革注重提升党的领导力，强化了党对各领域各方面工作的领导

本轮深化党和国家机构改革的根本任务是加强党对各领域各方面工作的领导，即通过深化改革，形成总揽全局、协调各方的党的领导体系，完善保证党的全面领导的制度安排，改进党的领导方式和执政方式，提高党把方向、谋大局、定政策、促改革的能力和定力，确保党的领导全覆盖，确保党的领导更加坚强有力。

此次改革，党中央组成机构、所属机构的“三定”规定仍由党中央批准、中共中央办公厅印发。国务院各部委的“三定”规定，其首要环节体现出坚持党的全面领导这一基本原则，体现出把加强党对一切工作的领导贯穿改革各方面和全过程的鲜明特色。

一是“三定”规定均由党中央、国务院批准。有别于以往国务院组成部门、直属机构“三定方案”由国务院批准的惯例，此次改革各部委“三定”规定是经中央机构编制委员会办公室审核后，报经党中央、国务院批准。

二是发文红头统一为中共中央办公厅。有别于以往历次机构改革，国务院组成部门和所属机构“三定”方案由国务院办公厅统一发文的惯例，此次国务院各部委改革“三定”规定印发的红头均为中共中央办公厅，发文字号由“国办发”转为“厅字”，发文单位是中共中央办公厅和国务院办公厅。

三是“三定”规定的依据明确。在所有公开发布的“三定”规定中，第一条都明确了制定依据，即党的十九届三中全会审议通过的《中共中央关于深化党和国家机构改革的决定》《深化党和国家机构改革方案》和第十三届全国人民代表大会第一次会议批准的《国务院机构改革方案》。

四是贯彻党中央决策部署的职责要求明确。国务院各组成部门其基本职责也是首要职责，都明确要求贯彻落实党中央的方针政策和决

策部署，在履行职责过程中要坚持和加强党的集中统一领导。比如，水利部其首要职责是贯彻落实党中央关于水利工作的方针政策和决策部署，在履行职责过程中坚持和加强党对水利工作的集中统一领导。其他国务院各部委对首要职责的表述类似，这是着眼于加强党的长期执政能力建设、从机构职能上解决好党对一切工作领导的体制机制问题。

二、改革注重顶层设计，体现了党和国家机构设置、职能配置的系统性、整体性

改革开放以来，党中央部门先后于 1982 年、1988 年、1993 年、1999 年集中进行了 4 次改革，国务院机构先后于 1982 年、1988 年、1993 年、1998 年、2003 年、2008 年、2013 年集中进行了 7 次改革。与以往改革更多地分别关注党政系统内部的机构改革不同，这次机构改革是经过系统设计的全面改革。从横向看，改革涉及党的机构、政府机构、武装力量和社会团体，提出构筑“四大体系”，即形成总揽全局、协调各方的党的领导体系；职责明确、依法行政的政府治理体系；中国特色、世界一流的武装力量体系；联系广泛、服务群众的群团工作体系，是一次全覆盖、全方位、分类别、纵横交错的机构改革。从纵向看，是理顺中央和地方职责关系，构建从中央到地方运行顺畅、充满活力、令行禁止的工作体系，构建简约高效的基层管理体制，规范中央垂直管理体制和地方分级管理体制。从目标方向看，确立了近期、远期目标，既立足实现第一个百年奋斗目标，针对突出矛盾，抓重点、补短板、强弱项、防风险，从党和国家机构职能上为决胜全面建成小康社会提供保障，又着眼于实现第二个百年奋斗目标，注重解决事关长远的体制机制问题，打基础、立支柱、定架构，为形成更加完善的中国特色社会主义制度创造有利条件。

从所公开发布的“三定”规定中分析，上述系统性、整体性的顶层设计得到了贯彻和体现。

一是强化了制定发展战略、统一规划体系的管理职能。比如，科学技术部成立战略规划司，强化国家创新驱动发展战略方针以及科技发展、引进国外智力规划和政策的组织实施职责；水利部内设规划计划司，强化水利战略规划、重大水利综合规划、专业规划和专项规划的职责；自然资源部内设综合司，强化顶层设计，发挥国土空间规划的管控作用，突出自然资源发展战略、中长期规划的职责；国家市场监督管理总局、海关总署、国家卫生健康委员会、农村农业部、生态环境部、国家知识产权局、国家医药监督管理局、全国社保理事会等多个部委都加快职能转变，着力强化制定发展战略、统一发展规划体系的综合管理职责，强化重大改革事项的统筹规划、综合协调、整体推进、督促落实工作，以更好地发挥战略、规划的导向作用。同时，这些部委在内设机构的排序中，战略规划部门居前，这意味着对发展战略规划重视程度的提升。

二是强化了政策研究、起草重要文稿职能。党中央各部门中，均设有政策研究内设机构，比如中央纪委、国家监察委、中宣部、中央政法委、中央统战部、中央国家机关工委等部委都内设政策研究室或政策研究局等政策研究机构，强化政策理论及重大课题调查研究、起草重要文稿等职责。国务院大部分部委中，也设有政策研究机构。比如，自然资源部、国家市场监督管理总局等单位突出设置的综合司，既强化了自然资源发展战略、中长期规划和年度计划工作，也突出了开展重大问题调查研究、起草重要文件文稿等有关工作的职责；审计署、银保监委专门成立政策研究机构，负责党和国家重大政策研究、改革开放政策研究与组织实施，负责起草重要文件文稿；生态环境部、国家广播电视局、海关总署、退役军人事务部、文化和旅行部、国家移民管理局、国家药品监督管理局、国家国际发展合作署等单位成立政策研究机构，进一步强化党和国家重大政策研究的职责。

三是规范了中央垂直管理体制和地方分级管理体制。比如，海关总署的“三定”规定明确了实行中央垂直管理体制，垂直管理全国海关；水利部继续明确长江、黄河、淮河、海河、珠江、松辽6大水利委员会和太湖流域管理局为其派出的流域管理机构，在所管辖的范围内依法行使水行政管理职责；生态环境部新设立了华北、华东、华南、西北、西南、东北区域督察局，成为其所属局，实行垂直管理体制，新设长江、黄河、淮河、海河、珠江、松辽、太湖流域生态环境监督管理局，作为生态环境部设在7大流域的派出机构，实行生态环境部和水利部双重领导、以生态环境部为主的管理体制；自然资源部设立了3类派出机构，一是经中央授权，向地方派驻国家自然资源督察北京局、沈阳局、上海局、南京局、济南局、广州局、武汉局、成都局、西安局9个督察局，承担对所辖区域的自然资源督察工作，这是新设立的垂直管理机构；二是陕西、黑龙江、四川、海南4个测绘地理信息局，实行由自然资源部与所在地省政府双重领导以自然资源部为主的管理体制，这是对原测绘管理体制的继承；在北海、东海、南海3个海区分别设立派出机构，实行垂直管理，这是对原海洋管理体制的继承。对这些新设立的中央垂直机构实行规范管理，健全了垂直管理机构和地方协作配合机制，理顺和明确了中央和地方的权责关系。

三、改革注重优化协同，加强了相关机构的配合联动、权责协同

坚持问题导向，注重解决实际问题，是这次改革的主要特征之一。对于基层和群众关注的问题，比如一些领域党政机构设置和职能配置还不够健全有力，一些领域党政机构重叠、职责交叉、权责脱节问题比较突出，一些机构设置和职责划分也不够科学，这些问题是社会关注的焦点。本次机构改革，正是一切从实际出发，坚持问题导向，聚焦发展所需、基层所盼、民心所向，注重解决机构改革中许多长期想解决而没有解决的难题，注重优化党和国家机构设置和职能配置，下决心破除制约改革发展的体制机制弊端，从而使党和国家机构设置更加科学、职能更加优化、权责更加协同、监督监管更加有力、运行更

加高效。

一是在优化职能上体现出科学合理、权责一致的主要特点，体现出了一类事项原则上由一个部门统筹、一件事情原则上由一个部门负责的改革原则。比如，生态环境保护过去的部门管理体制存在职责分散、各管一段的“九龙治水、各自为政”问题，新组建的生态环境部整合了分散于环境保护部、国家发展和改革委员会、水利部、农业部和国家海洋局等部门的环境保护职责，从大环境大生态大系统入手，着力解决社会公众关注的环境问题，保证持续用力打赢污染防治攻坚战；新组建的自然资源部内设机构由过去国土资源部时期的15个增加到25个，职责由过去的16项增加到20项，整合了分散在原国土资源部、原农业部、原林业局、原海洋局以及水利部等部门的全民所有自然资源资产所有者职责，负责对全民所有的矿藏、水流、森林、山岭、草原、海域、湿地、滩涂等各类自然资源进行统一调查统计、统一确权登记、统一标准规范、统一信息平台，将由中央直接统一行使全民所有自然资源资产所有者职责，避免了政出多门、责任不明、推诿扯皮等问题；新组建的应急管理部整合了国家安全生产监督管理局的职责和国务院办公厅、公安部、民政部、国家减灾委、国务院抗震救灾指挥部、国家森林防火指挥部的职责，负责国家应急管理及体系建设，有利于整合优化应急力量和资源，形成中国特色应急管理体制，提升综合防灾减灾救灾能力。

再如，在此次“三定”规定中，新组建的自然资源部整合了分散在发展改革委的组织编制主体功能区规划、住房和城乡建设部的城乡规划管理、原国土资源部的土地利用规划以及原海洋局的海洋主体功能区规划等空间规划编制管理职能，设立了国土空间规划局的内设机构，负责建立统一空间规划体系，统筹自然资源配置，优化结构布局中，宜水则水，宜林则林，宜牧则牧，宜矿则矿，探索推进“多规合一”，从源头上加强国土空间管控，实现各类空间规划的有机融合，保证空间规划的落地实施，为“一张蓝图干到底”奠定了基础。

二是在协同上体现出有统有分、有主有次的主要特点，加强了相关机构配合联动。这次“三定”规定，首次在各部委的主要职责中，明确了与其他部委的职责分工，有利于正确定位、合理分工、增强合力，避免职能责任不清、工作重合等问题。比如，应急管理部的“三定”规定专门明确了与自然资源部、水利部、国家林业和草原局、中国气象局、各流域防汛抗旱指挥部等单位在自然灾害防救方面的职责分工，明确了与国家粮食和物资储备局在中央救灾物资储备方面的职责分工；农业农村部的“三定”规定明确了与海关总署、国家市场监督管理总局等部委的职责分工；国家卫生健康委员会的“三定”规定明确了与国家发展和改革委员会、民政部、海关总署、国家市场监督管理总局、国家医疗保障局、国家药品监督管理局6个不同部委的职责分工。

总之，从所公开发布的“三定”规定中分析，优化职能上的科学合理、权责一致，协同配合上的有统有分、有主有次，为各单位履职到位、流程通畅的高效运行奠定了良好的基础。

四、改革注重强化法治，协调了改革和法治的关系

改革和法治是两个轮子，是全面深化改革和全面依法治国的辩证关系。从陆续公开发布的“三定”规定上看，注重了改革和法治相统一、相促进，发挥了法治规范和保障改革的作用，做到了在法治下推进改革、在改革中完善和强化法治的要求。

一是“三定”规定首次法规条款化。这次“三定”规定均是以法律条规的形式成文下发，完善职能配置、内设机构、人员编制，既有法律法规的权威性，也有规范性文件的灵活性，具有管用、实用、好用的特点，增强了机构编制管理的权威性，推进了机构编制管理科学化、规范化、法治化。

二是公开发布“三定”规定以增强严肃性、权威性。截至2018年9月下旬，先后有15个国务院部委的“三定”规定及时在中央人民政

府网、中央机构编制委员会网上公开发布，其本质是对“三定”规定的深化。公开发布便于广为人知、广泛接受社会监督，让党政部门职能配置、职责要求、机构设置、人员编制等在公开中透明，让权力在阳光下运行，有效地贯彻落实了习近平总书记强调的“各级政府必须依法全面履行职能，坚持法定职责必须为、法无授权不可为”的要求，增强了“三定”规定的严肃性和权威性，避免以往一些单位和部门时有发生的自创职能、自设机构、自定编制等逾越“三定”规定的现象，避免擅自增加编制种类、突破总量增加编制等现象，也有利于从严规范适用岗位、职责权限、严格控制编外聘用人员。

三是推进机构编制法定化。推进机构编制法定化是深化党和国家机构改革的重要保障，是建设法治国家、法治政府的一项重要的基础性工作，也是历次党和国家机构改革实践基础上所作出的重要决策。改革开放以来，党和国家机构历经多轮改革，但改革中机构编制不能完全到位、改革后机构编制反弹和硬约束不足问题影响了改革成果。这次改革，强化了党对机构编制的集中统一领导，充分发挥了法治的规范和保障作用，把机构编制法定化作为推进机构改革和巩固改革成果的主要任务和重要保障，依法管理各类组织机构，加快推进机构、职能、权限、程序、责任法定化进程。从各部委的“三定”规定看，绝大部分部委在其内设机构中，或为法规司，或为政策法规司、法规与规则司、条法司，都强化了法律法规和规章的研究工作，推动了标准的规范管理等工作职责。

分析研究本轮党和国家机构改革呈现出的新变化新特色，对全面落实改革任务、全面深化气象改革提供了有益启示：

一是要把加强党对气象工作的领导贯穿于气象改革发展各方面和全过程。以坚持和加强党的全面领导为主线，完善坚持党的全面领导的制度，把党的领导贯彻到党和国家机关全面正确履行职责各领域、各环节，这既是此次深化党和国家机构改革所必须坚持的重要原则，也是其首要任务。气象事业是党的事业的重要组成部分，气象现代化是社会主义现代化强国建设的重要内容。有效推进气象改革发展、实现气象改革的战略目标，必须发挥党总揽全局、协调各方的作用，以党的政治优势、组织优势来引领和推进气象改革，把加强党对气象工作的领导贯彻改革发展的各方面和全过程，确保全面深化气象改革在以习近平同志为核心的党中央集中统一领导和部署下沿着正确方向有组织、有步骤、有纪律地推进。

二是要自觉服从改革大局、服务改革大局。深化党和国家机构改革是一项重大政治任务。中国气象局作为这次机构改革的主体责任单位，应从政治和全局高度，正确引导各级气象部门坚持正确改革方向，准确把握改革大局，把握改革精神实质，自觉服从于改革大局、服务改革大局，按照党中央的部署和要求，坚持以人民为中心，坚持改革与法治相统一、相促进，强化政策、战略和规划研究，加强与应急管理、自然资源、生态环境、农业农村等部门对接、协同，履行好气象预报预测、气象防灾减灾、应对气候变化、生态文明建设气象保障等职责，确保党中央部署的各项改革任务在气象部门落到实处、落地生根。

三是要深化与气象部门性质相似、体制相近、职能相关情况分析研究。这次改革是党和国家机构职能体系的系统性、整体性、重构性变革。气象部门作为提供公共服务的重要力量，面临着落实“加快推进事业单位改革”的艰巨任务。应根据已印发的国务院组织机构的“三定”规定，对与中国气象局性质相似、体制相近、职能相关单位情况进行深入分析研究，对各部门的内设机构、人员编制情况作对比分析，为全面深化气象改革、完善气象领导体制和工作机制提供借鉴。

（来源：《咨询报告》2018 年第 12 期）

报告执笔人：李　栋　张洪广　林　霖

课题组成员：张洪广　姜海如　李　栋　林　霖　于　丹　王　妍　郝伊一

2018年机构改革性质相似、体制相近、职能相关情况分析

摘　要：根据已印发的国务院组织机构、所属机构的“三定”规定，对与中国气象局性质相似、体制相近、职能相关单位情况作了分析研究，为全面深化气象改革、明确改革方向、完善气象领导体制和工作机制提供借鉴。

根据已印发的国务院组织机构、所属机构的“三定”规定，对比分析与中国气象局性质相似、体制相近、职能相关问题，对于全面深化气象改革、完善气象领导体制和工作机制具有重要借鉴意义。

一、与中国气象局性质相似单位情况分析

本轮机构改革后，中国气象局与新华通讯社、中国科学院、中国社会科学院、中国工程院、国务院发展研究中心、中国广播电视总台、中国银行保险监督管理委员会、中国证券监督管理委员会等单位性质相似，同属国务院直属事业单位。改革体现出以下特点：

（一）机构数量明显减少

数量由改革前的13个减至9个，减少了30.8%（表1）。其中，国家行政学院与中央党校，一个机构两块牌子，作为党中央直属事业单位；中国地震局改由应急管理部管理；整合了中国银行业、中国保险业监督管理委员会的职责，新组建了中国银行保险监督管理委员会；

全国社会保障基金理事会改由财政部管理；国家自然科学基金委员会改由科学技术部管理。这体现了整合机构、精简机构、优化职能，理顺事业单位管理体制、完善管理模式、创新运行机制的改革要求。

表 1　改革前后国务院直属事业单位

<table>
<tr><th>改革前</th><th>改革后</th></tr>
<tr><td rowspan="2">新华通讯社
中国科学院
中国社会科学院
中国工程院
国务院发展研究中心
国家行政学院
中国地震局
中国气象局
中国银行业监督管理委员会
中国证券监督管理委员会
中国保险业监督管理委员会
全国社会保障基金理事会
国家自然科学基金委员会</td><td>新华通讯社
中国科学院
中国社会科学院
中国工程院
国务院发展研究中心
中央广播电视总台
中国气象局
中国银行保险监督管理委员会
中国证券监督管理委员会</td></tr>
<tr><td>国家行政学院与中央党校，一个机构两块牌子，作为党中央直属事业单位</td></tr>
</table>

（二）七个单位继续保留

此次改革，中国气象局与新华通讯社、中国科学院、中国社会科学院、中国工程院、国务院发展研究中心、中国证券监督管理委员会共 7 个单位没有进行机构调整或职责整合，仍作为直属事业单位继续履行原有工作职责。这体现了上述机构在功能定位、职能配置、管理体制、运行机制、行政效能等方面符合实际、科学合理，适应了人民群众的需求、公益事业的定位、改革发展的要求，也体现了“该精简的就精简、该加强的就加强”的改革要求。

（三）党政机构统筹布局

此次机构改革的一个重要特点，就是统筹设置党政机构，以理顺党政机构职责关系，形成统一高效的领导机制。改革中，将国家行政学院与中央党校的职责整合，实行一个机构两块牌子，作为党中央直属事业单位；整合中央电视台（中国国际电视台）、中央人民广播电视台、中国国际广播电台新组建为中央广播电视总台，作为国务院直属事业单位，归口中央宣传部领导，这是统筹党政机构布局，加强党对干部培训工作集中统一领导，加强党对重要舆论阵地集中建设和管理的重大创新举措，体现了机构职能优化协同高效的改革要求。

二、与中国气象局管理体制相近单位主要情况分析

本轮机构改革后，与中国气象局现行领导管理体制相近的有以下四种管理模式：

（一）中央垂直管理体制

比如：中国海关"三定"规划明确"垂直管理全国海关"作为其主要职责之一。

（二）对派出机构实行垂直管理

比如：审计署设立30个派出审计局、18个跨地区特派员办事处，实行垂直管理；根据中央授权，自然资源部向地方派驻国家自然资源督察北京局、沈阳局、上海局、南京局、济南局、广州局、武汉局、成都局、西安局9个督察局，在北海、东海、南海3个海区分别设立派出机构，实行垂直管理；生态环境部所属华北、华东、华南、西北、西南、东北区域督察局，承担所辖区域内的生态环境保护督察工作，实行垂直管理；长江、黄河、淮河、海河、珠江、松辽6个水利委员会和太湖流域管理局作为水利部派出的流域管理机构，在所管辖的范围内依法行使水行政管理职责，实现中央垂直管理。

（三）与地方政府双重领导以部门管理为主的管理体制

比如：自然资源部对陕西、黑龙江、四川、海南四省测绘地理信息局实行由自然资源部与所在地省政府双重领导以自然资源部为主的管理体制；改革国税地税征管体制，将省级和省级以下国税地税机构

合并，实行以国家税务总局为主与省（自治区、直辖市）政府双重领导管理体制。

（四）部与部之间双重领导以一部为主的垂直管理体制

比如：长江、黄河、淮河、海河、珠江、松辽、太湖流域生态环境监督管理局，作为生态环境部设在七大流域的派出机构，则是实行生态环境部和水利部双重领导、以生态环境部为主的管理体制。

上述这几种中央设立垂直机构规范垂直管理体制，健全垂直管理机构与地方协作配合机制，是理顺中央和地方权责关系，推进国家治理体系和治理能力现代化的重要举措。特别是重点改革的自然资源和生态环境管理体制，是更好地破解影响生态文明建设制度性障碍的重要举措，是形成统一调查统计、统一确权、统一标准规范、统一信息平台、统一空间规划、统一保护治理等权责明确、协调高效、监管有力的管理新体制机制，是所提供的组织保障迈出的坚实步伐。

三、与中国气象局职能相关情况对比分析

此次机构改革后，与中国气象局职能相关的部门主要有自然资源部、生态环境部、水利部、农业农村部、应急管理部以及自然资源部管理的国家林业和草原局，相关职能集中在监测预报预警、综合防灾减灾、应对气候变化、开发利用自然资源等方面。

（一）监测预报预警

根据中国气象局官方网站对外公布的部门职责（下同），在监测预报预警方面，中国气象局承担的主要职责为：组织气象灾害监测预警及信息发布系统建设，负责气象灾害监测预警和信息发布；承担国家重大突发公共事件预警信息发布工作；管理全国陆地、江河湖泊及海上气象情报预报警报、短期气候预测、空间天气灾害监测预报预警、城市环境气象预报、火险气象等级预报和气候影响评价的发布。职能相关部门的监测预报预警职责如表 2 所示。

表 2 专项监测预测预警相关职责情况对照表

机构	职责内容	职能司局	侧重
自然资源部	负责海洋观测预报、预警监测和减灾工作，参与重大海洋灾害应急处置	海洋预警监测司	海洋生态
生态环境部	负责生态环境监测工作。会同有关部门统一规划生态环境质量监测站点设置，组织实施生态环境质量检测、温室气体减排监测、应急监测。组织对生态环境质量状况进行调查评价、预警预测，组织建设和管理国家生态环境监测网和全国生态环境信息网。建立和实行生态环境质量公告制度，统一发布国家生态环境综合性报告和重大生态环境信息	生态环境监测司 办公厅	生态环境
应急管理部	牵头建立统一的应急管理信息系统，负责信息传输渠道的规划和布局，建立监测预警和灾情报告制度，健全自然灾害信息资源获取和共享机制，依法统一发布灾情	应急指挥中心 科技和信息化司	成灾灾情
国家林业和草原局	组织沙尘暴灾害预测预报和应急处置	荒漠化防治司	沙尘暴灾害

在“三定”规定中，应急管理部的主要职责及其职责分工突出灾情发布，即成灾后灾害情况的报告和发布。中国气象局目前负责“气象灾害的监测预警和信息发布”“承担国家重大突发公共事件预警信息发布工作”，则侧重灾前的预测预报预警。可见，两部门职责虽有所交叉，但各有侧重，权责较为清晰。

生态环境部负责对包括大气环境在内的生态环境质量进行调查评价、监测预警，这与气象部门承担的雾霾观测预测与发布的业务有联系。

国家林业和草原局“组织沙尘暴灾害预测预报和应急处置”是“三定”规定的主要职责，这与《气象灾害防御条例》规定的气象部门承担沙尘暴气象灾害预测预报与发布的业务有联系，在实际工作中已经形成了相应的协调机制。

（二）综合防灾减灾

在综合防灾减灾方面，中国气象局承担的主要职责为：组织拟订和实施气象灾害防御规划，参与政府气象防灾减灾决策，组织指导气象防灾减灾工作；组织编制国家气象灾害应急预案，组织气象灾害防御应急管理工作；组织对重大灾害性天气跨地区、跨部门的气象联防和重大气象保障；组织气象灾害风险普查、风险区划和风险评估工作。职能相关部门的综合防灾减灾职责如表 3 所示。

表 3　综合防灾减灾相关职责情况对照表

机构	职责内容	职能司局	侧重
应急管理部	负责应急管理工作，指导各地区各部门应对安全生产类、自然灾害类等突发事件和综合防灾减灾救灾工作。 组织编制国家应急体系建设、安全生产和综合防灾减灾规划。 指导应急预案体系建设，建立完善事故灾难和自然灾害分级应对制度，组织编制国家总体应急预案和安全生产类、自然灾害类专项预案，综合协调应急预案衔接工作，组织开展预案演练。 统筹应急救援力量建设，负责消防、森林和草原火灾扑救、抗洪抢险、地震和地质灾害救援、生产安全事故救援等专业应急救援力量建设。 指导协调森林和草原火灾、水旱灾害、地震和地质灾害等防治工作，负责自然灾害综合监测预警工作，指导开展自然灾害综合风险评估工作	规划财务司 救援协调和预案管理局 火灾防治管理司 防汛抗旱司 地震和地质灾害救援司	应急管理救灾指导协调
自然资源部	负责落实综合防灾减灾规划相关要求，组织编制地质灾害防治和保护标准并指导实施。组织指导协调和监督地质灾害调查评价及隐患的普查、详查、排查。指导开展群测群防、专业检测和预报预警等工作，指导开展地质灾害工程治理工作。承担地质灾害应急救援的技术支撑工作	地质勘查管理司	地质灾害
水利部	负责落实综合防灾减灾规划相关要求，组织编制洪水干旱灾害防治规划和防护标准并指导实施。承担水情旱情监测预警工作。组织编制重要江河湖泊和重要水工程的防御洪水抗御旱灾调度及应急水量调度方案，按程序报批并组织实施	水旱灾害防御司	洪水干旱灾害

续表

机构	职责内容	职能司局	侧重
农业农村部	负责农业防灾减灾、农作物重大病虫害防治工作	种植业管理司（农药管理司）	农业灾害
国家林业和草原局	负责落实综合防灾减灾规划相关要求，组织编制森林和草原火灾防治规划和防护标准并指导实施，指导开展防火巡护、火源管理、防火设施建设等工作。组织指导国有林场林区和草原开展宣传教育、监测预警、督促检查等防火工作。必要时，可以提请应急管理部，以国家应急指挥机构名义，部署相关防治工作	森林公安局 生态保护修复司（全国绿化委员会办公室）	森林和草原火灾

总体来看，应急管理部承担综合防灾减灾救灾工作、组织编制综合防灾减灾规划、指导应急预案体系建设、组织编制国家总体应急预案和安全生产类、自然灾害类专项预案、综合协调应急预案衔接工作等工作职责。机构改革前，中国气象局就与相关部委建立了有效协同机制，机构改革后可根据新情况，进一步完善既往的协同机制，从而保持工作的连续性。

（三）应对气候变化

中国气象局应对气候变化的主要职责是组织气候变化科学相关工作。职能相关部门有关气候变化职责如表 4 所示。

表 4　应对气候变化相关职责情况对照表

机构	职责内容	职能司局	侧重
生态环境部	负责应对气候变化工作。组织拟订应对气候变化及温室气体减排重大战略、规则和政策。与有关部门共同牵头组织参加气候变化国际谈判。负责国家履行联合国气候变化框架公约相关工作	应对气候变化司	应对气候变化
国家林业和草原局	承担林业和草原应对气候变化的相关工作	生态保护修复司（全国绿化委员会办公室）	林业和草原

中央批准的生态环境部“三定”规定明确其负责应对气候变化工作，包括拟订重大战略、规则和政策，履行联合国气候变化框架公约等，与包括中国气象局在内的有关部门共同牵头组织参加气候变化国际谈判等职责。中国气象局作为履行气候变化科学相关工作的组织单位，在国家应对气候变化、政府间气候变化专门委员会（IPCC）中应继续充分发挥科技支撑的重要作用。

（四）开发利用自然资源

在开发利用自然资源方面，中国气象局承担的主要职责是：组织气候资源的综合调查、区划，指导气候资源的开发利用和保护。职能相关部门的开发利用自然资源职责如表5所示。

表5 开发利用自然资源相关职责情况对照表

机构	职责内容	职能司局	侧重
自然资源部	履行全民所有土地、矿产、森林、草原、湿地、水、海洋等自然资源资产所有者职责和所有国土空间用途管制职责； 实施自然资源基础调查、专项调查和监测。负责自然资源调查监测评价成果的监督管理和信息发布； 负责自然资源的合理开发利用。组织拟订自然资源发展规划和战略，制定自然资源开发利用标准并组织实施，开展自然资源利用评价考核，指导节约集约利用	自然资源所有者权益司 国土空间用途管制司 自然资源调查监测司 自然资源开发利用司	全民所有自然资源资产
水利部	负责保障水资源的合理开发利用	水资源管理司	水资源

自然资源部“三定”规定明确其履行全民所有土地、矿产、森林、草原、湿地、水、海洋7类自然资源资产所有者职责，负责自然资源的合理开发利用，这与《中华人民共和国宪法》关于自然资源范畴的规定一致。气候资源属于自然资源，中国气象局应认真履行气候资源开发利用相关职责，加快《气候资源开发利用条例》立法进程，组织拟订气候资源发展规划和战略，制定气候资源开发利用标准并组织实施，保障气候资源的合理开发利用。

从以上情况分析，基本形成以下认识：

与中国气象局性质相似的机构，此轮机构改革职能调整力度相对不大，也许有待于党和国家机构改革完成后，中央会按照《中共中央关于深化党和国家机构改革的决定》中“加快推进事业单位改革”的部署，出台事业单位改革方案，那时，将是改革的关键时期。此前，我们宜把握好改革的方向，坚持公益性定位，强化公益性属性，为届时改革打好基础、做好准备。

与中国气象局体制相近的机构，此轮机构改革体制调整力度相对较大，有强化垂直管理趋向，更加强调集中统一领导和集中统一管理。特别是国税和地税合并，实行以国家税务总局为主与省（自治区、直辖市）政府双重领导管理体制，与气象管理体制最为接近。其所面临的一些共性问题在气象部门都有表现。可重点关注并学习借鉴税务机构改革后，省及省以下税务机构人员地方性津贴补贴如何处理和解决。

与中国气象局职能相关的机构，此轮机构改革和职能调整力度最大，最为突出的是综合防灾减灾救灾、生态环境和气候变化、自然资源等实现了集中统一管理。但是，在各自“三定”规定中关于职能的表述又体现了分工负责。其中，应急管理部关于水旱灾害、地质灾害等自然灾害职能划分界限，仍然是水利部负责水情旱情监测预警，自然资源部负责地质灾害监测预警。生态环境部关于应对气候变化的职能划分界限，强调与“有关部门共同牵头组织参加气候国际谈判”，政府间气候变化专门委员会中国原牵头单位并没有调整。

（来源：《咨询报告》2018 年第 13 期）

报告执笔人：张洪广　李　栋　林　霖　贺洁颖

课题组成员：张洪广　姜海如　李　栋　林　霖　贺洁颖　于　丹

王　妍　郝伊一

2018年机构改革职能配置、内设机构、人员编制统计与聚类分析

摘　要： 相继下发的“三定”规定明确了各单位的职能配置、内设机构和人员编制。据此，通过对机构改革前后对比分析，主要展现国务院组织部门内设机构与人员编制特点与趋势，为中国气象局可能的职能配置和内设机构调整提供参考。

截至2018年9月下旬，已出台“三定”规定的国务院机构24家；调整“三定”规定的国务院机构13家。据此，对改革前后主要职责、内设机构与人员编制进行统计与聚类分析。

一、“三定”规定的统计分析

此次相关统计中，主要职责未统计职责分工与职能转变的数量。

（一）机构改革后总体统计

国务院机构出台“三定”规定有24家。平均职责13项，内设机构16个，机关行政编制672名，司局级领导职数68名。其中，正部级机构14家（不包括正部级事业单位），平均职责15项，内设机构19个，机关行政编制547名，司局级领导职数83名；副部级机构7家，平均职责11项，内设机构9个，机关行政编制208名，司局级领导职数31名；事业单位3家，平均职责10项，内设机构21个，机关行政编制2341名，司局级领导职数68名。

调整“三定”规定的机构13家机构（不包括中央机构编制委员会办公室、工业和信息化部、国家民族事务委员会、国家煤矿安全监察局，以及审计署派出机构）的平均内设机构15个，机关行政编制480名，司局级领导职数58名。其中，中国地震局由应急管理部管理，其内设机构7个，机关行政编制149名，司局级领导职数27名。

（二）改革前的“三定”统计

从收集到的资料来看，本轮国务院机构改革中的16家机构由改革前原29家机构合并与调整而来。改革前的平均职责11项，内设机构12个，机关行政编制294名，司局级领导职数46名。

（三）改革前后的统计对比

改革后16家国务院机构，平均职责15项，内设机构18个，机关行政编制519名，司局级领导职数77名。由于机构数量减少，改革后的机构平均职责增加4项，内设机构增设6个，机关行政编制和司局级领导职数均相应增加。

二、内设机构的相关聚类分析

24家出台“三定”规定的国务院机构中，内设机构共计382个，业务性司局243个，综合性司局139个。平均业务性司局10个，综合性司局6个。中国银行保险监督管理委员会业务性司局最多，达21个；国家知识产权局与国家移民管理局业务性司局最少，仅有3个。

（一）综合性的职能司局

办公与综合方面。有20家机构设办公厅（室），9家机构设综合司局，其中国家国际发展合作署、国家移民管理局、国家药品监督管理局、全国社会保障基金理事会4家机构的综合司（部）承担办公厅（室）职责。

政策与法规方面。有22家机构以“法规”或“条法”命名职能司，13家机构以“政策”或“政策研究”命名职能司，11家机构以“政策与法规”命名职能司。司法部与中国广播电视总台未以“政策”或“法规”命名内设机构。

战略规划与财务方面。有16家机构以“战略”或“规划”命名职能司，退役军人部、应急管理部、国家广播电视局、国家医疗保障局、国家林业和草原局、国家药品监督管理局6家机构以“规划”或“财务”命名职能司，其中国家药品监督管理局命名为“综合和规划财务司”，生态环境部、国家市场监督管理总局2家机构以“科技与财务”命名职能司。

科技、标准与宣传方面。有14家机构以“科技”或“技术”命名职能司，有3家机构以“标准”命名职能司，分别是生态环境部的法规与标准司、国家卫生健康委员会的食品安全标准与监测评估司、国家市场监督管理总局的标准技术管理司和标准创新管理司。生态环境部、国家卫生健康委员会、应急管理部、国家市场监督管理总局、国家广播电视局5家机构设立“宣传”司。

此外，退役军人事务部、审计署、国家国际发展合作署、国家医疗保障局、国家粮食和物质储备局、全国社保基金理事会6家机构将机关党委（人事司）合置。

（二）业务性的职能司局

监督、监管与监测方面。24个以“监督”命名职能司分设在12家机构中，国家市场监督管理总局占9个；22个以“监管”命名职能司分设在6家机构中，中国银行保险监督管理委员会占15个；11个以“监测”命名职能司分设在7家机构中，海关总署占3个。

管理、执法与服务方面。62个以“管理”命名职能司分设在18家机构中，占到383个内设机构的16%；7个以“执法”命名职能司分设在司法部、自然资源部、生态环境部、文化和旅游部、应急管理部、国家市场监督管理总局、国家粮食和物质储备局中；6个以“服务”命名职能司分设在科学技术部、司法部、文化和旅游部、退役军人部、国家广播电视局、国家医疗保障局中。

三、中国气象局可能的职能配置、机构设置建议

（一）强化政策研究、战略与规划职能

强化政策研究、起草重要文稿职责，强化制定发展战略、统一规划体系的管理职责，在改革中完善和强化法治，是这次机构改革的主要特征。建议在深化气象改革中，宜强化党和国家重大政策研究职责，强化制定发展战略、统一发展规划体系的综合管理职责，强化重大改革事项的统筹规划、综合协调、整体推进、督促落实工作，加强法规和标准化工作。

（二）合理配置气象业务管理部门职能

业务职能司由业务运行转变为业务管理，加强和完善气象社会管理、公共气象服务、生态文明气象保障职能，科学设定机构，整合优化力量和资源，准确定位、合理分工、增强合力，发挥综合效益，提高气象业务集中管理效率和科学化水平。

（三）优化对外合作职能

根据气象工作特点，以及中央新的对外开放战略，宜加强国际和区域气象合作职能，重点导向全球治理、战略谋划、智力引进、服务输出等方面，推动落实互利共赢的开放战略和全球监测、全球预报、全球服务、全球创新、全球治理的气象现代化战略。

（来源：《咨询报告》2018 年第 14 期）

报告执笔人：林　霖　张洪广　李　栋

课题组成员：张洪广　姜海如　李　栋　林　霖　于　丹　王　妍
郝伊一

黑龙江省事业单位改革对深化气象部门改革的启示及建议

摘　要：《中共中央关于深化党和国家机构改革的决定》正式公布后，黑龙江省在全国率先出台了事业单位改革意见。本报告在调研了黑龙江省事业单位改革政策的背景，分析改革对黑龙江省气象部门、特别是地方气象事业机构可能带来的影响基础上，结合国家事业单位改革总体精神，提出气象部门要从明确定位、摸清底数、做好中央和地方事权划分、深化研究等方面适应事业单位改革。

2018 年 3 月 9 日，《黑龙江省深化事业单位机构改革实施意见》（黑办发〔2018〕14 号）发布，这是继 3 月 4 日《中共中央关于深化党和国家机构改革的决定》（以下简称《决定》）正式公布后，全国省级层面出台的首个事业单位改革方案。气象部门作为本次党和国家机构改革保留的 9 个事业单位之一，在接下来的事业单位改革中将面临什么样的前景？黑龙江省事业单位改革对气象部门改革有哪些启示？结合调研情况，有如下思考。

一、黑龙江省事业单位改革的主要特点

分析《黑龙江省深化事业单位机构改革实施意见》（以下简称《意见》），主要反映出以下特点：

（一）方案出台快

《意见》的出台距离中央《决定》的公布仅相差 5 天。据调研了解

到，黑龙江省率先出台事业单位改革意见，与该省省情有关。黑龙江省委省政府主要领导人近年来一直强力推动事业单位改革，其主导思想就是“压缩编制、精简机构、提升效率”，并为此谋划方案已久。此次黑龙江迅速出台事业单位改革实施意见，既得到中央高层的认可，也有借中央出台党和国家机构改革方案的声势，以降低改革阻力的考量。

（二）问题找得准

《意见》充分体现了问题导向思路。《意见》明确指出，黑龙江省存在一些事业单位规模总体偏大、体制机制不活、人浮于事，或规模过小、业务能力弱、服务质量和效率不高，或职能交叉、重复设置、资源浪费，或公益与市场不分、事业市场“两头占”等问题。《意见》提出的各项措施直面存在的问题，决心很大。

（三）精神跟得紧

关于事业单位改革，中央《决定》明确提出，理顺政事关系，实现政事分开，不再设立承担行政职能的事业单位；加大从事经营活动事业单位改革力度，推进事企分开；面向社会提供公益服务的事业单位强化公益属性、破除逐利机制；等等。黑龙江省紧跟中央精神，在《意见》中明确提出，经过本次改革要实现，行政职能回归行政机构，事业单位强化公益服务，凡可通过政府购买取得的公益服务原则上不再通过设立事业单位提供；已经确定的公益一类事业单位不得从事生产经营活动（包括举办企业），不得取得经营性收入，现从事生产经营活动（包括举办企业）或有经营收入的，一律不再保留公益一类类别。

（四）推进力度大

黑龙江省针对事业单位存在的问题，提出了“撤销、整合、精简”三大举措：撤销“空壳”事业单位；整合“小散弱”事业单位、整合职能相同或相近事业单位、整合跨部门跨层级跨地域同类事业单位；

大幅度精简事业单位机构编制规模，省直事业单位机构总数至少精简20%，事业单位内部机构总数至少精简20%，事业编制总数至少精简15%，市（地）、县（市）事业单位机构总数至少精简10%，事业编制总数至少精简10%。

（五）操作步骤实

黑龙江省提出，2018年全面完成“空壳”事业单位撤销、“小散弱”事业单位撤并、部门内部事业单位整合、内部机构数量压缩、公益类事业单位去市场化等目标，2019年全面完成事业单位机构改革工作。为保证改革顺利推进，黑龙江省为此制定了一系列配套政策和措施。

二、黑龙江省气象部门可能受到的影响

黑龙江省气象局对地方出台的事业单位改革实施方案一直十分关注，并已提前做了许多相关准备工作。

一是黑龙江省气象局对本省地方气象机构和编制情况进行了系统摸底。目前，黑龙江省共有地方气象机构51个，其中省级地方气象机构2个（省人工降雨办公室为公益一类，人员编制15人；省突发事件预警信息发布中心为公益二类，无编制）；市级地方气象机构12个，7个为全额拨款，共有编制81人，5个为自收自支单位；县级地方气象机构37个，14个为全额拨款事业单位，共有编制58人，23个为差额或自收自支单位。

二是黑龙江省气象局对本次地方事业单位改革可能带来的影响进行了初步分析。总体认为，本次改革对气象事业影响不大，甚至可能有利于规范地方气象事业发展。原因在于：其一，黑龙江省气象部门普遍落实了双重财务体制，除少数林区气象局外，省、市、县三级气象部门包括人员津补贴在内的经费均纳入了地方财政预算，改革不会影响到气象部门的主体。其二，黑龙江省地方气象机构都有具

体的职能、职责、任务和规范的工作制度，而地方这次改革撤销的主要是组织机构空壳化、职能任务空心化、单位有名无实的事业单位，而且为了适应地方改革形势，黑龙江省气象局已着手对地方气象机构的职能、职责、任务、岗位设置和规范的工作制度进行重新审核。其三，黑龙江省事业单位改革意见规定，省直编制30名及以下单位、市（地）编制5名及以下单位、县（市）编制3名及以下单位要重点推进机构整合；省直各部门所属事业单位中，20名及以下编制规模的事业单位最多只能保留1个。目前，省、市两级地方气象机构基本符合保留条件，可能有少数县级或有机构无编制的地方气象机构会受到影响。

三、黑龙江省事业单位改革对深化气象改革的启示

调研认为，黑龙江省在深化党和国家机构改革大形势下推出事业单位改革方案，对全国具有一定示范意义，其中，对深化气象部门事业单位改革有如下启示：

（一）气象部门公益属性将进一步强化

本次国家党和机构改革中，气象部门管理体制没有变动，表明党中央、国务院认可气象部门科技型、公益性事业单位的性质。估计国家会进一步强化包括气象部门在内的事业单位的公益属性，公益气象事业保障会得到加强。但是，气象部门一些面向社会的行政管理职能和从事竞争性经营的相关业务可能会有调整，一些从事经营的事业单位和各级气象机构设置的公司可能会受到相应影响。

（二）部分地方气象编制和人员可能会有调整

受地方事业单位改革影响，各省、市、县设立的地方气象事业机构可能会成为改革对象，其中一些体量过小的机构、长期空编的岗位很可能被整合或取消。如果这种情况在全国各地铺开，粗略估计约3000个地方气象事业机构（含许多有机构，但无编制、无经费保障）、

4200余名（人）地方事业编制会受到不同程度影响。此外，在推进事企分离改革过程中，全国气象部门会涉及1.75万聘用人员。

（三）气象部门可能需要按照新的改革要求进行“三定”准备

黑龙江省事业单位改革主要针对人浮于事、工作不饱满、职能交叉、职责不明确等问题。气象部门各级单位职责比较清晰，工作任务饱满，总体不存在上述问题。但是，这也提醒各级气象部门还需要进一步推进精细化岗位管理，对各工作岗位设置、职责、任务、工作量等进行明确，避免在地方事业单位改革中陷入被动。此外，事业单位改革可能涉及的职称、岗位管理、薪酬机制以及党建等内容，气象部门也要结合部门情况尽快理顺。

（四）气象预算经费不足的矛盾可能进一步显露

如果像黑龙江省事业单位改革的做法那样，一类事业单位不得开展经营性活动（其他部分省、自治区、直辖市也在推进），而中央和地方财政预算又不能全额到位，气象部门将有许多单位面临经费不足问题。防雷改革后许多县级台站已经没有创收能力，气象预算经费不足的矛盾可能进一步显露，这可能影响正常工作和队伍稳定。

四、对全国气象部门适应事业单位改革的建议

气象部门如何更好地适应国家和地方事业单位改革是一个大课题，相关政策和部署可能对今后一段时期的气象事业布局和发展产生深刻影响。为做好改革准备，建议从以下几方面做工作。

（一）按照气象事业单位改革定位要求做好准备工作

从中央《决定》精神和黑龙江省事业单位改革情况看，事业单位强化公益属性、破除逐利机制的总体改革方向已经比较明确。适应事业单位改革要求，气象部门需要进一步理顺事业体制、强化公益职能、完善工作机制。针对这些问题，需要全面看待、提前准备、多方破解。

（二）进一步摸清地方气象事业单位状况

预计近期各地方政府会陆续出台类似黑龙江省事业单位改革的文件，建议中国气象局组织全国各省、市、县级气象部门对地方气象机构、编制、职能、履职、岗位设置、人员和经费保障等情况进行全面摸底，并进一步规范地方气象事业职能职责和运行机制，为在地方事业单位改革中争取主动创造条件。

（三）着力推进中央和地方气象事权划分

当前，气象部门应抓紧做好“三定”方案准备工作。解决各级气象部门经费保障不足问题，关键还是应从明确中央和地方气象事权来根本解决。可以结合新时代气象事业定位和气象工作职责，深入研究中央和地方气象事权，及早进行确权划分，理顺经费保障渠道，保证经费足额。

（四）开展气象事业单位职能优化重组研究

研究提出适合气象部门特点的事业单位改革路径，优化各级气象事业单位的定位、职责任务、机构、岗位设置以及人员结构等，推进各级气象机构、职能优化重组。

（来源：《咨询报告》2018 年第 8 期）

报告执笔人：李锡福　辛　源

上海市气象局关于深化气象部门综合配套改革的有关思考和建议

摘　要：上海市气象部门通过课题研究，从综合配套角度破除思想观念束缚和体制机制障碍，探索气象部门改革发展新路。综合配套改革路径是把组织管理模式从现行的科层式分级管理模式向平台化组织管理模式转型。总体思路是搭建三大平台，破解资源配置难题；健全“6+1机制”，破除思想观念束缚，打破体制机制障碍。目标是为完成上海气象“十三五”建设任务和实现更高水平气象现代化提供保障，力争为全国气象现代化建设和深化改革提供可复制、可借鉴的经验。

一、形势和问题分析

党的十九大报告指出，我国社会主要矛盾已经发生重大转变，这为我们准确把握新时代的发展新要求提供了重要依据和实践遵循。2017年是气象供给侧结构性改革深化之年，中国气象局局长刘雅鸣在年初召开的全国气象局长会议上指出，当前和今后一个时期，气象发展面临的最大束缚是思想观念束缚，面临的最大障碍是体制机制障碍。一语道破了当前制约气象事业发展的“症结”。

近年来，上海市气象部门多举措推进重点领域改革，取得了显著成效。随着改革的纵深推进，全面深化改革还存在资源配置不够集约，人才、科技创新和单位活力有待进一步激发，底层配套体制机制有待进一步完善，气象服务供需不匹配，气象服务市场开放度有待提升等问题。

当前，上海市气象事业“十三五”建设和更高水平气象现代化建设已经启动，深化气象改革面临的形势更加紧迫和复杂。上海市气象部门通过课题研究，探索从综合配套角度破解改革难题，力争为全国气象现代化建设和深化改革提供可复制、可借鉴的经验。

二、综合配套改革思路和举措

（一）改革路径

党的十九大要求，必须坚持质量第一、效益优先，以供给侧结构性改革为主线，推动经济发展质量变革、效率变革、动力变革。适应新时代新要求，上海市气象部门在实践中探索气象改革发展的新路。

气象部门现行组织管理模式是科层式分级管理模式。这种组织管理模式是“传统火车模式”——火车跑得快，全靠车头带。资源按照分工分散在不同的单位，单位之间的横向协作与连接比较弱，存在信息不对称、同质化无序竞争和效益低下等问题，在瞬息万变的市场面前，现行组织管理模式已显现“疲态”。我们的改革路径是向平台化组织管理模式转型。平台化组织管理模式是“动车模式”——动车跑得快，靠着每节车厢共同驱动。平台化组织管理模式打破了单位之间的藩篱，依靠小前台、大中台，通过平台集结优势资源，通过机制创新形成协作链条，提升事业发展效能。无论美国资本市场排名前五的企业，还是中国的“BATJ”（百度、阿里巴巴、腾讯、京东），无一例外都是平台化组织管理模式，更有不少像海尔这样的传统企业，正向平台化组织管理模式转型，并保持长盛不衰。平台化组织管理模式能更好地适应新时代气象事业发展需要。

（二）改革的总体思路

1. 搭建三大平台，破解资源配置难题

这个“平台”由一体化业务平台、科技创新与成果转化平台、专业气象服务市场平台三大平台构成（图 1）。既有线下实体空间，也有

线上系统平台，这些空间可以让各单位的人“坐”在一起工作，为他们之间沟通协作创造空间便利，而跟着人“走”的资源也将在平台集结。

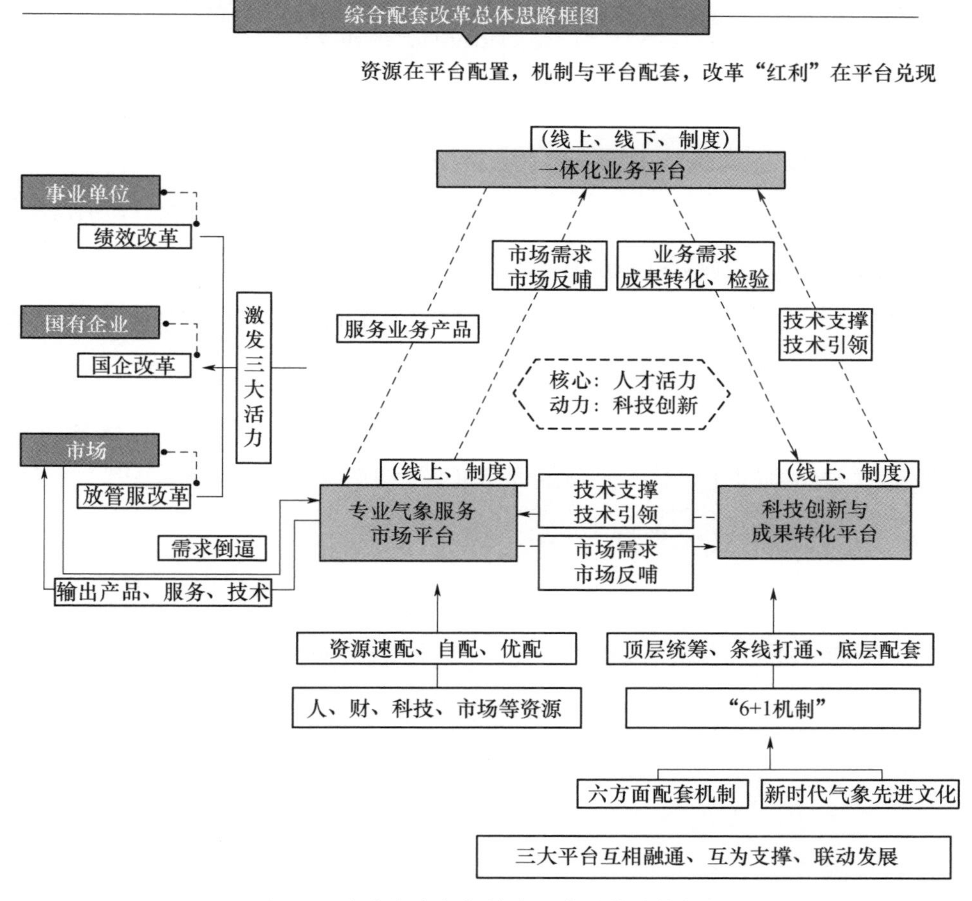

图1　上海市气象部门综合配套改革总体框架

2. 健全“6+1机制”，破除思想观念束缚，打破体制机制障碍

“6+1机制”是指与平台配套的6类机制和新时代气象先进文化。如果说搭建好的平台和平台资源像一支整装待发的队伍，那么平台配套机制就是针对队伍成员间如何协同作战、如何激励队伍、如何吸引更多的优势资源壮大力量所做的规定。健全科技创新激励、人才活力激发、多元资金保障、事业单位绩效管理、国有企业管理运行及气象服务市场培育和规范 6 类制度安排，对于破除体制机制障碍，激发科技、人才、资金等资源活力和平台参与单位（事业单位、国有企业）以及市场活力激发都有着积极作用。思想观念的束缚是最大的束缚。还需要加强新时代气象先进文化建设作保障，增强文化自信，坚定全面深化改革的意志和决心，为新时代气象事业转型发展提供强大的思想保证、精神动力和智力支持。

3. 集成改革成果，探索平台化新型事业发展模式

平台化组织管理模式不搞机构调整的物理整合，着力于机制建设的化学融合，探索施展顶层统筹、条线打通、底层配套的改革“组合拳”，更加注重改革的系统性、整体性、协同性，按照资源在平台配置、机制与平台配套、改革“红利”在平台兑现的原则，建立以平台为载体、以制度体系为核心、新时代气象先进文化为保障、各种资源配置有效、各类主体活力迸发的平台化新型气象事业发展模式。

（三）改革的具体举措

1. 建设三大平台，提升资源优化配置能力

三大平台中一体化业务平台是基础，科技创新与成果转化平台是动力支撑，专业气象服务平台是连接市场的纽带，除了有着各自的运营体系外，三大平台互相融通、互为支撑、联动发展（图 2）。

一是建立一体化业务平台。优化整合业务链条资源，实现气象基本业务全融合。该平台既有线下实体空间，也有线上系统平台。实体空间即上海智慧气象业务平台，已基本建设完成，各业务单位在平台上都有相应的岗位，而线上系统平台是指长中短临一体化业务服务系统、模块等，各岗位基于线上系统平台完成线上协作。三个子平台协同发展。一体化业务平台包含一体化预报平台、一体化公共服务平台、一体化信息平台三个子平台。三者之间除了在实体空间融合，还通过标准化建设、机制创新，实现一体运行、互为依托、协同发展。岗位考核激发人员活力。三个子平台分别设立首席岗位。业务运行管理对首席岗充分放权，建立相应岗位考核机制。关键岗位考核与平台其他岗位考核挂钩，平台岗位考核和平台组成单位考核挂钩。

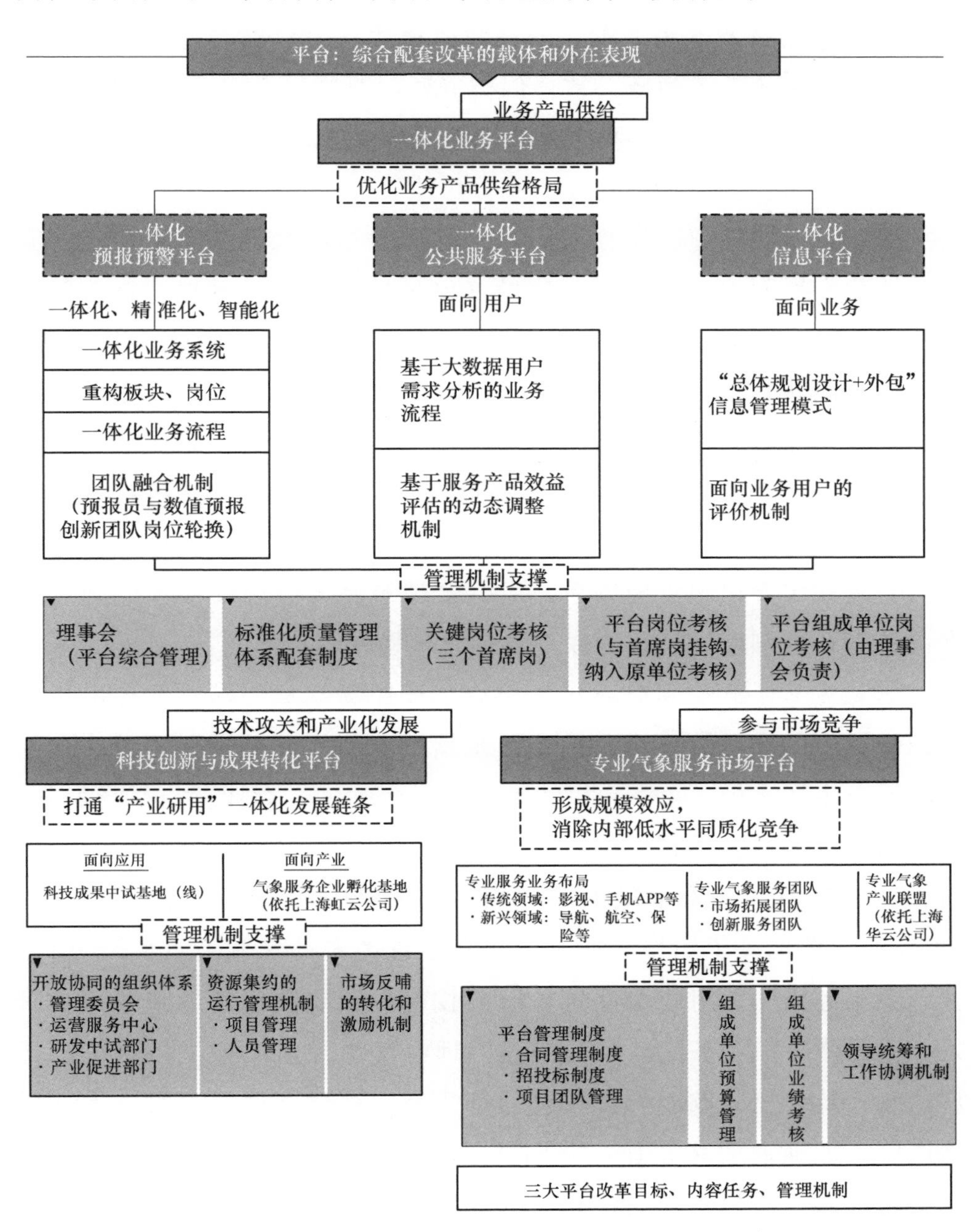

图 2 上海市气象部门综合配套改革三大平台设计思路

二是建立科技创新与成果转化平台。通过机制链接资源。该平台以线上系统平台为主，基于上海气象科技创新中心框架搭建而成，面向气象业务和服务市场需求，围绕数值模式、大数据融合应用及人工智能影响预报等重点领域，整合创新资源，通过一系列机制链接资源。目前已完成《上海气象科技创新中心建设方案》，下一步将按照方案开展上海气象科技创新中心建设和平台搭建。

围绕目标建立中试和孵化基地。围绕核心技术研发应用和气象服务产业化发展两大核心目标，建设气象科技成果中试基地，打造气象服务企业孵化基地。按需组建项目团队。平台实行项目化运作管理，按需组建团队，平台人员考核和激励均由平台负责。例如，业务和服务平台提供需求，科技创新与成果转化平台评估组建项目团队，利用平台资源完成项目，相关科研成果可以放到中试基地进行转化应用，有条件的项目还可以放到孵化基地进行孵化。制度建设促进平台顺畅运行。建立包含组织管理体系、运行管理机制、市场反哺和激励机制在内的一系列制度安排，确保平台运行顺畅。

三是建立专业气象服务市场平台。按照新党章要求，发挥市场在资源配置中的决定性作用，整合传统领域和新兴领域资源，搭建专业气象服务市场平台。该平台以线上系统平台为主，直接参与市场竞争，根据市场需求整合现有气象影视、手机 APP 等传统领域和远洋气象导航、航空气象、气象金融保险等新兴专业领域资源。目前已经完成《上海市气象局关于加快专业气象服务发展改革的实施意见》。组建专业气象服务团队。组建专业气象服务技术创新团队，开展服务技术研发。由远洋导航服务团队参与构建的远洋气象导航决策支持系统已开展内测，待公测完成之后将投入业务运行。组建专业气象服务市场拓展团队，加强商业化合作，共同拓展市场。建立专业气象产业联盟。以上海华云公司为依托，建立专业气象服务产业联盟，带来更多的资金、技术和人才，为专业气象服务产业化奠定基础。建立专业气象服务市场平台管理制度。制定包含资源共享、信息公开、协调合作、监督管理等功能的平台管理制度。所有相关单位均应通过平台实施市场服务行为，并遵守平台规定。明确所有专业气象服务项目都必须通过平台共享，以内部招投标方式确定项目服务单位，以营销收入、服务质量确定营销人员和服务单位的收益。

2. 建立健全平台配套机制，提升融合发展水平

三大平台都有各自的制度安排，支撑平台运行管理。平台与平台之间，平台与参与单位之间，平台与市场之间也需要一系列机制促进协调发展，从而形成良好的事业发展“生态圈”。这个“生态圈”既能为内部优势资源有效整合提供载体，也能吸引外部优势资源加入。拟形成6方面机制（图3），修订或新增44个政策文件。

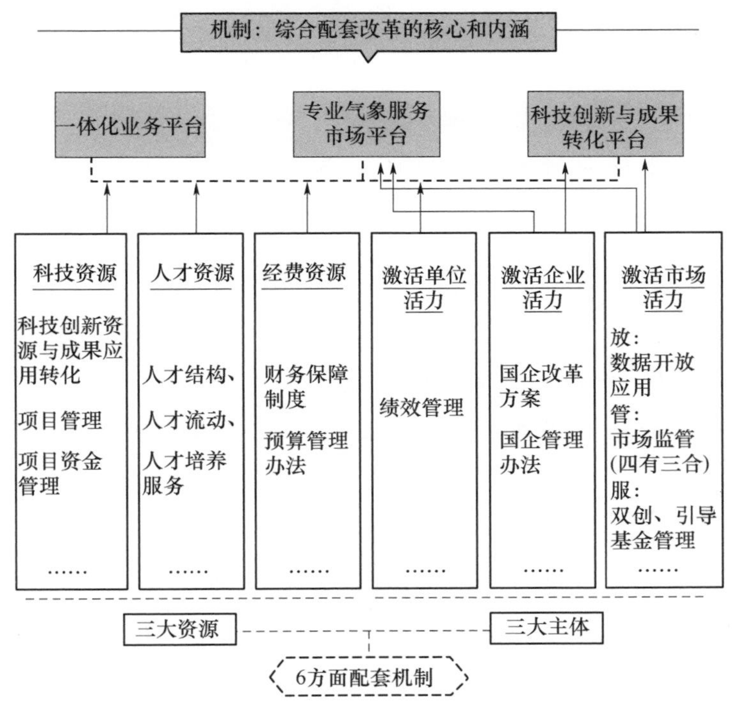

图3 上海市气象部门综合配套改革机制需求

一是健全科技创新激励机制。修订或出台科技创新资源与成果应用转化、项目管理和项目资金管理等方面的政策文件。二是健全人才活力激发机制。从人才结构、人才流动、人才保障等方面制定人才培养引进、绩效考核激励、兼职兼薪、离岗创业、人才双向流动等政策文件。三是健全多元资金保障机制。出台财务保障制度、预算管理办法等，推动拓展地方政府财政支持范围、政府购买服务、科技成果转化、专业气象服务反哺等资金渠道。四是完善事业单位绩效管理机制。面向平台参与单位，出台管理和绩效考核办法。五是完善国有企业管理运行机制。出台国企改革和管理考核办法等文件。六是健全气象服务市场培育和规范制度。出台数据开放应用、市场监管和双创、引导基金管理等政策文件。

3. 建设新时代气象先进文化，为深化改革提供思想基础

推动优秀传统气象文化创造性转化、创新性发展，大力发展新时代气象先进文化，拓展气象文化内涵，赋予气象文化“开放、创新、融合”的时代元素。

培育开放的文化，积极主动学习外部门、外单位和国外气象行业的先进经验，形成开放的文化氛围，为气象服务市场开放、气象数据开放等奠定思想和文化基础。培育创新的文化，形成创新价值观念和制度设计，通过鼓励创新奖项设置、宣传典型创新案例等形式，形成创新文化氛围，推动气象科技创新。培育融合的文化，通过一系列制度安排，形成融合发展的理念和文化氛围，推动上海气象事业融入国家和地方发展战略，实现与政府、部门、社会多元主体等融合发展。

三、工作建议

一是学习贯彻党的十九大精神，注意把握蕴含其中的改革精神、改革部署、改革要求，在已形成研究成果的基础上，进一步整合平台资源，完善制度架构，对内激发人才创新活力，对外打通产业研用，特别是吸收借鉴上海气象科技创新中心的成熟经验，将有关业务职能和布局优化、完善人才激励机制、健全事业单位绩效考核机制、进一步发展专业气象服务等举措落实落地，接力研究，接续探索，提升研究成果应用水平。

二是立足上海，着眼华东，面向区域气象业务服务发展需求，按照“资源互补、成果共享、共同发展”的原则，聚焦共性关键技术，试点平台化组织管理模式，探索搭建协同开放式平台，集中力量共同研发，提升区域创新整体能力，以实现更高水平气象现代化为指引，形成可复制、可推广的经验，为全国气象部门深化改革提供借鉴。

（来源：《咨询报告》2017 年第 14 期）

报告执笔人：陈振林 冯 磊 王 瑾 谢丽萍 董国青

开展《中华人民共和国气象法》及相关法规实施评估建议

摘　要：《中华人民共和国气象法》（以下简称《气象法》）实施已近20年，对气象事业健康持续发展起到了至关重要的作用。但是，随着国家经济社会发展和全面深化改革的推进，《气象法》所规定的一些内容已经发生了较大变化，修订《气象法》应该提上议事日程。修订《气象法》的主要目的是通过修法从根本上破解制约气象事业发展问题，使气象工作更好适应国家经济社会发展新形势。本报告建议及时组织开展预研，对实施《气象法》取得的经验进行系统总结，对实施成效进行评估，对有关法律条文所涉及的新情况、新问题进行综合分析，对修法内容进行深入研究，对修法过程中可能出现的各种情况进行准确分析和提前谋划，为修订《气象法》决策提供充分依据。

党的十九大报告强调坚持全面依法治国，明确提出成立中央全面依法治国领导小组，加强对法治中国建设的统一领导。中国气象局十分重视气象法治建设，2018年全国气象局长会议报告明确提出，持续推进重点领域立法、修法和部门规章修订工作，开展《气象法》立法后评估工作。为贯彻落实全国气象局长会议精神和重点任务部署，本报告提出对《气象法》及相关法规实施评估研究，为修法做好前期准备。

一、气象发展形势变化对修订《气象法》提出了新要求

《气象法》于1999年10月31日在第九届全国人大常务委员会第十二次会议上通过，2000年1月1日起正式施行，迄今已近20年。《气象法》的实施极大增强了各级党委、政府的公共气象服务意识，有效促进了气象事业发展，已经基本实现了最初确定的立法宗旨。

但是，伴随着国家经济社会发展和全面深化改革进程，《气象法》涉及的一些内容已经发生了较大变化。近年来，气象部门内外人士多次提出关于修订《气象法》的意见。《气象法》主要内容形成于20世纪90年代中后期，反映了当时背景下气象事业发展的定位与需求。如今，国家经济社会发展、政府治理理念、社会治理规则等发生了很大变化：行政管理由以往的管制为主逐步转向服务为主；事业单位由以往的混合型逐步转向政事分开、事企分开、管办分离；财政预算由以往的分灶包干逐步转向综合预算；事权财权划分由过去中央与地方不够清晰逐步转向清晰划分。这些重大变化对修订《气象法》提出了很多新要求。

特别是党的十八大以来，生态文明建设纳入中国特色社会主义事业"五位一体"总体布局，参与全球气候治理也纳入国家发展战略。党的十九大进一步作出了加快生态文明体制改革、建设美丽中国和积极应对气候变化的重大决策部署。大力提升生态文明建设和应对气候变化的气象保障服务能力，是新时代气象工作的重要内容。为此，2017年年底，中国气象局下发了《中国气象局关于加强生态文明建设气象保障服务工作的意见》（气发〔2017〕79号）。但是，《气象法》中缺少气象服务保障生态文明建设与应对气候变化的法律支撑，不利于相关工作的开展，亟需尽快改变。

再则，气象事业改革发展的新变化、新成果也需要通过修订《气象法》提供法律支持。例如气象服务市场从相对封闭到全面开放，气象信息从部门自用到社会共享，气象信息传播由部门自办到社会广泛

参与，基层执法从利益驱动到责任驱动，气象现代化从部门内分级自建到联合社会整体共建，基层气象工作从政事企混合到逐步分开分办，防雷中介服务由部门主要承担到逐步社会化，等等。这些新情况应在《气象法》中及时予以反映。

二、修订《气象法》需要做充分深入的研究

修订《气象法》事关气象事业发展大局。《气象法》是规范我国气象工作的基本法律。它规定了气象事业的基本性质、气象管理体制、基本气象工作制度、气象公共服务制度、气象防灾减灾制度、气候资源保护与利用制度、法律责任制度等。这些内容和制度涉及气象事业发展的根本大局。因此，修订《气象法》必须做好前期研究。

本次修订《气象法》很可能作较大调整。2009年、2014年、2016年，全国人大常委会曾三次对《气象法》进行小范围修改，主要涉及部分气象行政审批事项的下放或取消（详见下框：《〈气象法〉的三次修改内容》）。但这次如果启动《气象法》修订，可能涉及的内容比前三次修改要复杂得多，将会是一次较大规模的修订调整。

《气象法》的三次修改内容

第一次修改：2009年8月27日，第十一届全国人民代表大会常务委员会第十次会议《关于修改部分法律的决定》通过（主席令18号）。

将《气象法》第三十五条第二款中的“《中华人民共和国城市规划法》”修改为“《中华人民共和国城乡规划法》”。

第二次修改：2014年8月31日，第十二届全国人民代表大会常务委员会第十次会议《关于修改〈中华人民共和国保险法〉等五部法律的决定》通过（主席令14号）。

将《气象法》第二十一条修改为：“新建、扩建、改建建设工程，应当避免危害气象探测环境；确实无法避免的，建设单位应当事先征得省、自治区、直辖市气象主管机构的同意，并采取相应的措施后，方可建设。”

修改后，将国务院气象主管机构实施的“新建、扩建、改建建设工程避免危害国家基准气候站、基本气象站气象探测环境审批”下放至省（自治区、直辖市）气象主管机构。

第三次修改：2016年11月7日，全国人民代表大会常务委员会第二十次会议《关于修改〈中华人民共和国对外贸易法〉等十二部法律的决定》通过（主席令57号）。

（一）将《气象法》第十条修改为：“重要气象设施建设项目应当符合重要气象设施建设规划要求，并在项目建议书和可行性研究报告批准前，征求国务院气象主管机构或者省、

自治区、直辖市气象主管机构的意见。”原来没有强调“应当符合重要气象设施建设规划要求”，且将“审查同意”改为“征求意见”。

（二）删去《气象法》第三十条第三款中“实施人工影响天气作业的组织必须具备省、自治区、直辖市气象主管机构规定的资格条件”的“资格”。

（三）将《气象法》第三十四条第二款修改为：“具有大气环境影响评价资质的单位进行工程建设项目大气环境影响评价时，应当使用符合国家气象技术标准的气象资料。”原来为：“应当使用气象主管机构提供或者经其审查的气象资料。”

（四）将《气象法》第三十八条第三项修改为：“（三）从事大气环境影响评价的单位进行工程建设项目大气环境影响评价时，使用的气象资料不符合国家气象技术标准的”。原来为：“使用的气象资料不是气象主管机构提供或者审查的。”

（五）删去《气象法》第三十九条中“违反本法规定，不具备省、自治区、直辖市气象主管机构规定的资格条件实施人工影响天气作业的”的“资格”。

通过上述修正，取消了气象部门三项行政审批事项：大气环境影响评价使用非气象主管部门提供的气象资料审批、重要气象设施建设项目审核和人工影响天气作业组织资格审批。

修订《气象法》先期必须做深入的评估和研究工作。修订《气象法》，旨在通过立法途径从根本上解决制约气象事业发展的问题，促进气象事业更好地适应国家经济社会发展形势，同时也是系统回顾和审视气象整体工作情况的一次机会，需要深入细致地研究准备。总体上看，应至少包含三方面：一是对实施《气象法》的经验、成效与不足进行系统评估；二是结合《气象法》落实情况和国家最新改革精神，对当前气象工作面临的主要问题、主要矛盾进行深入分析；三是根据最新国家治理理念与气象发展内外环境，研究未来气象事业发展的方向，最终形成针对性法律条文修订意见。

三、修订《气象法》需要充分的准备过程

全国人大常委会是《气象法》的制定和修订机关。修订法律案的过程通常分为8个步骤：（1）作出修法立项决策；（2）建立专门班子，开展起草修订工作；（3）进行修法调研；（4）形成修订草案和对主要问题的意见；（5）提出修订条文；（6）征求各方面意见；（7）形成送审稿并对送审稿进行审查；（8）由提案机关讨论决定，最后形成正式法律案。在全国人大常委会确定修法立项之前，气象部门需要提前做

好充分准备，形成比较充分的研究成果，作为修法立项的充分依据。

修订《气象法》也将涉及《人工影响天气管理条例》《气象灾害防御条例》《气象设施和气象探测环境保护条例》，以及其他部门规章的联动修订，这些方面都需要进行系统研究。可以预见，整个修订工作将是一个比较长期的过程，仅研究准备就可能需要2～3年时间，甚至更长。

建议中国气象局在具体部署修订《气象法》的评估研究工作时，向全国人大常委会农委、资环委等机构做好汇报、沟通、协调。提请：由全国人大常委会牵头，气象部门可受委托开展《气象法》实施情况的评估研究工作；由国务院法制办牵头，气象部门可受委托对已实施近16年之久的《人工影响天气管理条例》进行评估研究；由气象部门组织对部分部门规章进行评估研究。在此基础上，根据研究进度和成果，确定向全国人大常委会提出修订《气象法》议案意见的时机。

（来源：《咨询报告》2018年第1期）

报告执笔人：姜海如　辛　源

第六部分 气象智库

气象智库建设是气象治理体系与治理能力现代化的重要组成部分，是气象软实力的重要载体，是参与气象公共政策制定和保障气象科学决策的重要力量。中国气象局党组一直十分重视气象智库建设，现已形成以中国气象局气象发展与规划院为主体，以小实体、大网络为载体的气象智库组织，建立了一支专兼职相结合的气象智库专家队伍，一大批气象智库成果在气象发展中得到广泛推广和应用。本部分对涉及中国气象智库建设、有关领域智库建设等研究基础上形成的咨询报告，进行了汇集。

对中国特色气象智库建设的调研与思考

摘　要： 在全面深化改革的进程中，中国特色新型智库正扮演着越来越重要的角色。气象智库作为气象领域政策研究和决策咨询的重要组织，亟需积极谋划和加快发展。中国（海南）改革发展研究院和中国南海研究院是国内知名高端智库，其先进发展思路、智库理念和运行机制值得气象智库学习和借鉴。中国气象局发展研究中心调研组通过对这两家机构进行实地调研和交互式研讨，总结了其做法和经验，同时分析了气象智库的发展现状和问题，提出打造中国特色气象智库的相关建议。

为进一步了解高端智库机构的先进经验，中国气象局发展研究中心组成调研组，赴海南对中国（海南）改革发展研究院、中国南海研究院这两家国内知名智库机构开展了实地调查和交互式研讨。通过调研发现了国内知名智库建设中的许多亮点，受到了启发、开阔了眼界、振奋了精神。

一、两家研究院智库建设的主要经验

这两家智库有一些共同的经验：一是机构领导人的卓越学术能力；二是灵活的人才政策；三是各具特色的运行机制；四是高质量的研究成果；五是广泛的国内外交流。

领导人特质。这两家智库机构的领导人，不仅仅是行政领导，同时还都是相关领域的知名专家和学科带头人。中国（海南）改革发展研究院院长迟福林是全国政协第十一届、十二届委员会委员，享受国务院特殊津贴专家，海南省首批有突出贡献专家。中国南海研究院院长吴士存，是我国知名南海问题研究学者，兼任南京大学中国南海研究协同创新中心副主任、博鳌亚洲论坛研究院副院长等职，外交部外交政策咨询委员会委员。他们既有丰硕的研究成果，也在国内外具有举足轻重的影响力，这也直接提升了两家智库在国内外的知名度和影响力。

智库人才。这两家机构十分注重研究人员的整体素质，他们的专业领域不仅仅局限于某些特定领域，还涉及政治、经济、历史、法律、语言等人文社会学科，以及数学、生态等理工类学科。这两家智库十分重视培养年轻智库人才队伍建设，中国南海研究院各个研究所的负责人多数为30岁左右的年轻人，充分发挥了年轻人才勇于担当、精力充沛的优势，挖掘了其自身潜力，迅速培养出一批批年轻学科带头人。

运行机制。中国（海南）改革发展研究院是以改革发展政策研究为主要业务的研究机构，实行董事局领导下的院长负责制，属于民间智库。中国南海研究院隶属于海南省政府，在政策和业务上接受外交部和国家海洋局的指导，是以南海为研究对象并从事相关学术活动的研究机构（正厅级事业单位）。目前，这两家智库机构均采用“小实体、大网络”的运行方式。中国（海南）改革发展研究院“小实体”在职人员并不多，但背后则有庞大的3支研究力量：一是32名著名专家学者组成的学术委员会；二是200余人的紧密联系型专家队伍；三是2000余位松散联系型专家队伍。中国南海研究院有在职工作人员70余人，采取对外特聘国内外兼职专家的方式补充其研究力量，其“大网络”由海内外兼职教授和访问学者队伍组成。

研究成果。这两家智库的研究成果数量多，质量高。成立20多年以来，中国（海南）改革发展研究院向中央有关部门提交改革政策、立法建议报告160余份；撰写改革调研报告488份；先后承担80多项改革政策咨询课题；出版改革研究专著280余部，发表论文1700余篇；率先提出的“赋予农民长期而有保障的土地使用权”“基本公共服务均等化”“建设公共服务型政府”“加快建立社会主义公共服务体制”等改革政策建议中，有些直接被中央决策所采纳，有些被用作制定政策和法规的重要参考；获得包括国家“五个一工程”奖、“孙冶方经济科学奖”“中国发展研究奖”等多种国家级奖项。中国南海研究院研究成果也非常丰硕，近年来出版了《南沙争端的起源与发展》等多部在国内外产生重要影响力的涉及南海问题的中英文专著，研究人员每年发表数百篇中英文论文和政策建议报告，并创立了“数字南海”“南海文献专业数据库”、《南海地区（年度）形势评估报告》等一批知名学术品牌。

对外交流。多年来，中国（海南）改革发展研究院坚持不断开发国际合作项目，加强国际交流，已与20多个国际组织和外国机构建立了合作关系，还长期执行联合国开发计划署和德国技术合作公司项目，与世界银行、欧盟等国际机构及德国、英国、美国、加拿大、荷兰、瑞典、挪威、芬兰、澳大利亚、印度、越南等国家的研究机构建立了交流关系，进行了富有成效的合作。中国南海研究院也是一个非常国际化的高端智库，与美国、英国、澳大利亚、日本、韩国、新加坡、印尼、马来西亚、菲律宾和中国台湾等全球20多个国家和地区的近百家知名智库建立了合作关系和学术联系，该院常年举办国际会议，专门为青年研究人员提供国际交流的平台。

二、我国气象智库的现状与问题

我国气象智库建设起步虽然较早，但进展比较缓慢，发展尚不成熟，影响力和研究成果与高端智库仍有差距，气象智库建设任重道远。

气象智库概况。1991年，国家气象局成立总体规划研究设计室，事业发展规划研究和气象工程系统设计取得了长足发展。2008年，中国气象局发展研究中心成立，重点开展全局性、长远性、前瞻性和实用性的气象事业发展战略研究工作，气象战略研究和气象智库建设进入新的发展阶段。2015年，由中国社会科学院出版的《中国智库名录》将中国气象局发展研究中心和中国气象科学研究院收录其中。这是该刊物首次收录气象类智库，这标志着中国气象局发展研究中心作为气象类智库在多年的努力下已经初见成效，逐渐被外界所认可。除此之外，可以称为气象类智库的还包括：中国气象学会、中国科学院大气物理研究所、南京信息工程大学、成都信息工程大学等机构、组织或高校。尽管以上机构并没有明确提出气象智库建设的任务，也没有被有关智库名录收录，但从所起作用来看，仍然可以认为是气象类智库的重要组成部分。

气象智库存在的问题。尽管我国气象智库近些年取得了较大进展，但距离高端智库的标准还有较大差距。主要表现为以下五点：一是尚未形成有代表性的高端智库；二是培养、引进、使用人才的机制不适应智库发展规律和要求；三是有效规范的内部运行机制尚不健全；四是尚未形成特色鲜明的研究领域和研究成果；五是开展对外合作交流还不够。

三、打造中国特色气象智库的建议

为了提升气象政策研究和决策咨询能力，在借鉴前文所述两家高端智库机构经验基础上，结合中国气象智库发展实际，提出以下五点建议：

（一）以中国气象局发展研究中心为试点打造中国气象高端智库

2015年，国家确定了25家机构作为首批高端智库建设试点单位，旨在大力发展我国高端智库建设工作。气象领域也需要凝聚力量打造属于自己的智库品牌。中国气象局发展研究中心自成立以来一直受到中国气象局党组的高度重视，已经成为中国气象局的重要智库机构之一。建议中国气象局进一步贯彻落实国家《关于加强中国特色新型智库建设的意见》，参照国家智库试点单位政策，下发加强气象智库体系建设有关文件，明确中国气象局发展研究中心为气象智库建设试点，进一步加大对气象智库建设的支持力度，为打造我国高端气象智库先行先试创造条件。

（二）建立灵活的人才机制

制定和实施气象智库人才培养计划，把气象智库专家队伍建设纳入中国气象局人才工程，为相关研究人员提供国际交流的平台和学习机会，把气象软科学研究和战略与政策研究纳入中国气象局科技创新体系。建立智库专家和领导干部、科技专家正常交流机制，建立青年人才培养导师制度。有效发挥“小实体、大网络”的功能，形成合理的政策研究和决策咨询业务格局。促进建立智库人才发展政策体系，建立完善有效的评价激励机制，为智库人才培养、引进、使用创造良好的制度保障。

（三）建立规范的内部运行机制

一是建立规范的内部管理制度和工作规则；二是完善智库内部干部选拔、培养、使用和考核评价制度；三是建立智库研究成果的应用转化与评估机制；四是建立与岗位职责、工作业绩、实际贡献紧密联系和鼓励创新的分配激励机制。力争将气象智库建成机构合理、规模适度、运行规范、机制完善、多层次、有重点、持续发展的实体型研究机构。

（四）多出高质量的气象智库研究成果

夯实研究基础，在气象战略研究、规划研究、政策评估、决策咨询等若干领域取得重要成果。建立和完善研究成果交流平台，提升气象智库机构主办刊物办刊水平，加强内外部刊物与其他高水平学术期刊的交流合作，扩大气象软科学研究成果的影响力。加强调查研究与培训学习，进一步提高决策咨询报告和研究报告的科学性与前瞻性，提高支撑中国气象局党组决策的作用。

（五）加强多方位交流合作

加强气象智库与党政部门、社科院、党校、行政学院、高校和社会智库交流合作。拓展国际交流与合作领域，建立与国外气象智库定期交流机制。通过定期举办气象智库论坛，建立气象智库官方网站、微信、微博等新媒体社交平台，着力提升气象智库研究能力与国内外影响力。

（来源：《咨询报告》2016 年第 6 期）

报告执笔人：朱玉洁　李　博

调研组成员：朱玉洁　姜海如　李　博　陈鹏飞

关于成立中国气象局战略咨询委员会的思考与建议

摘　要：党的十八届三中全会明确提出，要加强中国特色新型智库建设，建立健全决策咨询制度。各个领域、各个部委、各个行业咨询委员会加快建立，在推进国家治理体系和治理能力现代化进程中扮演着重要角色。当前，我国进入全面建成小康社会的决胜阶段，破解改革发展稳定难题和应对全球性问题的复杂性艰巨性前所未有，成立中国气象局战略咨询委员会很有必要。战略咨询委员会的设立和运行，不仅有助于面向战略前沿、服务国家总体战略、谋划气象整体发展而开展顶层设计和战略咨询等工作，也有助于应对外部挑战、化解舆论压力和营造发展氛围。

党的十八届三中全会明确提出，要加强中国特色新型智库建设，建立健全决策咨询制度。之后，各个领域、各个部委、各个行业咨询委员会加快成立，在推进国家治理体系和治理能力现代化进程中扮演着越来越重要的角色。在当今我国全面建成小康社会的决胜阶段，在破解改革发展稳定难题和应对全球性问题的复杂性艰巨性前所未有的新时期，设立面向国际战略前沿、服务国家总体战略、谋划气象整体发展的战略咨询委员会十分必要。

一、背景概况

建立健全决策咨询制度是推进决策科学化、民主化、专业化建设的重要一环。2015 年 1 月印发的《关于加强中国特色新型智库建设的意见》，从推动科学民主依法决策，推进国家治理体系和治理能力现代化、增强国家软实力的战略高度表明了中国特色新型智库建设的重大意义。2016 年 5 月，习近平总书记在哲学社会科学工作座谈会上的讲话中再次强调了建立健全决策咨询制度的重要作用。

（一）高端决策咨询的需求增多

当前是我国全面建成小康社会的决胜阶段，也是破解改革发展稳定难题和应对全球性问题的关键时期。一些深层次体制机制矛盾问题不断显现，决策咨询的需求增多，对决策咨询的科学性、民主性、专业性提出更高的要求，亟需通过建立健全决策咨询制度，构建专门咨询委员会，充分发挥“智库”综合研判、战略谋划功能，集众智、谋良策、解难题。

（二）各部委咨询委员会相继成立

党的十八届三中全会以来，各部委围绕服务国家整体战略、面向事业发展的需求，相继成立各种类型的咨询委员会。以国务院组成部门为例，2014—2017 年，已有 10 个部门成立了行业领域的咨询委员会，2 个跨部门的咨询委员会（表 1）。中央与地方企事业单位成立的各种类型的战略咨询委员会数量更多。

表 1　部委咨询委员会成立概况

部委	咨询委员会	年份	部委	咨询委员会	年份
外交部	公共外交咨询委员会	2010	跨部门	国家信息化专家咨询委员会	2001
	外交政策咨询委员会	2008	商务部	经贸政策咨询委员会	2011
发改委	全国生态保护与建设专家咨询委员会	2015	卫计委	公共政策专家咨询委员会	2014
	国家粮食安全政策专家咨询委员会	2016	海关总署	政策咨询专家委员会	2013
	国家能源委员会专家咨询委员会	2007	质监总局	国家计量战略专家咨询委员会	2016

续表

部委	咨询委员会	年份	部委	咨询委员会	年份
科技部	科研诚信建设工作专家咨询委员会	2007	跨部门	国务院安委会专家咨询委员会	2015
国家民委	决策咨询委员会	2013	统计局	统计咨询委员会	2009
民政部	专家咨询委员会	2004	林业局	专家咨询委员会	2003
司法部	咨询委员会	1986	知识产权局	专家咨询委员会	2010
人社部	专家咨询委员会	2010	旅游局	中国旅游改革发展咨询委员会	2015
国土部	国家海洋事业发展高级咨询委员会	2011	科学院	发展咨询委员会	2013
环保部	国家环境咨询委员会	2012	银监会	国际咨询委员会	2003
交通部	部长政策咨询委员会	2015	证监会	国际顾问委员会	2004
水利部	参事咨询委员会	2015	保监会	重大决策专家咨询委员会	2016
农业部	专家咨询委员会	2015	基金委	国际合作专家咨询委员会	2014
跨部门	国家教育咨询委员会	2010	跨部门	国家制造强国战略建设咨询委员会	2015

注：交通部部长政策咨询委员会前身为交通部部长政策咨询小组，2015年后新闻报道改用交通部部长政策咨询委员会。

（三）职能定位逐渐深化和扩展

一是服务于所属部委。如外交部公共外交咨询委员会、外交政策咨询委员会。二是服务于分管领域。如国家能源委员会专家咨询委员会、国家海洋事业发展高级咨询委员会、商务部经贸政策咨询委员会。三是服务于国家战略。如全国生态保护与建设专家咨询委员会、国家制造强国战略建设咨询委员会。但总体的趋势，逐步向服务国家战略方向深化，与之相应的是视野不断扩展，由部门视野到国家视野，再到国际视野。

（四）办事机构的设置偏向紧密型和依托型

根据其与服务对象决策层的关系，分为紧密型、依托型、独立型。紧密型：决策咨询办事机构设置在办事或规划研究部门内，办事机构紧贴决策层。如水利部参事咨询委员会秘书处设在规划计划司，农业部专家咨询委员会设在农业部办公厅。依托型：决策咨询办事机构设置在科技司或其他部门内，办事机构与决策层联系相对不是很紧密。如环保部国家环境咨询委员会秘书处设在环保部科技标准司，司法部咨询委员会由司法部老干部办公室负责日常事务工作。独立型：办事机构独立设置，不依托其他部门。如国家制造强国战略建设咨询委员会。

二、中国气象局战略咨询委员会职能定位

从上述部委的战略咨询委员运行情况来看，成立中国气象局战略咨询委员会，就是要运用好决策咨询机制，明大势、看大局，深刻把握国际国内发展基本走势，分析透事业发展所处的发展环境和条件，理清楚前进的方向和目标，搞明白气象改革发展面临的机遇和挑战，立足优势、趋利避害、积极作为。成立该机构更有利于直面国际前沿、服务国家、谋划气象，更有利于吸纳各方力量为事业发展所用，更有利于汇聚各方资源共同推进气象事业发展。

（一）明确委员会定位

中国气象局战略咨询委员会是中国气象局的决策咨询机构，是推动我国从气象大国向气象强国转变的战略性、全局性、专业性决策咨询平台。中国气象局战略咨询委员会应定位于面向国际战略前沿、服务国家总体战略、谋划气象整体发展的决策咨询机构。随着经济社会的快速发展，积极应对气候变化、保障生态文明、防范综合风险已日益成为社会关注的热点和焦点问题，可以考虑初期以这些领域为切入点，突出决策咨询的战略性、针对性、时效性和科学性，把气象事业置于国家经济社会发展大局中审视谋划，聚焦事关气象全局的中心任务和重大问题。

（二）瞄准气象强国目标

2017 年 2 月 24 日，习近平视察北京时强调，中国以后要变成一个强国，各方面都要强。强国梦的背后是各行各业的协同努力，《全国

气象现代化发展纲要（2015—2030年）》（以下简称《纲要》）也提出了推动建设气象强国的构想，中国气象局战略咨询委员会应当瞄准气象强国的目标，使之上升为国家战略，做好咨政建言、理论创新、舆论引导、社会服务、公共外交等方面内容。

（三）理清委员会职责

一是开展事关气象事业发展的全局性重大问题研究，对中国气象局党组关注的问题提供发展报告。二是对拟提交中国气象局党组审议的战略规划、实施计划、改革方案和政策措施进行论证、评估。三是把握气象事业发展趋势和规律并及时设置重大研究课题，做好前瞻性、储备性研究。四是开展气象国际合作研究，提出国家交流合作的相关建议。基于上述考虑，中国气象局战略咨询委员会主要职责可归纳为：对《纲要》实施过程中的重大问题和政策措施开展调查研究，提出咨询意见和建议；对拟提交中国气象局党组审议的战略规划、实施计划等进行论证、评估；对国内外气象事业发展进行跟踪和前瞻性研究，提出决策建议；开展气象国际合作研究，提出交流合作的相关建议；完成中国气象局党组委托的其他咨询任务。

三、成立中国气象局战略咨询委员会的建议

成立中国气象局战略咨询委员会将具体涉及专家资源库如何搭建、保障运行如何持续、咨询成果如何运用等问题。结合对气象部门实际和外部委相关经验，提出以下建议：

（一）专家库搭建

中国气象局战略咨询委员会专家库成员应既熟悉气象事业发展规律，又了解国家改革发展长远趋势。建议构建一支由战略专家、政策专家、法律专家、科技专家等组成的“强核心、大协作、开放式”专家库。具体来说：一是学习借鉴其他部委咨询委员开放式组织模式，聘请气象发展战略各领域的资深专家作为委员会成员；二是突出协作式组织模式，整合运用好中国气候变化专家委员会、中国气象局科学

技术委员会、中国气象学会专家资源；三是强化核心型组织模式，由现有领导层、行政管理一线的离退休干部、非领导职务管理人员等构成。

（二）组织保障

一是组织协调保障。战略咨询委员会会议由中国气象局局长负责召集，专家咨询由一位副局长和办公室主任分别担任正、副秘书长以便于协调，战略咨询委员会的秘书处可设在中国气象局办公室、法规司、计财司或发展研究中心，承担战略咨询委日常运行联系工作。二是政策财力保障。完善重大决策专家咨询制度，规范专家参与咨询论证的方式和程序，咨询委员会的专项经费，由中国气象局纳入年度预算解决，或建立中国气象局委托和购买决策咨询服务制度。三是制度保障。实现战略决策专家咨询的程序化、制度化，保障咨询机构的相对独立性，构建决策咨询的激励机制和约束机制。

（三）成果分层运用

一是发展理念层面。在关系气象战略全局和长远发展的重大问题研究中，中国气象局战略咨询委员会重在提出气象发展新理念、新思想、新观点和战略建议，引领事业发展潮流或方向。二是法规规划层面。促进相关研究成果或决策建议成为国家法律、法规制定或修订相关条文的科学依据，纳入国家规划及任务部署。三是体制机制层面。促进委员会提出的决策建议成为气象主管机构体制机制改革完善的重要决策依据，能被党中央、国务院或有关部门及时采纳。四是政策层面。对关系气象事业发展中的关键问题开展研究，成为中国气象局党组制定相关政策的研究支撑。五是具体实施举措层面。针对改革创新发展中的重大问题，提出系统解决方案，得到职能司和地方气象局的采纳，促进政策建议及时转化为改革发展重要举措和行动方针。

（来源：《咨询报告》2017 年第 5 期）

报告执笔人：林　霖　戚玉梅

决策咨询研究机构调研分析报告

摘　要：决策咨询研究机构是科学决策、民主决策的重要支撑力量。当前，党和国家成立了一系列的决策咨询研究机构，以及负责或承担决策咨询研究工作的内设机构与直属单位，基本上可分为政策研究、发展研究、规划设计三种类型。本研究报告在分析决策咨询研究机构设置的基础上，基于国务院组成机构的公开信息，结合气象部门实际，梳理内设机构与直属事业单位在这三类职能中的侧重点，认为应继续做强做大气象部门专属决策咨询研究机构，进一步明确气象部门内设机构与直属单位的决策咨询职能，区分发展研究与规划设计的事业属性，保持发展研究中心职能与机构的相对稳定，避免由于改革导致职能弱化。

为了不断提高决策质量，提升科学决策、民主决策水平，党和国家成立了一系列的决策咨询研究机构，以及负责或承担决策咨询研究工作的内设机构与直属单位。这些机构按工作内容分为政策研究、发展研究、规划设计三类。

一是政策研究。主要负责重要会议的文件报告，以及领导同志部分重要讲话等文稿起草。根据领导同志指示，以及发展中重大问题进行调查研究和决策咨询，提出政策建议和咨询意见。

二是发展研究。主要研究经济社会和事业发展，以及改革过程中的全局性、战略性、前瞻性、长期性以及热点、难点问题，开展对重大政策的评估和解读，提供政策建议和咨询意见。

三是规划设计。主要承担全国性综合及专业规划研究与编制，规划设计体系和设计咨询支撑。组织编制专业领域中长期规划，承担规划设计基础性研究，为专业领域发展规划，提供研究设计服务。

一、机构设置分析

首先，党和国家机关均设有决策咨询研究机构。党中央设有中共中央政策研究室为工作部门，设中央党史和文献研究院、中央党校（国家行政学院）为直属事业单位。国务院设国务院研究室为其办事机构，设国务院参事室为直属机构，设中国科学院、中国社会科学院、中国工程院、国务院发展研究中心为直属事业单位。

其次，中央各部门均有政策研究内设机构。中央纪委、国家监察委、中央宣传部、中央政法委、中央统战部、中央国家机关工委等都内设政策研究室或政策研究局等政策研究机构，负责政策理论及重大课题调查研究、起草重要文稿等职能。

第三，国务院组成机构均有内设机构承担政策研究的职能，绝大部分设有承担发展研究的直属事业单位，少部分设有以规划设计为主的直属事业单位。譬如自然资源部、国家市场监督管理总局设有综合司，工作职责包括承担组织编制发展战略、中长期规划和年度计划工作；开展重大问题调查研究；负责起草部重要文件文稿；等等。审计署、银保监委专门成立政策研究机构，负责党和国家重大政策研究、改革开放政策研究与组织实施，负责起草重要文件文稿。生态环境部、国家广播电视局、海关总署、退役军人事务部、文化和旅行部、国家移民管理局、国家药品监督管理局、国家国际发展合作署等单位内设政策研究机构，进一步强化党和国家重大政策研究的职责。再如，发改委、教育部、科技部、工业和信息化部、自然资源部、生态环境部、住房和城乡建设部、水利部、农业农村部、应急管理部、市场监管总局、国家林业和草原局、邮政局、知识产权局等单位设有独立法人的发展研究机构；自然资源部、生态环境部、住房和城乡建设部、水利部、农业农村部、国家林业和草原局等单位既设有独立法人的发展研究中心，也设有规划设计院。

在所能调研到的国务院组成机构中，近 2/3 组成机构设立决策咨询研究型直属事业单位。其中，设立政策研究、发展研究职能（以发展研究为主）的机构 32 个，设立规划设计职能的机构 10 个，两者共同设立的机构 7 个，只设立其一的机构 28 个。合计设立决策咨询研究直属事业单位的国务院组成机构有 35 个（不包括中国地震局），占所能调研到 53 个国务院组成机构的 66%。

第四，各省（自治区、直辖市）及计划单列市、省会城市党委与政府都设有省（自治区、直辖市）党委政策研究室、政府研究室，为其组成部门；也设有党校（行政学院）、发展研究中心等政策研究、决策咨询机构，为其直属事业单位。

二、职能配置分析

（一）政策研究

政策研究可进一步细分为三个方面：一是重要文稿起草；二是重大政策调研；三是政策理论与实践研究。所有内设机构与直属事业单位均有建言献策的职能。但各有侧重，内设机构主要承担重要文稿起草，开展重大政策调研，拟定重要政策措施。一般由政策研究司（局、室）、综合司承担。比如，住房和城乡建设部设有住房改革与发展司（研究室），承担拟订适合国情的住房政策；研究分析住房和城乡建设的重大问题；起草综合性文稿的职能。直属事业单位提供政策建议和咨询意见为主，承担政策理论与实践研究、政策调研，少部分承担重要文稿起草的职能。调研显示，只有教育发展研究中心、民政部社会福利与社会进步研究所、自然资源部测绘发展研究中心、生态环境部环境与经济政策研究中心、中国地震局发展研究中心 5 个直属事业单位承担文稿起草职能，占所调研直属事业单位的 9%，而且这些部门以承担发展研究职能为主，政策研究仅是其主要职能的一个方面。

从调研情况看，重要文稿起草职能以内设机构为主，以便于文稿拟定过程的统筹协调与沟通反馈。由于中国气象局办公室职能调整，将原党组办公室撤销，2016 年在中国气象局发展研究中心设置政策研究室，承接部分原党组办公室的职能，故中国气象局发展研究中心承担了部分重要文稿起草职能。

（二）发展研究

国务院组成部门内设机构与直属单位在发展研究中的职能界限相对清晰。两者都研究相关领域全局性、战略性、长期性问题。但内设机构主要负责组织编制或起草拟订发展战略、中长期发展规划、总体的布局规划、改革措施。一般由发展（战略）规划司、综合司承担。以国家发展改革委员会为例，内设的发展规划司研究提出国民经济和社会发展战略、规划生产力布局的建议；提出推进城镇化的发展战略和重大政策措施；编制国民经济和社会发展中长期规划。而直属事业单位侧重于发展战略与中长期趋势研究，并提出前瞻性的政策思路。调研的直属事业单位中，承担发展研究职能的直属事业单位 44 个，而且分布在各研究院（所）、学院、发展研究中心、战略研究中心、咨询（研究）中心之中，占所调研直属事业单位的 3/4 以上（表 1）。

表 1　设立决策咨询研究直属事业单位数

<table>
<tr><th colspan="2">承担发展研究职能直属事业单位数</th><th colspan="2">承担规划设计职能直属事业单位数</th></tr>
<tr><td>研究院（科学研究院、所）</td><td>18</td><td>产业发展研究院</td><td>1</td></tr>
<tr><td>学院及国家信息中心</td><td>4</td><td rowspan="2">规划设计研究院</td><td rowspan="2">11</td></tr>
<tr><td>发展研究中心（战略政策研究中心、咨询研中心）</td><td>22</td></tr>
<tr><td>合计</td><td>44</td><td>合计</td><td>12</td></tr>
</table>

其次，承担发展研究职能的直属事业单位多属于公益一类事业单位。经费来源方面，以财政补助为主、事业收入为辅。其中，纯粹来

源财政补助或上级补助的直属事业单位有19个，占所查询承担发展研究职能（40个）机构的47.5%；来源于财政补助、上级补助与事业收入的有29个，占所查询承担发展研究职能机构的72.5%。平均从业人数120人，中位数51人。其中只有1个人员规模小于20人，20～60人规模的直属事业单位有20个。

（三）规划设计

规划设计包含规划研究、规划编制、工程设计三方面的内容。内设机构主要承担规划编制或拟定的职能，一般由规划（设计）司、计划（规划）财务司承担。比如，水利部规划计划司，组织编制重大区域发展战略水利专项规划，全国水资源综合规划、国家确定的重要江河湖泊的流域综合规划、流域防洪规划，拟订全国和跨省（自治区、直辖市）水中长期供求规划等。大多数直属事业单位侧重于规划研究，仅有少数直属事业单位承担规划研究、规划编制、工程设计职能。而且设置规划（设计）研究院的部委，分管领域国家工程项目建设较为集中，也是自然灾害防治的重点参与单位。以提供规划设计服务居多，已明确承担专业领域规划编制职能的直属事业单位仅有生态环境部环境规划院、中国城市规划设计研究院、水利部水利水电规划设计总院、农业农村部规划设计研究院、国家林业和草原局调查规划设计院、国家林业和草原局林产工业规划设计院6个。

此外，承担规划设计职能的直属事业单位多属于公益二类或从事生产经营类的事业单位，偏向于企业。经费来源方面，多带有事业收入与经营收入。包含事业收入或经济收入的直属事业单位有7个，占所查询承担规划设计职能（12个）机构的58%。从业人数方面，平均从业人数259人，中位数262人，人员规模远多于承担发展研究职能的直属事业单位。相关资质认可或执业许可方面，具有工程咨询资格证书与资信证书或者规划编制资质的有9个。

当前，中国气象局内设机构承担拟定规划职能的有应急减灾与公共服务司组织拟订和实施气象灾害防御规划；预报与网络司拟订天气预报、气候预测业务发展规划；科技与气候变化司拟订气象科技发展规划；计划财务司拟定国家气象事业发展战略、规划、计划。由于中国气象局发展研究中心从事发展研究与规划研究，也承担起部分综合性气象发展规划编制职能。从“十三五”开始，陆续编制出《全国气象现代化发展纲要（2015—2030年）》《全国气象发展“十三五”规划》《气象信息化发展规划（2018—2022年）》《气象“一带一路”发展规划（2017—2025年）》等综合性发展规划，并开展前期基础性研究工作。与其他部门的规划设计机构不同，中国气象局发展研究中心无具体工程设计职能，并不侧重于工程项目的专业规划与规划设计的可行性论证。

三、理解与认识

（一）做强做大气象部门专属决策咨询研究机构

中国气象局党组应加强内设机构与直属事业单位政策研究、发展研究与规划设计职能，及早谋划“十四五”气象发展，是建设现代化气象强国的需要，符合推动气象事业高质量发展的实际。当前，气象部门政策研究、发展研究、规划设计的人员与机构规模还相对单薄，决策咨询研究的深度、广度、高度、力度与党组的需求有一定差距，仍需不断做大做强气象部门专属决策咨询研究机构。

（二）明确内设机构与直属单位的决策咨询职能

政策研究、发展研究、规划设计机构设置，既应借鉴中央和国家机关相关部门的做法，也应考虑气象部门具体实际。从合理配置职能的角度看，重要文稿起草与规划编制的职能应设在内设机构，发展研究与规划设计应由直属单位承担。中国气象局发展研究中心承担部分政策研究、发展研究、规划研究职能，是有其发展轨迹与决策需要的。作为一个小体量的决策咨询机构，发展研究中心的本职是做好发展研究与决策咨询。

（三）厘清发展研究与规划设计机构的职责界限

气象事业是专业性、基础性事业，而且领导管理体制有其特殊性，与各个部委、各地党委政府都有工作联系，做好新时代气象事业发展研究与规划设计很有必要。当前，在有限机构职能配置的前提下，气象部门规划设计（研究）机构可独立设置，发展研究中心机构也可独立设置。而且规划设计机构应是公益二类事业单位或企业，放活规划设计机构的机制，做好专业性规划设计；发展研究中心应是公益一类事业单位，强化决策咨询服务的职责，做好综合性规划研究。

2008 年以来，在中国气象局党组的关心支持下，发展研究中心整体发展势头是好的，为党组决策提供一定的智力支撑。但也要看到，发展研究中心能取得现有的成绩，是多年磨合的结果。希望党组保持发展研究中心职能与机构的相对稳定，避免由于改革导致职能弱化。同时，发展研究中心在强化服务党组决策支撑的基础上，仍需努力做好对党中央、国务院决策支撑，通过决策服务提升气象工作在党和国家中的职能、作用与地位。

（来源：《咨询报告》2019 年第 4 期）

报告执笔人：林　霖　张洪广　李　栋